Medio siglo del *"Atlas Lingüístico y Etnográfico de Andalucía"* (1973-2023) Estudios, Vol. I

Antonia M.ª Medina-Guerra, Juan Manuel García-Platero y
Manuel Galeote-López (eds.)

Medio siglo del "*Atlas Lingüístico y Etnográfico de Andalucía*" (1973-2023) Estudios, Vol. I

PETER LANG

Berlin · Bruxelles · Chennai · Lausanne · New York · Oxford

Información bibliográfica publicada por la Deutsche Nationalbibliothek
La Deutsche Nationalbibliothek recoge esta publicación en la Deutsche
Nationalbibliografie; los datos bibliográficos detallados están disponibles en Internet en
http://dnb.d-nb.de.

Número de control de la Biblioteca del Congreso: 2025026420

Han contribuido a la financiación las Universidades de Málaga, Almería, Granada y Sevilla.

ISBN 978-3-631-92393-1 (Print)
ISBN 978-3-631-92394-8 (E-PDF)
ISBN 978-3-631-93754-9 (E-PUB)
DOI 10.3726/b22149

© 2025 Peter Lang Group AG, Lausanne (Suiza)
Publicado por Peter Lang GmbH, Berlin (Alemania)

info@peterlang.com

Todos los derechos reservados.
Esta publicación no puede ser reproducida, ni en todo ni en parte, ni registrada o
transmitida por un sistema de recuperación de información, en ninguna forma ni por
ningún medio, sea mecánico, fotoquímico, electrónico, magnético, electroóptico, por
fotocopia, o cualquier otro, sin el permiso previo por escrito de la editorial.

Esta publicación ha sido revisada por pares.

www.peterlang.com

Índice

Introducción general 7

Primera parte

Pilar García Mouton
Los cincuenta años del *Atlas Lingüístico y Etnográfico de Andalucía
(ALEA)* de Manuel Alvar 15

Francisco Torres Montes
El *Atlas Lingüístico y Etnográfico de Andalucía (ALEA)*: Génesis,
contenido e innovaciones. Las dos «Andalucías» lingüísticas 29

Segunda parte

Rafael Crismán Pérez
Las actitudes hacia la modalidad lingüística andaluza en estudiantes
de español L1 y L2 61

Marta Fernández Alcaide
Contribución al español hablado en Andalucía en el siglo XVIII a partir
de cartas de mujer del marquesado de la Motilla 93

José Manuel Foncubierta Muriel / Raúl Díaz Rosales
Percepción de las hablas andaluzas en el profesorado de español
como L2 en centros acreditados de Andalucía 111

Ignacio López de Aberasturi Arregui
Un enclave portugués en la orilla onubense del Guadiana:
Informaciones del *ALEA* e investigación *in situ* 139

ÍNDICE

Maria de Luca
Datos sobre el español hablado en Córdoba capital: El caso de la /s/ implosiva y de la /d/ intervocálica (Nivel de instrucción alto) 171

Javier Mora García
Los rasgos dialectales andaluces en la publicidad televisiva y digital local 185

Pilar Peinado Expósito
«De Nájera a Salobreña» y del *ALPI* al *ALEA* 205

Estrella Ramírez Quesada
Una aportación para reflejar la variedad de las hablas andaluzas dentro del sistema fonológico del español 229

Belén Reyes Morente
Reflexión sobre el pasado: desde la descripción vocálica del *ALEA* al vocalismo andaluz actual 251

Salvatore Cristian Troisi
El espíritu de la calle en las palabras noveladas de Quiñones 271

Introducción general

Como es sabido, desde mediados del siglo XX la cartografía ha desempeñado un papel fundamental en los estudios dialectológicos, papel que, en los últimos años, se ha visto renovado e impulsado gracias a la digitalización de los atlas lingüísticos. Esto ha conllevado no solo un más fácil acceso a los atlas tradicionales, sino que ha abierto un sinfín de posibilidades que se están materializando en numerosos proyectos de investigación, como el CORPAT (*Corpus digital para la preservación y el estudio del patrimonio lingüístico español*), que proporciona una valiosa herramienta informática con el fin de organizar y sistematizar los datos derivados de los diferentes atlas lingüísticos.

Inmersos en plena revolución digital, consideramos, en todo caso, esencial volver la vista a los atlas lingüísticos impresos para preservar sus datos, revisar su metodología y, sobre todo, rendirles un merecido homenaje. Con este fin y para celebrar los cincuenta años de su publicación, nos centraremos en el *Atlas Lingüístico y Etnográfico de Andalucía (ALEA)* (1961-1973), que Manuel Alvar realizó con la colaboración de Antonio Llorente y Gregorio Salvador y que supone el punto de partida de la geolingüística regional en España.

En este volumen se recogen varios trabajos sobre cartografía lingüística. Dos de ellos, los más extensos, se incluyen en la primera parte: "Los cincuenta años del *Atlas Lingüístico y Etnográfico de Andalucía (ALEA)* de Manuel Alvar" de Pilar García Mouton y "El *Atlas Lingüístico y Etnográfico de Andalucía (ALEA)*: Génesis, contenido e innovaciones. Las dos «Andalucías» lingüísticas" de Francisco Torres Montes.

En el primero de estos se incide en las características y valor de la obra objeto de estudio. Se remonta la autora a los años cincuenta de la centuria pasada en los que los conocimientos de la modalidad lingüística andaluza eran bien escasos y aborda las principales decisiones metodológicas que adoptó Manuel Alvar: la orientación fonética, el uso de cuestionarios, el número de encuestadores, el perfil de los informantes, el valor dado a la vertiente etnográfica o el establecimiento de áreas fonéticas, morfológicas y léxicas. Esta visión general de la obra del profesor Alvar, sirve, como reconoce García Mouton, "como marco general para los demás trabajos, recordando las características y el valor del *Atlas Lingüístico y Etnográfico de Andalucía* […], una obra fundamental no solo para las hablas andaluzas, también para los proyectos geolingüísticos de otras áreas, especialmente los de Canarias y las tierras americanas que hablan español".

En el capítulo de Francisco Torres Montes se redunda en la génesis de esta obra, con la llegada de Manuel Alvar a la Universidad de Granada, en 1948, cuando ideó la realización de un estudio geolingüístico de la provincia. Se nos da noticias sobre la redacción del *Cuestionario* inicial de *ALEA*, iniciado en 1950 y aparecido en 1952, que ya incorpora destacadas novedades, que, con posterioridad se tuvieron en cuenta en los futuros trabajos geolingüísticos, como la importancia dada al ámbito etnográfico, como ya se apuntó en el capítulo anterior, de manera sistemática, así como a la variable etaria, sin olvidar el sexo y el nivel cultural. El artículo no es un análisis más del atlas, pues incluye el testimonio del propio autor, como alumno y miembro de la Universidad de Granada en los últimos años de elaboración de una obra que "fue un milagro para Andalucía, no solo por su inmenso banco de datos –una ingente cantidad de material recogido en unos años precisos en los que se pudo conocer la realidad secular andaluza– sino, además, por la rapidez con la que se llevó a cabo tan ingente obra (a pesar de los múltiples obstáculos que fueron apareciendo por el camino) y por convertir Andalucía y, en particular la Universidad de Granada, en centro de la Geolingüística hispana con las últimas técnicas metodológicas".

Otros artículos, ya en la segunda parte, se centran en aspectos más específicos. Así, Ignacio López de Aberasturi Arregi, en el capítulo "Un enclave portugués en la orilla onubense del Guadiana: Informaciones del *ALEA* e investigación *in situ*", hace hincapié en el rigor con el que se procedió para confeccionar el *ALEA*, pues ya se hizo eco de la pervivencia de un enclave bilingüe, el portugués de las *barcias* del Guadiana. El autor sugiere que el señalado enclave influyó en el origen y perpetuación de algunos rasgos de carácter fónico de la provincia de Huelva. Entre ellos señala el mantenimiento de la consonante lateral palatal sonora en algunas zonas costeras o en el Campo de Andévalo, sin olvidar la formación de un seseo diferente al sevillano-cordobés.

Por su parte, en el trabajo "De Nájera a Salobreña y del *ALPI* al *ALEA*" de Pilar Peinado Expósito se argumenta y se defiende la existencia de un área de continuidad lingüística en el oriente peninsular a través de los datos recogidos en *ALPI*, que la autora contrasta con los de otros atlas regionales, entre los que se encuentra el *ALEA*, al que se le presta especial atención.

Las referencias aportadas por los atlas lingüísticos constituyen, sin duda, una fuente inagotable de investigación y permiten observar, desde la perspectiva actual, la evolución de fenómenos o variantes concretas. De esta manera, en "Reflexión al pasado: desde la descripción vocálica del *ALEA* al vocalismo andaluz actual" de Belén Reyes Morente se cuestiona la homogeneidad atribuida al vocalismo de la zona occidental de Andalucía al analizar los datos obtenidos en la ciudad de Málaga a partir del corpus PRESEEA Málaga.

En la misma línea, Estrella Ramírez Quesada, en "Una aportación para reflejar la variedad de las hablas andaluzas dentro del sistema fonológico del español", se centra en las peculiaridades más relevantes del español de Andalucía (abertura vocálica, seseo, ceceo y heheo) para argumentar que estas variantes puramente fonéticas pueden integrarse sin problema dentro del sistema fonológico del español. "En concreto, se busca –como señala la autora– mostrar una visión integradora de estos fenómenos en la que las representaciones fonética y fonológica permitan una relación entre los distintos dialectos sin privilegiar una visión, ya superada en el ámbito teórico, en la que a partir de un español estándar se derivan otras modalidades".

Planteamientos, como el arriba mencionado, contribuirán, sin duda, a superar la percepción tradicionalmente negativa de las variedades andaluzas y que se trasluce en algunos trabajos incluidos en este volumen. Así, Rafael Crismán Pérez, en "Las actitudes hacia la modalidad lingüística andaluza en estudiantes de español L1 y L2", defiende aunar los enfoques cognitivistas con los ambientalistas y, analiza unos datos que demuestran que esta variedad está peor valorada entre los estudiantes nativos que entre los aprendices del español como segunda lengua. Sin embargo, la variable *conocimiento gramatical* del hablante incide directamente en una mejor actitud por parte de estos estudiantes.

Por otra parte, en el capítulo "Percepción de las hablas andaluzas en el profesorado de español como L2 en centros acreditados de Andalucía", José Manuel Foncubierta Muriel y Raúl Díaz Rosales analizan la actitud que el profesorado de español como segunda lengua mantiene hacia las hablas andaluzas en los centros acreditados de Andalucía e insisten en que las clases de español, para ser realmente eficaces, no pueden ignorar el bagaje social y cultural de los usos lingüísticos más próximos a estos centros de enseñan.

Del mismo modo, María de Luca, en "Datos sobre el español hablado en Córdoba capital: el caso de la /s/ implosiva y de la /d/ intervocálica (Nivel de instrucción alto)", resalta la importancia de los resultados socioculturales y analiza la percepción que tienen los hablantes sobre su modalidad. La autora se centra en los fenómenos fonéticos indicados en el título de su trabajo, pero extiende su interés a los rasgos acentuales del español hablado en Andalucía.

También se incluyen en este volumen dos trabajos en los que se analiza el reflejo del uso del español de Andalucía en la escritura. Así, en el capítulo "Contribución al español hablado en Andalucía en el siglo XVIII a partir de cartas de mujer del marquesado de la Motilla", Marta Fernández Alcaide parte de un corpus de 43 cartas dirigidas al marqués de Córdoba a finales del siglo XVIII, escritas por su suegra, en el que, en un registro familiar, se observan rasgos característicos de la modalidad lingüística andaluza, algunos fonéticos, como el seseo, alternando con el ceceo, o la neutralización de las consonantes implosivas. Destaca el uso de *ustedes* como segunda persona del plural.

Bajo el título "La literatura testimonia el espíritu hablado de la calle (La novela de Quiñones y el andaluz de la baja Andalucía)", Salvatore Cristian Troisi analiza el uso que el autor gaditano hace de su variante bajoandaluza en *Las mil noches de Hortensia Romero* y *El coro a dos voces*, y cómo alterna esta con el español estándar para caracterizar magistralmente a sus personajes. Lo que es, sin duda, su mayor logro.

Está, igualmente, presente un acercamiento a esta modalidad lingüística en la publicidad mediática en el capítulo de Javier Mora García "Los rasgos dialectales andaluces en la publicidad televisiva y digital local". Se abordan rasgos fundamentales fonéticos y léxicos a partir de un corpus de anuncios institucionales y privados. En los primeros se tiende al empleo del español estándar, con escasos fenómenos diferenciales. No ocurre lo mismo con los segundos, pues se perciben, entre otros, la aspiración de [s] en posición implosiva, la aspiración de [x] y la fricatización de [t͡ʃ], sin olvidar el seseo y el ceceo (aunque también se observa la tendencia distinguidora). Se mezclan, por lo tanto, características fonéticas de diversa consideración social en la región. El autor hace patente, de igual manera, la presencia de vocablos específicos del español hablado en Andalucía.

En definitiva, gracias a la labor ingente de unos intrépidos lingüísticas que, en una época en la que las comunicaciones no favorecían los estudios de campo, podemos contar en la actualidad con uno de los más valiosos documentos para abordar, desde perspectivas muy diversas, una modalidad rica y heterogénea, con siglos de historia, que ha tenido que enfrentarse a no pocas vicisitudes y numerosos desprestigios. Los autores, bajo la dirección de Manuel Alvar, del primer atlas lingüístico del castellano europeo abrieron el camino para que trabajos, como los que se incluyen en este volumen, puedan ver la luz. Desde nuestra perspectiva actual, en la que la tecnología ofrece no pocas ventajas para los investigadores, nunca está demás admirar y agradecer aportaciones rigurosas y, a la vez, no exentas de un profundo amor por la lengua y sus diversas modalidades.

Primera parte

Los cincuenta años del *Atlas Lingüístico y Etnográfico de Andalucía (ALEA)* de Manuel Alvar

Pilar García Mouton
(Madrid, ILLA-CSIC)

RESUMEN

Se han cumplido cincuenta años de la publicación del último volumen del *Atlas Lingüístico y Etnográfico de Andalucía (ALEA)* (1961-1973), que Manuel Alvar hizo con la colaboración de Antonio Llorente y Gregorio Salvador, el primer atlas regional, que marcó el camino de la Geolingüística del español. A partir de los textos de Manuel Alvar, este trabajo revisa las principales decisiones metodológicas por las que optó en el desarrollo del *ALEA* y su repercusión en los demás atlas peninsulares, en el de Canarias y en los estudios sobre el español en América.

Palabras clave: Geolingüística, atlas lingüístico de Andalucía, metodología.

1. Introducción: El ALEA y su contexto

Planteo esta intervención[1] como marco general para los demás trabajos, recordando las características y el valor del *Atlas Lingüístico y Etnográfico de Andalucía*, que dirigió mi maestro Manuel Alvar[2], una obra fundamental no solo para las hablas andaluzas, también para los proyectos geolingüísticos de otras áreas, especialmente los de Canarias y las tierras americanas que hablan español.

El atlas andaluz, publicado en seis volúmenes entre 1961 y 1973[3], ha sido el más importante de los atlas regionales españoles. De hecho, puede considerarse el primer atlas lingüístico del castellano europeo, ya que, antes de él, en

---

[1] Agradezco a los profesores Manuel Galeote y Antonia María Medina Guerra, representantes de la Universidad de Málaga, y a las universidades de Almería, Granada y Sevilla, su invitación para inaugurar este congreso que conmemora y celebra los cincuenta años del *Atlas Lingüístico y Etnográfico de Andalucía*. Una visión de conjunto sobre el *ALEA* se puede encontrar en el discurso de ingreso de Antonio Narbona (2018) en la Real Academia Sevillana de Buenas Letras.

[2] Con la colaboración de Antonio Llorente y Gregorio Salvador.

[3] Consciente de su valor patrimonial, la Junta de Andalucía financió en 1991 una reimpresión reducida en tres volúmenes. Desde 2023 el *ALEA* está accesible en la página de la Biblioteca Virtual Cervantes, razón por la que no incluyo aquí mapas que ahora pueden consultarse fácilmente.

nuestro entorno científico solo existían algunos tomos del *Atles Lingüístic de Catalunya* (*ALC*) de Antoni Griera y un primer atlas del español, el de Puerto Rico, cuyas encuestas realizó Tomás Navarro Tomás durante sus estancias académicas en Río Piedras a lo largo de los veranos de 1927 y 1928[4]. En los años treinta, un equipo del Centro de Estudios Históricos de la Junta para Ampliación de Estudios, dirigido por Navarro Tomás, encuestó Andalucía para el *Atlas Lingüístico de la Península Ibérica* (*ALPI*), pero la guerra interrumpió aquel trabajo, que se retomó mucho después, de manera que hasta 1962 no se pudieron imprimir los 75 mapas de Fonética del único volumen publicado en papel ([Navarro Tomás] 1962).

En cuanto al contexto general, hablar del *ALEA* supone hablar de los años cincuenta del siglo XX, cuando se sabía bien poco sobre Andalucía. Sí se sabía que, a diferencia de lo conocido sobre las variedades históricas septentrionales, la mayor parte de sus rasgos dialectales no eran regresivos, sino que gozaban de gran vitalidad, llegaban a las ciudades y, en ellas, alcanzaban incluso a los hablantes de los estratos cultos. En 1948 Lorenzo Rodríguez-Castellano y Adela Palacio introducían así su artículo sobre el habla de Cabra (1948: 387):

> Aunque los estudios monográficos de nuestros dialectos se van haciendo cada día más frecuentes, sin embargo, hasta la fecha, no se ha prestado gran atención a las diversas modalidades del Dialecto andaluz. Los dialectólogos, por lo general, han preferido orientar sus investigaciones hacia aquellos otros dialectos que, como el leonés y el aragonés, ofrecen más destacado interés por ser la continuación actual de los romances medievales, nacidos de la transformación del latín en España. El andaluz, en cambio —del cual vamos a estudiar aquí una modalidad local—, es un dialecto relativamente moderno, surgido del trasplante del castellano a zonas meridionales, recién conquistadas y, por ello, su valor para el lingüista es de otra naturaleza.

Hasta entonces había interesado especialmente lo revolucionario de la fonética andaluza. Antes de la forzosa paralización de los trabajos del *ALPI*, sus investigadores llegaron a publicar dos artículos fundamentales sobre este aspecto: en 1933, poco después de terminadas las encuestas, en la *Revista de Filología Española*, «La frontera del andaluz», donde Tomás Navarro Tomás,

---

[4] Pero no se publicó hasta 1948. Lo editó la Universidad de Puerto Rico como libro, *El español en Puerto Rico. Contribución a la geografía lingüística hispanoamericana*.

Aurelio M. Espinosa hijo y Lorenzo Rodríguez-Castellano fijaban las áreas de seseo y de ceceo, y las de los diferentes tipos de s:

> La extensión del andaluz no coincide, como generalmente se ha creído, con la de la confusión de las consonantes *s* y *z*, en el Sur de España, ni tampoco con los límites políticoadministrativos de Andalucía. La confusión de *s* y *z* comprende en Andalucía un área mucho menor que la que corresponde al conjunto del dialecto andaluz. Por otra parte, en el Norte de las provincias de Córdoba, Jaén, Granada y Almería hay comarcas cuya pronunciación no es propiamente andaluza. (*ibid*.: 276) [...] La *s* andaluza [...] aparece como elemento esencial en el conjunto fonético que constituye el fondo inmemorial y permanente del acento andaluz y ofrece orientación clara y expresiva en la delimitación geográfica de este dialecto. (ibid.: 277).

Y, tres años después, Espinosa y Rodríguez-Castellano publicaron «La aspiración de la "h" en el sur y oeste de España»[5] en la misma revista.

Hay que esperar a 1948 para ver llegar a Granada a Manuel Alvar, un joven catedrático aragonés que en principio pensó trabajar sobre la provincia, pero pronto amplió su proyecto a todas las hablas andaluzas. Y, para hacerlo, eligió la rigurosa metodología de la Geografía Lingüística europea más actualizada que, entre los últimos años veinte y los primeros cuarenta, había experimentado dos avances significativos: la publicación del atlas italosuizo (*AIS*) (1928-1940), el *Sprach- und Sachatlas Italiens und der Südschweiz* de Karl Jaberg y Jakob Jud y la del proyecto de un nuevo atlas de Francia por regiones, el *Nouvel Atlas Linguistique de la France par régions* (NALF) de Albert Dauzat (1942).

En ese contexto se planteó el *ALEA*. No cabe duda de que el nacimiento de la Geolingüística regional española y su posterior desarrollo se deben a Manuel Alvar, ni de que su inspiración se encuentra en el *ALPI*, en el *AIS* y en el *NALF*. Del inédito *ALPI*, Alvar tuvo muy en cuenta su cuestionario y los trabajos mencionados de Navarro Tomás y sus discípulos sobre fonética andaluza; del *AIS*, el método, al incluir ciudades en la red de encuesta y, sobre todo, el enfoque "Palabras y cosas", que suponía incorporar la etnografía —era

---

[5] Después hubo otros interesantes estudios, especialmente los de Dámaso Alonso, Alonso Zamora Vicente, y Mª Josefa Canellada (1950) a partir de datos de hablantes universitarios, y el de Dámaso Alonso (1956) sobre la *Andalucía de la e*, que aunaba investigación y divulgación.

un *Sprach- und Sachatlas*, literalmente un 'atlas lingüístico y etnográfico'—; y, del *NALF* de Albert Dauzat, la idea de un conjunto de atlas de pequeño dominio con una parte común y otra específica, que a la larga se pudieran sumar y comparar. Este fue el marco teórico del *ALEA*, que Alvar fue desarrollando después en los atlas de Canarias; de Aragón, Navarra y Rioja; de Cantabria; de Castilla y León y de la América hispanohablante.

2. Principales decisiones metodológicas

Para familiarizarse con la realidad andaluza, Alvar empezó haciendo algunas encuestas sobre los nombres del arado y, a través de sus alumnos, recogió informaciones acerca de los procedimientos de riego, el léxico de los alfares, el de los marineros, el de los cordeleros, etc. A partir de esa experiencia, redactó el cuestionario del *ALEA* que, después de una etapa de prueba, publicó en 1952; y en 1953 comenzó las encuestas con su alumno Gregorio Salvador (Alvar 1991: 222).

Existen dos textos fundamentales de Alvar que reflejan el proceso de maduración metodológica del proyecto y en torno a ellos estructuro estas reflexiones: uno temprano, de 1960, *Los nuevos atlas lingüísticos de la Romania*, donde explica qué decisiones científicas iba adoptando a medida que avanzaban los trabajos del atlas, y otro ya tardío, el que en 1991 dedica al *ALEA* en sus *Estudios de Geografía Lingüística* (ibid.: 185-227), donde valora y contextualiza todo lo que supuso el atlas andaluz desde la distancia de los años. Hay que valorar que, cuando lo diseñó, eran muchos los aspectos para los que Alvar carecía de antecedentes, de ahí el interés de repasar cuáles fueron en su momento sus respuestas a las principales preguntas metodológicas a las que se enfrentó.

2.1. ¿Abandonar la orientación fonética a favor de la fonológica?

En un contexto muy crítico con la orientación fundamentalmente fonética de las obras anteriores, cabía plantearse la conveniencia de abandonarla a favor de la fonológica. Esta fue su respuesta (Alvar 1960: 32-33):

> A la vista de los hechos que voy exponiendo creo que el sistema de transcripción fonética —no fonológica— que se sigue en los Atlas románicos es el más hacedero, en la Romania al menos. Cuando se hagan las descripciones fonológicas se pueden

desestimar los datos no pertinentes de cada transcripción, pero antes no. Sería tanto como correr el riesgo de falsear la realidad lingüística que hemos querido conocer.

De hecho, Alvar no solo no abandonó el detallado sistema de transcripción fonética de Navarro Tomás, sino que añadió algunos signos que consideró necesarios para reflejar la complejidad fonética del andaluz (1991: 220). En ese sentido, el acierto de mantener este rigor en la recogida de datos pronto permitió a los investigadores del *ALEA* avanzar trabajos sobre los aspectos fonéticos y fonológicos más importantes del andaluz. En 1962 Antonio Llorente publicó «Fonética y fonología andaluzas», donde definía el andaluz como «un castellano evolucionado que ha llevado sus procesos fonéticos al máximo de sus posibilidades y consecuencias» y enumeraba rasgos, que entonces consideraba "insólitos", resultado de esa evolución:

> aspiración, debilitamiento y pérdida de consonantes finales, pérdida o transformación de sonidos implosivos (dentro de la palabra o del grupo fónico), adelantamiento del punto de articulación de *s*, *ch*, *ye*; relajación de las interdentales, transformación de los grupos consonánticos más diversos (aun en fonética sintáctica), yeísmo, seseo y ceceo, rehilamiento de asibiladas y palatales y hasta de dentales y labiales; aspiración de velares fricativas, de consonantes oclusivas y de toda clase de sonidos implosivos; aparición de sonidos consonánticos dobles muy tensos como resultado de la geminación consiguiente a la aspiración, abertura y alargamiento de las vocales, cambio *a* > *e* ante consonante final de sílaba, -*a* final > *e*, como en fr. medieval, conversión de la *s* y la interdental intervocálicas en una aspirada más o menos relajada y sonorizada (ibid.: 228-229).

Llorente especificaba que «lo verdaderamente interesante de la fonética andaluza es, desde el punto de vista sincrónico y en relación con el castellano, la existencia de una serie de sonidos o matices fónicos desconocidos o muy poco frecuentes en otras comarcas castellanas, castellanizadas y aun dialectales» (ibid.).

2.2. ¿Era preferible utilizar uno o varios cuestionarios?

En el contexto geolingüístico europeo de la época, metodológicamente era pertinente preguntarse si el *ALEA* necesitaría más de un cuestionario. Alvar concluye que, para un atlas de pequeño dominio como el andaluz, bastaba un cuestionario, aunque insiste en la importancia de que los futuros atlas regionales mantuvieran una serie de cuestiones en común:

[…] en los atlas de pequeños dominios no se debe usar más que el cuestionario único, reducido en los grandes centros ciudadanos a aquello que pueda ser conocido en la vida urbana. Conviene que, con objeto de poder establecer ulteriores conexiones, cada director de un nuevo atlas regional dé cabida en su cuestionario a un nutrido número de preguntas de las que figuran en los precedentes (1960: 42).

A pesar de sus críticas al cuestionario del *ALPI*, es un hecho que en algunos aspectos lo siguió de cerca[6], ya que, de las sesenta y nueve frases que conforman el apartado de sintaxis del atlas andaluz, más de cuarenta están tomadas literalmente de las del *ALPI* (García Mouton 2021). Alvar reconocía sus deudas en este sentido:

En alguna de estas cuestiones me ha sido muy útil el *Cuestionario lingüístico hispano-americano* de Navarro Tomás, cuya claridad y buen sentido debemos tomar como ejemplo. En apariencia, he dado mayor cabida a la sintaxis que a la morfología. Respeto casi íntegramente los ejemplos del cuestionario I del *ALPI* y ofrezco otros basados en los cuestionarios de Griera y Rohlfs a los que me referiré luego, y en experiencias personales. Mediante la colección de ejemplos aducidos, se pueden estudiar no sólo sesenta frases de estructura sintáctica sencilla, sino una serie abundante de combinaciones fonéticas que coadyuvarán al conocimiento de las distintas hablas. […] En Andalucía, este cuestionario de oraciones es necesario dada la abundancia y complejidad de los fenómenos de fonética sintáctica (1991: 205).

2.3. ¿Optar por uno o por varios exploradores?

En los debates europeos se discutía también si un atlas debía contar con uno o con varios encuestadores. De partida, Alvar había defendido las ventajas del encuestador único, pero la evidencia lo llevó a aceptar una pluralidad controlada de exploradores, que ahorraba tiempo y dinero:

En efecto, mi ALEA fue planeado para que las exploraciones las hiciera un solo investigador. Sin embargo, pronto hubo que abandonar esta idea, que exigía —según mis planes— diez años para recoger los materiales. La incorporación de un nuevo explorador —alumno mío, colaborador de mi cátedra— reducía en cinco los años de trabajo, sin atentar contra la unidad. Tan sólo más tarde vino a trabajar

---

[6] Insiste en que «como siempre, y no me cansaré de repetirlo, acepto cuanto puedo los datos del *ALPI*, pero añado, cuando me es posible, el fruto de mi experiencia» (1991: 206) y en que aprovecha «los cuadernos del *ALPI* para lograr conscientemente esa trabazón que, a veces, ha faltado fuera de España» (ibid.: 209).

con nosotros un tercer colector: pero entonces estábamos obligados —ya— por compromisos que nos exigían unos plazos fijos (1960: 45-46).

En consecuencia, Alvar y Salvador trabajaron solos hasta que el salmantino Antonio Llorente Maldonado de Guevara[7] se incorporó a la Universidad de Granada y a los trabajos del *ALEA*. Entre agosto de 1953 y la primavera de 1960, encuestaron 255 localidades: Gregorio Salvador, 110; Manuel Alvar, 98 y Antonio Llorente, 47.

2.4. Establecer el perfil de los informantes

Además del número de exploradores, era necesario definir el perfil de los informadores o informantes, cuestión que a menudo había sido errática en los atlas anteriores (García Mouton 2020). Para el *ALEA*, Alvar mantuvo la tradición: en general, bastaba elegir bien uno por localidad, normalmente un varón conocedor de las actividades agrícolas, sin instrucción y con pocos contactos externos, pero, al irse enfrentando con la realidad andaluza, acabó anticipando los que en el futuro se considerarían intereses sociolingüísticos.

> Para rellenar el cuestionario en un punto cualquiera, vale un solo sujeto. […] No siempre basta con rellenar el cuestionario. En ocasiones se necesita conocer el alcance de un fenómeno; otras, establecer las diferencias que existen entre gentes de distinto sexo o de diverso estrato social; en alguna, atestiguar la existencia de un arcaísmo. Entonces se impone la pluralidad de informadores, sin que por ello se perturbe la pretendida imagen de la instantánea. (ibid.: 53-54).

En principio prefirió que el informante único fuera varón, si bien las diferencias que encontró entre informadores de distinto sexo desde la primera encuesta en Puebla de don Fadrique (Granada) —como le ocurrió a Gregorio Salvador (1952) en Vertientes y Tarifa—, lo sensibilizaron hasta el punto de duplicar la encuesta en varias localidades:

> […] tuve que dar preferencia al informador varón, habida cuenta del carácter agrícola de mi cuestionario.

---

[7] Alvar les dedicó *Los nuevos atlas lingüísticos de la Romania*: «Para Antonio Llorente y Gregorio Salvador, abnegados en el esfuerzo, leales en la amistad».

Sin embargo, creo que en determinados casos hay que repetir, con sujetos de sexo distinto, una buena parte de la encuesta. Me refiero a las áreas fronterizas o zonas de gran efervescencia dialectal.

Las mujeres son —unas veces— conservadoras de arcaísmos lingüísticos, mientras que —en ocasiones— llevan la iniciativa en la innovación. (ibid.: 54).

Además, Alvar hizo sociología lingüística en el *ALEA* al encuestar a varios informantes en las ciudades solo con parte del cuestionario, como había hecho el *AIS* (García Mouton 1991):

En Andalucía hemos investigado todas las capitales de provincia, como centros de irradiación lingüística, usando, tan sólo, parte del cuestionario general. Nuestras encuestas urbanas han sido más amplias que en los otros Atlas: hemos interrogado, cuando menos, a dos personas universitarias (hombre y mujer) y a otras dos (también de sexo distinto) de barrios diferentes. Cuando alguna actividad podía dar fisonomía especial al habla (marineros) o cuando algún suburbio tenía relevante personalidad (Albaicín en Granada, Triana en Sevilla), entonces procurábamos dar cabida en nuestros interrogatorios a gentes que pudieran ser espécimen de cada una de tales peculiaridades. De este modo, creo haber mostrado, y con cierta eficacia, mi preocupación por algunos hechos de sociología lingüística no siempre bien conocidos. (ibid.: 56).

2.5. El peso de la etnografía

Otra elección metodológica fundamental basada en la experiencia del *AIS* explica el gran peso de la etnografía en un atlas que se caracteriza por incluir fotografías, planos y láminas, además de los magníficos dibujos del antropólogo Julio Alvar. Al ser el primero de los atlas regionales y haber sido hecho en el momento idóneo, cuando todavía se podía documentar una realidad anterior a los grandes cambios culturales del siglo XX, el *ALEA* constituye un magnífico documento etnográfico, con mapas lingüísticos y etnográficos y mapas exclusivamente etnográficos, que marcan las áreas de las cosas. En ese sentido, hay que recordar la reseña de Julio Caro Baroja (1965) a los tres primeros volúmenes publicados entonces, donde destaca la importancia de contar por primera vez con datos rigurosos, no solo lingüísticos, sobre el olivo, el esparto, los molinos, las norias, la agricultura tradicional, la alfarería, el mar, etc., a partir de los que identifica una Andalucía oriental y otra occidental, división que estima propia de los países islámicos. Y añade:

Tres líneas de penetración en el dominio andaluz hemos de contar, marchando de Norte a Sur: la extremeña u occidental, la manchega o central y la murciana u oriental. La extremeña ejerce su influjo mayor sobre Huelva y Sevilla; la manchega, sobre Córdoba y Jaén; la murciana o levantina, sobre la parte oriental de Jaén, Granada y Almería. Probablemente cuando se posean atlas lingüísticos de Extremadura, La Mancha y Murcia, las conexiones más importantes y algunas áreas se dibujarán con perfecta nitidez y autonomía.

Caro Baroja termina así su reseña:

[…] agotada mi capacidad admirativa, diré que nadie será capaz en lo futuro de reunir unos materiales tan impresionantes como los que han reunido Manuel Alvar y sus dos colaboradores sobre la vida y la cultura de Andalucía (ibid.: 438).

Los textos que los encuestadores del *ALEA* recogieron como complemento de sus encuestas[8] son una extensión del interés etnográfico de Manuel Alvar. Es cierto que los textos se pulieron, eliminando repeticiones, vacilaciones y otros rasgos asociados a la oralidad, lo que les resta espontaneidad, pero ofrecen léxico, morfología, fonética, fonética sintáctica y sintaxis en el discurso.

En conjunto, las encuestas documentaron la lengua y la cultura de la Andalucía rural de los años cincuenta, tan distinta de la actual, una Andalucía que desde entonces ha experimentado un gran desarrollo en todos los aspectos: comunicaciones, instrucción general, el papel social de la mujer, movimientos demográficos, etc. El *ALEA* es historia de Andalucía, la referencia para comparar aquella lengua y aquella cultura con las de etapas posteriores y las de otras zonas.

2.6. La importancia de las áreas

Finalmente, entre los principales objetivos del *ALEA*, Alvar mantenía que, «aun siendo importante el acopio de léxico *inédito*, es acaso una de las aportaciones menos notables del atlas. Lo fundamental es el establecimiento de las áreas, tanto en fonética, como en morfología, como en léxico»[9] (1991: 193),

---

[8] M. Alvar y P. García Mouton los editamos en 1995 en Gredos.
[9] Se basaba en esta cita de Karl Jaberg (1947: 1-2): «L'idée fondamentale de la géographie linguistique consiste à transposer l'étude de la langue du point dans l'espace, à ne plus envisager le fait linguistique comme strictement localisé, dans sa création et dans son évolution, mais à le considérer dans ses rapports avec d'autres foyers créateurs, à le placer dans son entourage géographique, à établir son *aire*».

aunque evidentemente la fonética podía llegar a tener repercusiones morfológicas y a conformar áreas. Apoyándose en trabajos recientes entonces, se «preocupó [de] acrecentar nuestro saber en el problema de las oposiciones fonológicas singular / plural basadas en la naturaleza de las vocales cerradas/abiertas, [que] se trasladan al plano de la morfología (oposiciones de primera persona/segunda persona; segunda persona / tercera; singular / plural) y crean el sistema estructural más complejo de todos los románicos» (ibid.: 202).

En cuanto al léxico, un número importante de mapas andaluces permitió establecer en el extremo oriental –NE de Jaén y de Granada y más de la mitad de Almería de norte a sur– la presencia de un léxico con personalidad propia, los llamados *orientalismos* que pronto estudió Gregorio Salvador (1953)[10]. En ese sentido, el *ALEA* propició trabajos tan emblemáticos como el de Diego Catalán (1975), que llegó a importantes conclusiones comparando la distribución de *guizque* en el mapa *Aguijón* del *ALPI* y en el atlas andaluz. A su vez, el atlas documentó en el extremo oriental de Andalucía la continuidad de voces y rasgos fonéticos de origen asturleonés extendidos desde Extremadura y la presencia de formas de influencia portuguesa en Huelva (Alvar 1963a). Y, además de la conocida proyección del léxico andaluz hacia Canarias y América, Alvar estudió la pervivencia de arabismos en el *ALEA* y la relación entre mapas lingüísticos y diccionarios (1982).

2.7. Para acabar

Según hemos visto, Manuel Alvar conformó su concepción geolingüística a medida que iba respondiendo a las necesidades que le planteó la realidad andaluza, por lo que gran parte de su trabajo posterior se basa en el *ALEA*.

Habría sido una tarea inabarcable tratar de resumir aquí la repercusión científica del atlas andaluz, pero merece la pena destacar que, como suele ocurrir, Manuel Alvar, Antonio Llorente y Gregorio Salvador no se limitaron a hacer y publicar el atlas, sino que fueron los primeros en rentabilizar científicamente sus materiales. Por otra parte, el hecho de que, mientras aún elaboraban el atlas andaluz, Alvar estuviera ya haciendo las encuestas del atlas de Canarias, esa misma inmediatez lo llevó a poner las bases para

---

[10] Y luego han recibido mucha atención. En este congreso los trata Pilar Peinado, doctoranda de Isabel Molina Martos y mía en el CSIC, cuya tesis estudia los orientalismos en el marco de nuestro proyecto de edición digital del *ALPI*.

establecer las relaciones lingüísticas entre Andalucía y Canarias y su filiación (Alvar 1963b, Medina 1996)[11]. Con el paso de los años, el atlas andaluz ha propiciado cientos de trabajos, entre otros, obras de la importancia del *Tesoro léxico de las hablas andaluzas* de Manuel Alvar Ezquerra (2000a)[12] o de la *Ictionimia andaluza. Nombres vernáculos de las especies pesqueras del «Mar de Andalucía»* de Alberto Arias y Mercedes de la Torre (2019), y proyectos como VITALEX, de Gonzalo Águila (2022), sobre los procesos de mortandad léxica en la Alpujarra granadina, y FRONTESPO, de Xosé Afonso Álvarez (2022), que estudia multidisciplinarmente las localidades de la frontera con Portugal.

Me gustaría acabar con estas palabras de Manuel Alvar (1991: 227): «El ALEA está ahí. Sobre él se han escrito estudios y tesis doctorales, que ya cuentan por su cantidad y su calidad; fue el punto de partida de otros atlas. Decir lo que ha significado y significa en nuestra historia lingüística, no tiene sentido que yo lo diga. Los demás han hablado por mí y yo sólo sé escribir la palabra gratitud». Hoy somos muchos los que hablamos del *ALEA* y seguirán haciéndolo quienes vengan después, porque es evidente que, en estos cincuenta años, el reconocimiento académico a esta obra imprescindible no ha hecho más que crecer.

Bibliografía

Águila, G. (2022). Procesos del cambio léxico en la Alpujarra de Granada, en Isabel Molina Martos y Pilar García Mouton (eds.): *Geolingüística en la Península Ibérica*. Madrid, Consejo Superior de Investigaciones Científicas, 221-242.

Alonso, D. (1956). *En la Andalucía de la e. Dialectología pintoresca*. Madrid, Artes Gráficas Clavileño.

Alonso, D., Alonso Zamora Vicente y M.ª Josefa Canellada (1950). Vocales andaluzas. Contribución al estudio de la fonología peninsular, *Nueva Revista de Filología Hispánica*, IV, 209-230.

ALPI = [Navarro Tomás, T. (dir.)] (1962). *Atlas Lingüístico de la Península Ibérica. I, Fonética*. Madrid, CSIC.

---

[11] El seseo y el peso del *ustedes* 'nosotros'; el de *más nada* 'nada más', *más nadie* 'nadie más', *más nunca* 'nunca más'; de léxico como *sanantón, sanantontón* 'mariquita' y tantos otros rasgos que caracterizan el español atlántico, tan vinculado al andaluz.

[12] Y el estudio que Manuel Alvar Ezquerra (2000b) dedicó al léxico del *ALEA*.

ALPI = García Mouton, P. (coord.) con la col. de I. Fernández-Ordóñez, D. Heap, M.-P. Perea, J. Saramago y X. Sousa (2016). *ALPI-CSIC* [http://alpi.csic.es], edición digital de Navarro Tomás, T. (dir.). *Atlas Lingüístico de la Península Ibérica*. Madrid: CSIC].

Alvar, M. (1952). *Atlas Lingüístico y Etnográfico de Andalucía. Cuestionario*. Granada, Universidad de Granada-CSIC.

Alvar, M. (1960). *Los nuevos atlas lingüísticos de la Romania*. Granada, Universidad de Granada-CSIC.

Alvar, M. en colaboración con Antonio Llorente y Gregorio Salvador (1961-1973). *Atlas Lingüístico y Etnográfico de Andalucía*. Granada, Universidad de Granada-CSIC.

Alvar, M. (1963a). Portuguesismos en andaluz, *Weltoffene Romanistik. Festschrift Alwin Kuhn*. Innsbruck, 309-324, reproducido en Alvar, Manuel (1991), *Estudios de Geografía Lingüística*. Madrid, Paraninfo, 246-260.

Alvar, M. (1963b). El atlas lingüístico y etnográfico de las Islas Canarias, *Revista de Filología Española*, XLVI, 315-328, reproducido en Alvar, Manuel (1991), *Estudios de Geografía Lingüística*. Madrid, Paraninfo, 272-283.

Alvar, M. (1975-1978). *Atlas Lingüístico y Etnográfico de las Islas Canarias*. Las Palmas, Cabildo Insular.

Alvar, M. (1982). Atlas lingüísticos y diccionarios, *Lingüística Española Actual* 4, 2, 253-324.

Alvar, M. (1991). El atlas lingüístico y etnográfico de Andalucía, en *Estudios de Geografía Lingüística*. Madrid, Paraninfo, 185-231.

Alvar, M., Llorente, A. y G. Salvador (1995). *Textos andaluces en transcripción fonética*, ed. de Manuel Alvar y Pilar García Mouton. Madrid, Gredos.

Alvar Ezquerra, M. (2000a). *Tesoro léxico de las hablas andaluzas*. Madrid, Arco/ Libros.

Alvar Ezquerra, M. (2000b). Cambios fonéticos, variantes, cruces, motivaciones y otros fenómenos en el léxico andaluz del *ALEA*, en Cristóbal Corrales y Dolores Corbella (eds.): *Estudios de dialectología dedicados a Manuel Alvar con motivo del XL aniversario de la publicación de "El español hablado en Tenerife"*. La Laguna, Instituto de Estudios Canarios, 131-149.

Álvarez, X. A. (2022). Nuevas perspectivas de investigación sobre las hablas en la frontera entre España y Portugal, en Isabel Molina Martos y

Pilar García Mouton (eds.): *Geolingüística en la Península Ibérica*. Madrid, Consejo Superior de Investigaciones Científicas, 201-219.

Arias García, A. M. y M. de la Torre García (2019). *Ictionimia andaluza. Nombres vernáculos de las especies pesqueras del «Mar de Andalucía»*. Universidad de Cádiz - CSIC.

Caro Baroja, J. (1965). El Atlas Lingüístico de Andalucía, *Revista de Dialectología y Tradiciones Populares*, XXI, 429-438.

Catalán, D. (1975). De Nájera a Salobreña. Notas lingüísticas e históricas sobre un reino en estado latente, en *Studia Hispanica in honorem R. Lapesa*, III, Madrid, Seminario Menéndez Pidal - Gredos, 97-121, y en Catalán, Diego (1989): *El español. Orígenes de su diversidad*. Madrid, Paraninfo, 296-327.

Dauzat, A. (s. a. [1942]). *Le Nouvel Atlas Linguistique de la France par régions. Avec trois cartes linguistiques*. Luçon, Imprimerie S. Pacteau.

Espinosa, A. M. y L. Rodríguez-Castellano (1936). La aspiración de la "h" en el sur y oeste de España, *Revista de Filología Española*, XXIII, 225-254 y 337-378.

García Mouton, P. (2021). The syntactic tradition in the Spanish linguistic atlases, en Alba Cerrudo, Ángel J. Gallego, Francesc Roca Urgell (eds.), *Syntactic Geolectal Variation. Traditional approaches, current challenges and new tools*. Amsterdam / Philadelphia, John Benjamins Publishing Company, 15-33.

García Mouton, P. (2020). Las mujeres como sujetos de encuesta en el *Atlas Lingüístico de la Península Ibérica (ALPI)*, en Mª José Martínez Alcalde, Juan Pedro Sánchez Méndez, Francisco Javier Satorre Grau, Mercedes Quilis Merín, Amparo Ricós Vidal, Adela García Valle, Francisco Pedro Pla Colomer, Santiago Vicente Llavata (eds.), *El español y las lenguas peninsulares en su diacronía: Miradas sobre una historia compartida. Estudios dedicados a Mª Teresa Echenique Elizondo*. Valencia, Tirant Humanidades, 209-228.

García Mouton, P. (1991). El Atlas Lingüístico y Etnográfico de Andalucía. Hombres y mujeres. Campo y ciudad, en Gotzon Aurrekoetxea y Xarles Videgain (eds.), *Actas del Congreso Internacional de Dialectología*. Bilbao, Real Academia de la Lengua Vasca, 667-686.

Gilliéron, J. (1902-1910). *Atlas Linguistique de la France*. Paris, Champion.

Jaberg, K. (1947). Géographie Linguistique et expressionisme phonétique, *Revue de Philologie Française*, I, 1-2.

Jaberg, K. y J. Jud (1928-1940). *Sprach- und Sachatlas Italiens und der Südschweiz.* Zofingen, Ringier.

Llorente Maldonado de Guevara, A. (1962). Fonética y fonología andaluzas, *Revista de Filología Española*, XLV, 227-240.

Medina López, J. (1996). Geografía lingüística y dialectología en Canarias: veinte años del ALEICan, *Lingüística Española Actual*, 18 (1), 113- 130.

Narbona, A. (2018). Medio siglo del *ALEA*, *Minervae Baeticae. Boletín de la Real Academia Sevillana de Buenas Letras*, 46, 133-168.

Navarro Carrasco, A. I. (1995). *Diferencias léxicas entre Andalucía oriental y Andalucía occidental.* Universidad de Alicante.

Navarro Tomás, T., Aurelio Espinosa hijo y L. Rodríguez-Castellano (1933). La frontera del andaluz, *Revista de Filología Española*, XIX, 225-257.

Navarro Tomás, T. (1945²). *Cuestionario Lingüístico Hispanoamericano. I. Fonética, Morfología, Sintaxis.* Buenos Aires, Instituto de Filología.

Navarro Tomás, T. (1948). *El español en Puerto Rico. Contribución a la geografía lingüística hispanoamericana.* Río Piedras, Ed. Universitaria.

Rodríguez-Castellano, L. y A. Palacio (1948). Contribución al estudio del dialecto andaluz. El habla de Cabra, *Revista de Dialectología y Tradiciones Populares*, IV, 387-418 y 570-599.

Salvador, G. (1952). Fonética masculina y fonética femenina en el habla de Vertientes y Tarifa (Granada), *Orbis*, I, 19-24, reproducido en Salvador, Gregorio (1987): *Estudios dialectológicos.* Madrid, Paraninfo, 182-189.

Salvador, G. (1953). Aragonesismos en el andaluz oriental, *Archivo de Filología Aragonesa*, V, 143-165.

El *Atlas Lingüístico y Etnográfico de Andalucía* (*ALEA*): Génesis, contenido e innovaciones. Las dos «Andalucías» lingüísticas

Francisco Torres Montes
Universidad de Granada

RESUMEN

Presentamos en este trabajo la historia del *ALEA* desde su germen, cuando llega Alvar a la Universidad de Granada (1948), hasta la publicación del sexto y último tomo en 1973. Se da cuenta del cuestionario, puntos de encuesta, exploradores e informantes, para lo que hemos tenido en consideración no solo las noticias que los autores fueron dando en distintos artículos y conferencias, sino, además, las cuatro "Memorias" que Alvar fue enviando a la Fundación Juan March, que hasta hoy han permanecido inéditas; junto a ello, aporto parte de mi testimonio, como alumno y miembro del Departamento de Lengua española, en los últimos años de la elaboración del atlas. En la segunda parte, se informa de su contenido, estructura e innovaciones; y se finaliza con la enumeración-descripción de aquellos fenómenos recogidos en el *ALEA* que dividen Andalucía en dos grandes zonas lingüísticas: la Occidental y la Oriental.

Palabras clave: Geolingüística, atlas lingüísticos, etnografía, Andalucía, red de puntos de encuesta, exploradores.

1. Introducción

El nacimiento de la Geolingüística contribuye a dar un paso transcendental en el conocimiento de las lenguas; esta nueva metodología –que recoge *in situ*, por medio de la encuesta directa[1], las hablas del pueblo en un territorio investigado– muestra las variantes de la lengua o dialecto en ese espacio, presentando los materiales obtenidos en mapas, de modo que el conjunto de estos forma un *atlas lingüístico*. La primera obra, con una metodología científica, es el *Atlas Linguistique de la France* (ALF, 1902-1909) de Jules Gilliéron, que da origen a los primeros atlas de carácter nacional, cuyo fin principal fue recoger las hablas autóctonas populares antes de que desaparecieran por la influencia avasalladora de la lengua estándar.

---

[1] El primer lingüista en llevar a cabo una investigación de las hablas del pueblo, recogiendo el material *in situ* con encuesta directa fue G. I. Áscoli al estudiar los dialectos del cantón de los Grisones, «Saggi ladini» (1873), y de los franco-provenzales, "Schizzi franco-provenzali" (1874).

Tras la primera generación de atlas lingüísticos, la de los nacionales –o de "grandes dominios" según la terminología de Jaberg y Jud– a la que España se incorpora en fecha temprana –principios del siglo XX– con el proyecto de un *Atlas Lingüístico de la Península Ibérica* (*ALPI*), que diseña Menéndez Pidal en el Centro de Estudios Históricos, dando la dirección a Navarro Tomás, y que, lamentablemente, quedó interrumpido por la irrupción de la Guerra Civil[2], llega la segunda generación con los atlas regionales o de "pequeños dominios", que se inicia, también en Francia, cuando A. Dauzat anuncia en 1939 *Le Nouvel Atlas Linguistique de la France par régiones* (NALF), aunque su primer fruto se retrasó a 1950. Ahora se pretende recoger –al contrario de los grandes atlas que buscan la macroestructura lingüística de un gran territorio– la microestructura de la lengua en una determinada zona, ya que, al establecer una red de puntos de encuesta mucho más densa, se muestran las diferencias o variantes del territorio; es decir, estos atlas se dirigen a recoger y mostrar lo específico, lo diferencial de una región o zona. Su finalidad, por tanto, es analítica, frente a la sintética de los nacionales.

En España, tras el fracaso del *ALPI* por la causa expuesta más arriba, se impone la nueva cartografía lingüística de "pequeños dominios" y su impulsor y creador de los atlas regionales hispanos fue Manuel Alvar que, desde la Universidad de Granada, lleva a cabo el andaluz, el canario, el de Aragón, Navarra, la Rioja; y, posteriormente, los de Cantabria, Castilla-León, y los del español en América.

2. Génesis del atlas lingüístico de Andalucía

El habla andaluza tradicionalmente venía sufriendo estigmatización; por poner un solo ejemplo de principios del XX, el egabrense Juan Valera escribía: "En Andalucía [...] la gente pronuncia mal el castellano"[3]. Apenas existen estudios sobre la variedad lingüística andaluza hasta mediados del XX (son

---

[2] Hubo que esperar a 1962 para que saliera el primer tomo, al que Alvar presentó una crítica negativa: "La publicación del primer y único tomo del *ALPI* fue acogida con fundadas reservas. Los planteamientos teóricos de la obra están hoy superados" ([Alvar en] Iordan, 1967: 452). Para la historia y las vicisitudes del *ALPI*, vid. García Mouton (2022: 19-22). Actualmente el CSIC, bajo la dirección del García Mouton, ha creado una página web donde se están publicando materiales inéditos.

[3] Vid. Narbona 2013: 137.

excepciones, *Die Cantes flamencos* de Schuchardt (1881) y el estudio fonético de Wulff (1889) de fines del XIX y, posteriormente, unas notas de A. Castro (1924) y algún estudio de los materiales del *ALPI*); será, sobre todo, a partir de 1950, cuando cambie el rumbo de los estudios y conocimiento del español hablado en Andalucía gracias a los impulsos de una magna obra, el *ALEA*, que emprende, sin apenas medios, un joven profesor, Manuel Alvar, que se había incorporado de la Universidad de Salamanca a su cátedra de la de Granada.

Alvar, desde sus primeras investigaciones, se ocupa de estudios de Geografía Lingüística del dominio aragonés (*El habla del Campo de Jaca*, 1948[4], "Los nombres del «arado» en el Pirineo", etc.); ya en Granada, desde 1948, con 24 años, al obtener la cátedra de "Gramática Histórica", concibe su primer proyecto en Andalucía, que consistiría en realizar un estudio de Geolingüística de la provincia de Granada; no obstante, de inmediato lo trocó por un atlas de toda la región, territorio lingüísticamente inexplorado, del que se tenía una idea falseada de su habla. Se trataba de dar a conocer, entre otros hechos, una fonética revolucionaria dentro del español meridional, que se iba expandiendo de forma acelerada por otros territorios. En 1949 invita a G. Rohlfs, y el maestro germano le propone que se desplace a Alemania, al "Seminario Románico de Erlangen"[5], ciudad universitaria del estado de Baviera, con Hämel y Kuen; allí se pondrá al día en las últimas técnicas de la cartografía lingüística; en Erlangen concibió la importancia de incorporar mapas etnográficos, a su atlas, circunstancia que ya estaba haciendo el atlas italo-suizo (*Sprach- und Sachatlas Italiens und der Südschweiz* [AIS] de Jaberg y Jud), pero según la forma novedosa que se hacía en Suecia, en su atlas folclórico; para ello Alvar decide desplazarse a Uppsala. "Fue la armadura –dice Alvar 1997: 19– sobre la que sustenté una parte de mi obra". Poco después, visitaría Toulouse para encontrarse con Jean Séguy y analizar los materiales de su Atlas Lingüístico de Gascuña y aprender de sus experiencias. Junto a todo ello, acude a los cursos que Mosén Griera organizaba sobre atlas lingüísticos en la abadía San Cugat del Vallés, a los que asistió con Gregorio Salvador[6].

---

[4] Fue premio Menéndez Pelayo en 1946 del CSIC, la tesis se publicó por la Universidad de Salamanca.
[5] "En el Seminario Románico de Erlangen [escribe Alvar] estaba el *ALF* […], el *AIS*, las varias versiones del *ALR*, y libros, libros y más libros. Aprendí mucho allí" (1997: 17).
[6] Se celebran en septiembre de 1955, Salvador presenta aquí "Las encuestas del *ALEA* en 1955" (1987: 46 – 60).

2.1. Cuestionario del *ALEA*

La primera tarea que lleva a cabo Alvar fue la redacción del *Cuestionario* (1952); se partió del *ALPI*, rehaciéndolo y ordenándolo, se añadieron cuestiones del *Atlas Lingüístic de Catalunya* (*ALC*) de Griera[7], y del que publicó Navarro Tomás para Hispanoamérica (1945, donde se pregunta por distintos campos léxico-semánticos, especialmente del mundo rural, y aspectos de morfología).

El *Cuestionario* se publica, como se ha dicho, en 1952 en Granada (por el "Seminario de Gramática Histórica")[8], aunque se inicia su preparación en 1950. Para su elaboración, Alvar toma en cuenta, no solo el cuestionario del *ALPI* —ya que pretende que su atlas regional esté en conexión con el nacional, según la tradición que ya había iniciado el *NALF* entre atlas de grandes y pequeños dominios—, sino, además, de manera particular, en la fonética atiende a los trabajos de Alther (1935), Navarro, Espinosa y Rodríguez (1933), Espinosa y Rodríguez (1936), Rodríguez y Palacio (1948), y Alonso, Zamora y Canellada (1950). Ante este último estudio, quiere recoger, de manera precisa, el territorio de la abertura vocálica como rasgo fonológico; y, desde el punto de vista sintáctico, acude a la obtención de frases de estructura sencilla. No obstante estas influencias, Alvar quiere conocer bien el terreno que va a explorar para conseguir un *Cuestionario* lo más apegado a la realidad; para ello inicia una serie de encuestas entre los alumnos que llegan a la Universidad de Granada, no solo de los futuros filólogos en Románicas (en esos años en Andalucía solo en Granada se estudiaba "Filología Románica", precedente de la especialidad de "Hispánicas"), sino de aquellos alumnos que llegan a examinarse del antiguo preuniversitario (PREU) para acceder a la Universidad[9]. Y, junto a todo ello, promueve una serie de calas previas: en Jaén visita las localidades de Alcaudete y Villacarrillo (para el léxico doméstico), en Almería: su capital y Vera, en Sevilla: Écija (para indagar acerca de

---

[7] Del atlas catalán se habían publicado los tomos I–V entre 1923 y 1939, fecha en que queda interrumpida la publicación debido a la destrucción de parte de los materiales en la Guerra Civil.

[8] En la edición del *Cuestionario* figura al final de la edición las "ADVERTENCIAS: Por error de numeración, falta en el texto el capítulo IV. Sin embargo, la correlación III–V no afecta a la continuidad del cuestionario. Las preguntas 1275-1323 (alfarería y cordeleros) que figuran en las págs. 71-73, deben interrogarse tras la número 1925 (p. 102, capítulo XVI, *Oficios*)".

[9] Un testimonio de ello son las distintas denominaciones del 'botijo' en Andalucía que Alvar incluye en la "Introducción" a su *Cuestionario*, 1952.

los diferentes tipos de arados), y en Granada: su Vega (para los sistemas de riego), Huéscar, y Motril (para recabar información acerca de las faenas de la pesca y el mundo de la mar).

En el *Cuestionario* inicial publicado se recogen 2145 preguntas (algunas de las cuestiones se desglosan en varias preguntas, como ocurre con las formas verbales). Las preguntas abarcan desde las 220 cuestiones de carácter fonético/fonológico, 60 para obtención de frases sencillas para la sintaxis y la morfología, hasta las cerca de 2000 del léxico. No obstante, tras varias incorporaciones y eliminaciones, ya que el *Cuestionario* se fue perfilando tras ponerse en práctica, al final la encuesta tuvo unas 2500 cuestiones (Alvar 1959: 9, y *Memoria* 1956: 4)[10]; aunque hay que advertir que la mayor parte trata de recoger el léxico de Andalucía, especialmente del mundo rural, razón por la cual se pregunta por numerosos campos léxico-semánticos de la vida en el campo. En ocasiones, en diferentes apartados, se repite la misma pregunta, hecho que llamó la atención a algún reseñador del *ALEA*; sin embargo, esto no fue un error como se apuntó, sino que se hizo de forma deliberada para comprobar la seguridad del sujeto informante y, al mismo tiempo, poder recoger, en su caso, sus posibles variantes, es decir, el polimorfismo.

Las cuestiones se reúnen en grupos ideológicos, que ya, de algún modo, aparecían en el *ALPI*, pero reestructurados como se encuentran en el Atlas de Córcega de Bottiglioni y en el *NALF*; en total, son XVIII los apartados que aparecen en el *Cuestionario* (desde el cuerpo humano –sus partes y enfermedades–, el nacimiento, la boda, la muerte –de la cuna a la sepultura–, la casa y ocupaciones domésticas, la agricultura, hasta un apartado final heterogéneo, titulado "Varia", como veremos más adelante).

Las primeras hojas del *Cuestionario* se destinan a recoger datos generales en cada punto; nombre del encuestador, la fecha de la encuesta, un informe de las características de la localidad (medios de vida, comunicaciones, etc.), y, por último, se atiende a los datos del informante/es. Las preguntas van numeradas de cinco en cinco, quedan en blanco las hojas pares para que en ellas el encuestador pueda plasmar cualquier observación, bien a la respuesta que se da o a las características locales del referente por el que se pregunta.

---

[10] Alvar en 1955 anuncia "Hemos añadido varias hojas supletorias". Al final, el *ALEA* en sus seis tomos contiene 1900 mapas y 1700 láminas (hay que tener en cuenta que bastantes láminas contienen dos mapas).

El *Cuestionario* del Atlas de Andalucía incorpora una serie de novedades, de las que hablaremos con detención más adelante; entre ellas, la recogida, según ya se ha apuntado, de la etnografía o cultura popular, que, si bien ya el *ALPI* había empezado a colectar de manera esporádica, el atlas andaluz lo hace siguiendo una metodología sistematizada. Otra novedad es de carácter social, cuando se atiende a las variantes de la comunidad: sexo, edad y nivel cultural, por lo que se adelanta a futuras investigaciones geolingüísticas.

Tras la finalización de las encuestas, se ordenan los cuestionarios y se pasa su material a los *Cuadernos de Formas* en el Seminario de Gramática Histórica y despacho de los encuestadores; cada cuadernillo de formas recopila las respuestas de una pregunta del *Cuestionario* en los 230 puntos encuestados de Andalucía; es decir, se trata de confeccionar repertorios onomasiológicos para la elaboración de los mapas; de cada significado o concepto se recogen todos los significantes en la Andalucía encuestada. Por tanto, hay tantos cuadernos de formas como preguntas hay en el *Cuestionario*; aunque luego se hizo una criba y se eliminaron para su cartografía aquellos que recogían respuestas reiterativas o, bien, no tenían suficiente interés lingüístico; por ello, el número de mapas es algo inferior al de preguntas del *Cuestionario*[11].

2.2. Los puntos de encuesta

Andalucía es una región de gran complejidad lingüística, no solo por su extensión de 87.280 km^2, sino por el proceso histórico en la implantación del castellano, que oscila en tres siglos de diferencia, a lo que hay que sumar la diversidad de repobladores. En el momento en que comienzan las encuestas del Atlas contaba con una población de poco más de cinco millones y medio. Para estudiar el territorio se toma como base el municipio. Para la

---

[11] Para la labor administrativa colaboraron, junto a otros miembros del Seminario de Gramática Histórica (Pascual González Guzmán, Luis Márquez Villegas, Manuel Cano Pérez, José Mondéjar Cumpián, además de Tomás Buesa Oliver, compañero y paisano de Alvar, que durante algún tiempo estuvo en Granada), dos licenciadas, de las que no se ha hablado, Enriqueta Ortega Caballero (que asiste al *VII Congreso Internacional de Lingüística* que organiza Mons. Griera, junto a Alvar y Salvador, más tarde aparece en la Universidad Complutense), y la Sra. Gálvez, ambas se encargan "del registro de Cuestionarios, clasificación de clichés y fotografías" y otras labores administrativas (*Memoria, 2º avance* 1958: 4).

elección de los puntos se adopta un carácter innovador (superado el criterio geométrico de Gilliéron), se seleccionan los puntos por su densidad (en casos, por su aislamiento); se elige uno de cada cuatro municipios (así en Cádiz hay 17 puntos de encuesta frente a Granada que tiene 46); aunque la asignación nunca fue de forma rígida; de este modo, si sobre la marcha de las encuestas, se veía el mayor interés lingüístico de una localidad vecina, se llevaba a cabo el cambio (de esta manera se sustituye, por ejemplo, Moriles por Monturque en Córdoba (Salvador 1987: 52), Villaricos por Palomares en Almería, o La Rábita por Albuñol en Granada (Mondéjar 1970: 138)). Las localidades encuestadas se estrechan en las zonas montañosas y se distancian en tierras llanas (es conocido que la distancia lingüística siempre es mayor entre comarcas montañosas y accidentadas, aunque su distancia en línea recta sea menor que entre otras en una superficie llana). Se trata de buscar, por una parte, aquellos enclaves, más o menos aislados, donde permanece un estado de lengua conservadora, con la pervivencia de arcaísmos, y por otra –al incluir las capitales de provincia y grandes núcleos de población–, poder trazar la irradiación de fenómenos lingüísticos y formas léxicas sobre aquellos municipios que están bajo su influencia. En total, se encuestó el 25 % de los núcleos de población andaluza; el *ALEA* tiene 230 puntos de encuesta[12], con una densidad de un punto por cada 379 km^2, frente al *ALPI* que tiene 527 en la Península (427 en España) con un punto por cada 1.148 km^2 (en ese momento el *ALEA* es el atlas de mayor densidad de los publicados y proyectados)[13]. Comparando el *ALPI* con el *ALEA* en número de puntos en Andalucía oriental es:

---

[12] *ALEA*, I, mapa 1, disponible en la edición electrónica: https://www.cervantesvirtual.com/obra/atlas-linguistico-y-etnografico-de-andalucia-tomo-i-agricultura-e-industrias-con-ella-relacionadas-1209195/.

[13] Es cierto que se pretendió captar todas las modalidades del habla andaluza y evitar repeticiones ociosas, sin embargo, los puntos de encuesta se multiplicaron en Granada, y por la proximidad geográfica hace que se repitan sistemáticamente las respuestas y, también, haya que situarlas fuera del mapa por falta de espacio en el mapa (circunstancia que se corrigió en el *ALEANR* y siguientes atlas).

ALEA		ALPI
30	Provincia de Almería	8
46	Provincia de Granada	10
31	Provincia de Jaén	9
26	Provincia de Málaga	8
17	Provincia de Cádiz	4
25	Provincia de Córdoba	7
24	Provincia de Huelva	6
31	Provincia de Sevilla	9

Esta mayor densidad del *ALEA* tiene como consecuencia que recoja un mayor número de variantes (fonéticas, léxicas, etc.) que en una malla más amplia, como el *ALPI*, donde se le escapan.

En un principio, para la identificación de las localidades se dio un número por punto de encuesta y una letra de orden (Salvador 1987: 52); sin embargo, más tarde se modificó la forma de identificarlos; por provincia se distingue primero por las siglas de las matrículas para los vehículos asignada por la Jefatura de Tráfico (entonces vigentes: *Al*: Almería, *Gr*: Granada, *J*: Jaén, *Ma*: Málaga, etc.), en segundo lugar, para conocer su localización dentro de la provincia, se establece un cuadrado virtual que la abarca, y dentro de él seis cuadrículas que se corresponden con las seis primeras centenas, las de la izquierda están situadas al oeste y las de la derecha a levante; así las localidades de la primera centena están en la zona noroeste de la provincia, las de doscientos al noreste, y así sucesivamente hasta la del seiscientos que comprenden los puntos encuestados del sureste; a veces, por la configuración geográfica de la provincia, se suprime alguna centena; de este modo, Córdoba no tiene la 5ª cuadrícula. Con dar la sigla de tráfico y el número asignado a la localidad, podremos conocer la provincia y la zona o comarca donde se encuentra tal o cual forma o fenómeno; así Ma-100 corresponde a la zona norte y occidental de la provincia de Málaga (en este caso se trata de Sierra de Yeguas). La identificación en el mapa de cada punto encuestado va siempre en color rojo para evitar cualquier confusión con la impresión en negro de la respuesta en el mapa.

Entre los puntos de encuesta, se incluyen, como se ha apuntado, las capitales de provincia y grandes núcleos de población (Jerez, Algeciras, Ronda, etc.), hecho que habían eliminado los primeros atlas como el *ALPI*, ya que no solo se quiere recoger el habla rústica y primitiva, sino, además, la realidad andaluza en ese momento. "La totalidad de estos datos se enriqueció con las encuestas múltiples (habitualmente con gentes de sexo diferente) que se llevaron a cabo en 30 puntos y con las 143 encuestas complementarias, que hicieron juntos M. Alvar y A. Llorente" ("Nota Preliminar" del *ALEA*, T. I, 1961: 2).

2.3. Los encuestadores y las encuestas

Las primeras encuestas se llevan a cabo en el año 1953[14]; la primera formal se hace en Málaga capital en febrero de ese año[15].

Frente al criterio de explorador único y no lingüista, para dar uniformidad al material recogido y que no exista posible contaminación por los conocimientos previos de la zona del encuestador (como se llevó a cabo en el *ALF*), se reconocen las ventajas de exploradores lingüistas, siempre que haya unidad de criterio entre los investigadores. Respecto del *ALEA*, de un primer proyecto de llevar a cabo las encuestas por solo el director ([Alvar en] Iordan 1967: 477), este baraja la idea de formar un equipo de cuatro encuestadores[16]; al final, Alvar toma la decisión, ya desde el inicio de las encuestas formales, de solo incorporar a Gregorio Salvador, que acababa de presentar su tesis doctoral. Hay que señalar que antes de comenzar la campaña, ambos realizaron, conjuntamente, varios puntos de encuestas, y luego se reunían

---

[14] En una de las primeras salidas que realiza Alvar para encuestar, tuvo un accidente que le ocasionó la fractura de un brazo (Salvador 1987: 53).

[15] Los siguientes puntos encuestados de la provincia de Málaga corresponden a las zonas del este y norte (Gaucín, Jubrique, Atajate, Yunquera y Villanueva del Trabuco); también en Granada se hace la misma zona (La Puebla, Huéscar, Cúllar), y en Almería (Pulpí, Palomares, Vera, Lubrín), Salvador (1987: 53).

[16] La información la da Salvador (1987: 51). Alvar en la "Introducción" a su *Cuestionario* del *ALEA* (1952: III) cita los miembros que trabajaban en el Seminario de Gramática Histórica: Gregorio Salvador, Luis Márquez Villanueva y Pascual González Guzmán; sabemos, por el hijo de este último (Miguel, al que le expreso mi agradecimiento), que Pascual estuvo en los ensayos de encuestas, e hizo algunas en la Alpujarra granadina junto a Alvar. Manifiesto, también, mi agradecimiento a P. Alcázar y A. Trigueros.

para cotejar los resultados, analizar las discrepancias y llegar a una solución común en las diferencias, principalmente, en la transcripción fonética, que es impresionista, siguiendo la Escuela de Filología Española (su sistema se publicó en *RFE* II, 1915: 374-376), aunque se adaptó a las necesidades del terreno, por lo que hubo que incorporar nuevos signos para representar alófonos inéditos que van encontrando para conseguir la mejor exactitud del material fonético colectado (las variantes fonéticas de las vocales en el *ALEA* son 32 y de las consonantes 138). La variedad y complejidad fonética de las hablas andaluzas quedan así perfectamente recogidas para su posterior estudio. Para garantizar la uniformidad de los materiales reunidos fue necesario aplicar una serie de presupuestos por los investigadores-exploradores; uno de ellos, fundamental, es que la pregunta al informante fuese la misma en todos los casos; este requisito el *ALEA* lo sigue rigurosamente y nos muestra en cada mapa, algo novedoso, la pregunta que se hace en el campo al sujeto (Águila 2012: 127). La encuesta es presencial y, en general, se hacía a un solo informante, representativo del habla de la localidad (aunque, como veremos más adelante, para ciertas actividades específicas o por el interés del lugar, se completaba con otros sujetos informantes). El tipo de pregunta es indirecta, es decir en ella no se cita el nombre del referente; así si se trataba de conocer el término que dan en el lugar al 'barrillo' o 'grano de la cara', la pregunta que se hace es de este tenor: "¿Cómo se llama al pequeño grano, sin importancia, que sale en la cara y en la frente?" (las respuestas en Andalucía que recogemos del *ALEA* son: *grano, granillo de sangre, barro, barrillo, espinilla, puntilla, tabarro,* etc.)[17].

Las encuestas en cada punto duraban de cuatro a cinco días (tres dedicados al cuestionario general con el mismo informante y dos al interrogatorio de actividades especializadas). Tenemos que señalar la oportunidad del momento en que se llevan a cabo estas encuestas, ya que, por una parte, aún no había llegado a Andalucía la industrialización al mundo rural y de la pesca, por lo que se mantenían tanto los cultivos como las técnicas, herramientas, artes de

---

[17] Véase el mapa 1180 'grano de la cara' (*ALEA*, V) en la edición electrónica: https://www.cervantesvirtual.com/obra/atlas-linguistico-y-etnografico-de-andalucia-tomo-i-agricultura-e-industrias-con-ella-relacionadas-1209195/

pesca, embarcaciones, etc. y el modo de vida tradicionales; y, por otra parte, no se había producido el gran éxodo del campo a las ciudades, con lo que la vida rural estaba plenamente viva.

En cada localidad, desde 1955, además, se transcribía y se grababa un relato corto –al incorporarse a las encuestas un magnetófono– de un asunto conocido por el sujeto informante (faenas caseras, labores agrícolas, costumbres, fiestas, romerías, etc.)[18]; estos textos han sido publicados por M. Alvar (1960) y con Pilar García Mouton (1995). También de forma esporádica, cuando la articulación de un fonema resultaba de interés para su posterior estudio fonético, se hacían palatogramas.

Ante la lentitud de la ejecución de las encuestas, principalmente por falta de financiación[19], Alvar toma la decisión de incorporar a su compañero de Departamento, Antonio Llorente en 1956[20], para dar impulso a su proyecto, que se demoraba en exceso y para ello solicita una "Ayuda de Investigación"

---

[18] "En 1955 adquirí un magnetófono de bolsillo con el que grabé unos minutos en cada pueblo. Los resultados fueron de escaso valor, pero sirvieron para descubrirme un nuevo aspecto de las encuestas dialectales: las conversaciones libres. A partir de entonces pedíamos a nuestros informantes que nos hablaran de cualquier cosa" (*Memoria* 1ª 1956: 15).

[19] Años antes, en 1953, el Ministerio de Educación, de manos de su Director General de Universidades, aportó una ayuda de diez mil pesetas anuales, cantidad importante en la época para poder costear los numerosos gastos ocasionados; a propósito de ello dice Alvar: "en 1953 llegó un ángel, se llamó Joaquín Pérez Villanueva, que llegó con el Ministro [Joaquín Ruiz Jiménez] a visitar Granada" (Alvar 1997: 25-26); Ruiz Jiménez fue destituido años más tarde (1956) y se convirtió en crítico al Régimen, fundó *Cuadernos para el Diálogo*. A Pérez Villanueva se lo presentó a Alvar su compañero de Facultad, D. Emilio Orozco, catedrático de Literatura Española I.

[20] Sin embargo, en la primera *Memoria* presentada a la Fundación Juan March se dice que Antonio Llorente inicia las encuestas en 1955 ("Más tarde, en 1955, se incorpora a nuestras encuestas A. Llorente, catedrático de Gramática General", 1ª, 1956: 13). Don Antonio, profesor, también de la Universidad de Granada, de Lingüística General. Hay que reseñar, no obstante, que Alvar y Llorente habían tenido la misma educación ya que ambos se formaron con los mismos maestros en la Universidad de Salamanca; a este respecto dice Alvar: "Cuando A. Llorente se incorporó, y después de sus encuestas con cada uno de nosotros, investigamos un pueblo los tres exploradores juntos y puedo afirmar con satisfacción que nuestra uniformidad fue casi completa" (1959: 26).

a la Fundación Juan March, que en 1956 había anunciado su primera convocatoria. A partir de 1957 obtuvo esta financiación por dos años[21].

Con el impulso económico de la Fundación Juan March, junto a la ayuda del CSIC y de la Dirección General de Universidades, el proyecto del *ALEA* avanza a gran ritmo; en el primer semestre de 1958 (*Memoria* 1958: 2) se anuncia que "se ha cumplido la investigación sobre el terreno" en los 230 puntos seleccionados; solo queda por realizar un recorrido final "que complete las adiciones que se han introducido [en el *Cuestionario*] en los siete años que han durado las encuestas". Junto a estas adiciones en este último período, se complementan otras encuestas y labores para recoger materiales etnográficos y grabaciones magnetofónicas de pequeños relatos (vid. *Memoria*: Primer y Segundo semestres de 1958). El 30 de junio de 1958 Alvar comunica a la Fundación J. March que estaban "dispuestas 180 encuestas para la imprenta" (*Memoria* 1958: 2), y para el 31 de diciembre de 1958, escribe Alvar a principios del año 59 a la Fundación[22], "el *ALEA* está dispuesto para su entrega a la imprenta" (*Memoria*: Cuarto avance, 1959: 1); aunque pasarían dos años, hasta 1961, para su publicación. Durante el verano del 58 hasta final de ese año, se repitieron encuestas en 16 localidades; con doble encuestador se llevaron a cabo 22, se hicieron encuestas de revisión en 143 localidades, y sociológicas en las ocho capitales de provincia y otras grandes poblaciones,

---

[21] La primera convocatoria de "Ayudas de Investigación" para los años 1957 y 1958 de la Fundación se hace en verano de 1956. La Memoria e instancia, firmadas por M. Alvar con fecha 30/08/1956, tiene entrada el 10/09/56 y se da acuse de recibo el 15 de ese mes; se presenta al Grupo VII ("Investigación Literaria y Filología"), y Alvar firma en representación de A. Llorente, G. Salvador, T. Buesa y L. Márquez Villanueva (vid. supra, n. 15). El jurado que otorga la Ayuda está formado por Emilio García Gómez (presidente, propuesto por la RAE), vocales: Alberto Navarro Gonzáles y José Hernández Díaz (propuestos por el Consejo de Rectores), Dámaso Alonso, y Rafael Balbín (por el CSIC), y secretario, sin voto: Luis Martínez Kleiser (propuesto por el Patronato J. March). Tras la presentación de la instancia y 1ª Memoria (10/09/1956), Alvar, posteriormente, envía cuatro Memorias-avances a la Fundación (en 10/07/57, 02/02/58, 27/07/58 y 08/01/59) donde va dando cuenta del trabajo y resultados del *ALEA* (*Memoria*, 1956-1959).

[22] *Memoria*: "Cuarto avance, correspondiente al segundo semestre de 1958, enero de 1959". Aquí se da cuenta de que todos los materiales están ordenados por grupos ideológicos en 22 cajas y el material gráfico en 30 carpetas de negativos, además de los dibujos realizados por Julio Alvar, en tamaño folio, que se han realizado con un criterio esquemático.

con el fin de obtener información acerca de la penetración del dialecto en los distintos estratos, desde el obrero hasta el universitario[23]; además, concretamente en Málaga y su provincia, se volvió a pasar la encuesta del apartado del léxico marinero y otras complementarias acerca del descubrimiento de unos sonidos cacuminales, insólitos en la Península hasta ese momento (*Memoria*: Cuarto avance, 1958: 54).

El número de encuestas por explorador es el siguiente: Salvador, 96 encuestas; Alvar, 78; Llorente, 35; Alvar y Salvador juntos, 8; Alvar con Llorente, 7, y Llorente con Salvador, 2; los tres juntos, 4, en las ciudades de Sevilla, y Cádiz, y en las localidades de Vélez Rubio (Almería) y Monachil (Granada). Una vez terminadas las encuestas ordinarias, se pasa a realizar 143 complementarias que, al ausentarse Salvador, las llevan a cabo Llorente y Alvar.

Y aquí y ahora quiero romper una lanza por el Prof. Llorente Maldonado, y reivindicar la importancia de su participación en el *ALEA*, pues –a pesar de su menor número de encuestas por su posterior incorporación–, su trabajo y transcendencia en la elaboración del atlas andaluz supera al de simple "colaborador" como aparece en la autoría de la obra; ya que al obtener Salvador, en 1958, la cátedra de instituto, se ausenta de la empresa y Alvar tiene que compartir su tiempo con otros múltiples proyectos. Yo he sido testigo, desde mediados de los años 60 hasta la finalización del Atlas (1973), de cómo, en su despacho, don Antonio Llorente pasaba un día y otro, solo, jornadas maratonianas trasladando el material a los Cuadernillos de formas, preparando los mapas, corrigiendo pruebas y resolviendo problemas para la publicación de los correspondientes tomos.

2.4. Los sujetos informantes

Para la selección de los informantes se le escribía previamente al alcalde de la localidad encuestada. Se pasa la encuesta, por lo general, a un solo informante; no obstante, las preguntas de las profesiones tradicionales o tareas especializadas se hacen a los correspondientes profesionales (alfarero, tejedor, herrero, albañil, carpintero, pescador, etc.).

---

[23] "Debe hacerse constancia especial del trabajo llevado a cabo en las capitales de provincia. Dada su complejidad, ha sido necesario realizar un mínimo de cinco encuestas en cada una de las ocho capitales. De este modo, hemos dado cabida en el Atlas a unos hechos de sociología lingüística muy mal conocidos" (*Memoria*. Tercer avance, 1958: 56).

Al informador, que se le pagaba un jornal por cada día de encuesta, se le exigen los siguientes requisitos: ser natural de la localidad, de familia afincada en ella, sin instrucción (se prefiere que sea analfabeto), y con las mínimas ausencias del pueblo –a ser posible, que no hubiera hecho el servicio militar para evitar todo tipo de contaminación lingüística–, poseer la dentadura completa (para poder recoger con nitidez las articulaciones de los fonemas, labor muchas veces casi imposible en aquellos años con sujetos mayores de 50 años), mayor de 30 años, aunque la franja más numerosa de encuestados está entre los 40 y 60 años, que conociera bien el campo y sus faenas y, en lo que se pudiera, que fuera despierto de inteligencia. Hubo que descartar a algún informante bien porque no entendía las preguntas, bien porque, en algunos casos de mayor o menor instrucción, mostraban una afectación en la articulación de las respuestas muy lejana del habla autóctona del lugar; ya que lo que se pretendía era obtener una instantánea[24], lo más fiel posible, del habla de la localidad encuestada en ese momento. La encuesta se llevaba a cabo en un lugar aislado, lejos de intermitencias ajenas, normalmente, en una dependencia o sala cedida por el ayuntamiento, a veces, incluso, se hace al aire libre en verano, bajo la sombra de un árbol (Salvador 1987: 57).

La selección de informantes ocasionó no pocas anécdotas e incomodidades; así en Niebla (Huelva), al exigir la dentadura completa y, para comprobarlo, levantar el labio al sujeto para verificar que tenía todos los dientes, este, muy enfadado, gritó "No ha nacido hombre que me empareje con un burro". La situación llegó a tal extremo que fue difícil de normalizar (Alvar 1997:11-12).

La mayoría de los informantes fueron jornaleros (hombres); sin embargo, en algunas localidades de mayor interés lingüístico o etnográfico, se repetía la encuesta con una mujer en algunos apartados: la casa, faenas domésticas, familia, el cuerpo humano, etc.; de las diferencias obtenidas del habla entre hombres y mujeres se publicaron varios trabajos[25].

---

[24] "Personalmente –dice Alvar (1959: 28)– la pedantería me es inaguantable, mientras me encuentro muy a gusto con gentes sencillas que cuentan solo lo que saben y tal como lo saben".

[25] Vid. Salvador (1987: 182-189) y Alvar (1956b: 1-33).

3. Contenidos del *ALEA*

El *ALEA* se publicó entre los años 1961 (1er tomo) y 1973 el VI (el tomo II en 1963, el III en 1964, el IV en 1966, el V en 1972)[26]. Al principio, las tareas del Atlas marcharon de manera lenta, sobre todo las campañas de encuestas, principalmente por la falta de medios económicos ya que estas suponían un gasto extra por los desplazamientos, pernoctaciones, jornales, etc.; la solución llegó, como se ha apuntado, con la ayuda que se obtuvo de la Fundación Juan March en 1956.

El material se ordena con los siguientes contenidos:

T. I: En los mapas preliminares aparecen las localidades principales y secundarias encuestadas, los exploradores que llevan a cabo las encuestas en cada punto, el nombre del habla local y el gentilicio. Entre los mapas 7-287: El campo, sus cultivos instrumentos y herramientas (yugo, arado, aparejos, el carro), e industrias relacionadas (vinificación, oleicultura, panificación, el carbón y el corcho).

T. II: Comprende los mapas 288 al 638. Vegetales. Plantas silvestres y cultivadas. El bosque. Animales silvestres (pájaros y aves pequeñas) y domésticos (la ganadería: sus industrias, entre ellas, las del cerdo, la matanza). El pastoreo. La apicultura. El perro y el gato.

T. III: Mapas 639 al 806. La casa, faenas domésticas, alimentación. La vivienda y su estructura. Las comidas, vasijas, y útiles para encender el cigarro. Platos típicos. El tomo incorpora 684 fotografías, planos y dibujos de los referentes recogidos en las encuestas.

T. IV: Mapas 807 al 1175. El tiempo (vientos, fenómenos atmosféricos). Naturaleza del terreno (topografía), poblados y caminos, procedimientos para extraer el agua. Oficios (además de algunas generalidades, se incide particularmente en la carpintería, herrería, albañilería, alfarería y telares). El mar: estados. Las embarcaciones-navegación, la pesca y los peces.

T. V: Mapas 1176 al 1521. El cuerpo humano. "De la cuna a la sepultura". Relaciones de parentesco. Vestimentas (prendas masculinas y femeninas). Juegos y diversiones (bailes, y otros aspectos folclóricos). Creencias populares y supersticiones. La religión. La condición humana

---

[26] Entre los tomos IV y V transcurren seis años, que según Alvar son un calvario para conseguir que el cartógrafo grabador sevillano al que se le habían encomendado los últimos tomos les devolviera el material que se le había entregado, ya que este lo tenía estancado (Alvar 1997: 26).

(designaciones correspondientes a 'mendigo', 'holgazán', 'gordo', 'borracho', 'glotón', charlatán', 'beata', 'cornudo', 'manirroto', 'usurero', etc.). Hay un último apartado, misceláneo, en el que se incorporan mapas de adición a otros tomos.

T VI: Mapas 1522 al 1900. Fonética y fonología, en los que se incluye la fonética sintáctica. Aporta, a continuación, mapas sintéticos (1606-1732) de los principales fenómenos fonéticos-fonológicos tanto del vocalismo como del consonantismo (abertura vocálica, seseo / ceceo, neutralización de –L / –R, caída de consonantes sonoras, finales, etc.). En morfología, cambios de género, el paradigma verbal (con estudio de verbos irregulares), los sufijos (entre ellos, los diminutivos –*ico/-ito*). En cuanto a la sintaxis incluye una relación de frases cortas ("se venden [patatas]", "siéntense [ustedes]" "hace un año [que me licenciaron]", etc.; y fraseología ("[no tengo] ni pizca", "[no me importa] un pito", "hace sol", etc.).

Junto a los mapas, añade el *ALEA* un riquísimo material de carácter etnográfico en sus láminas desde el primer tomo, con dibujos, esquemas, que magníficamente realiza Julio Alvar, hermano del director, y fotografías, que presentan los referentes de mayor interés que se recogen en las encuestas, circunstancia que ayuda a percibir las diferencias entre una región o comarca y otra, al mismo tiempo que da a conocer el objeto mismo y sus partes o componentes. Los dibujos –de excepcional nitidez y calidad– acompañan a los mapas respectivos y en láminas independientes. Cada figura tiene las referencias del caso que remiten a los puntos de encuesta y a los mapas en los que se ha fijado el hecho lingüístico o etnográfico. Los dibujos realizados por Julio Alvar, además de embellecer notoriamente la obra en su conjunto, sirven de manera eficacísima a la comprensión del hecho con el que se conectan. Estos dos fines se consiguen en un grado de excelencia que sólo tiene parangón con la excepcional calidad técnica y artística de las ilustraciones[27].

---

[27] Véase la lámina 133 «Arados de madera" (de Julio Alvar), *ALEA*, vol. I, en la edición electrónica: https://www.cervantesvirtual.com/obra/atlas-linguistico-y-etnografico-de-andalucia-tomo-i-agricultura-e-industrias-con-ella-relacionadas-1209195/. Asimismo, véase la lámina 1076 "Peces" (de Julio Alvar), vol. IV, en la edición electrónica: https://www.cervantesvirtual.com/obra/atlas-linguistico-y-etnografico-de-andalucia-tomo-i-agricultura-e-industrias-con-ella-relacionadas-1209195.

3.1. Mapas y láminas

En la "Nota Preliminar" del Atlas al tomo I, se explica su estructura material. Se distinguen distintos tipos de mapas:

a) Por el contenido encontramos mapas exclusivamente *lingüísticos* (vid. el mapa donde se cartografía "seis")[28]; y otros, exclusivamente *etnográficos* ("El baile fandango")[29], la mayor parte de estos se complementan con láminas de dibujos, al menos los de carácter ergológico; un tercer tipo de mapas, *mixtos*, que, a su vez, son de dos tipos, los lingüístico-etnográficos[30] y mapas en los que las variedades etnográficas van acompañadas de listas de palabras sin cartografiar.

b) Desde un punto de vista formal, atendiendo a la presentación, se distinguen de media lámina (los etnográficos son casi todos de este tipo); de lámina entera (la mayor parte de los lingüísticos). Si se atiende a la forma de presentación de los materiales, hay que diferenciar dos clases: 1) *puntuales*, en los que se transcriben en cada punto las formas recogidas en la encuesta (es el caso de "seis"[31]; 2) *simbólicos*, en los que se reemplaza la transcripción de los términos por signos convencionales; se procedió así cuando la información fonética y variedad de formas no mostraban mayor interés lingüístico, y para evitar la monótona repetición de voces (vid. mapa 1357 "padrino").

4. Innovaciones del *ALEA*

El Atlas andaluz aparece en su momento con la incorporación de la metodología y técnicas más innovadoras; adelantándose, incluso, a futuros proyectos.

---

[28] *ALEA*, VI, m. 1540 'seis': https://www.cervantesvirtual.com/obra/atlas-linguistico-y-etnografico-de-andalucia-tomo-i-agricultura-e-industrias-con-ella-relacionadas-1209195/

[29] *ALEA*, V, m. 1449: Mapa etnográfico: "El baile *fandango*", en https://www.cervantesvirtual.com/obra/atlas-linguistico-y-etnografico-de-andalucia-tomo-i-agricultura-e-industrias-con-ella-relacionadas-1209195/.

[30] *ALEA*, IV, m. 968 (Mapa mixto: "La *gradilla*"), en https://www.cervantesvirtual.com/obra/atlas-linguistico-y-etnografico-de-andalucia-tomo-i-agricultura-e-industrias-con-ella-relacionadas-1209195/.

[31] *ALEA*, VI, m. 1540 'seis': https://www.cervantesvirtual.com/obra/atlas-linguistico-y-etnografico-de-andalucia-tomo-i-agricultura-e-industrias-con-ella-relacionadas-1209195/.

4.1. La Etnografía

Se incorpora, como hace el atlas italiano-suizo (AIS), el material etnográfico de las zonas exploradas, siguiendo la doctrina del método de "Palabras y cosas" (*Wörter und Sachen*) de Shuchardt, Meringer y Meyer Lübke, por el cual se determina que para investigar la palabra hay que conocer su referente (forma, tamaño, materia, uso, etc.).

Respecto de este propósito, Alvar dice en su introducción al *Cuestionario*: "Doble fin me he propuesto al redactar las páginas que siguen: apreciar lo genuinamente andaluz en lo lingüístico y en lo etnográfico como principio y fin de mi trabajo [...]. No otra cosa es mi objeto, registrar palabras y cosas de una región de cultura milenaria y polimorfa; pero verla –siempre– dentro del mosaico variado de España" (Alvar 1953: 609). Caro Baroja, cuando ya se ha publicado el tomo III, reseña esta obra en la *RDTP* y concluye diciendo "Pero, agotada mi capacidad admirativa, diré que nadie será capaz en lo futuro de reunir unos materiales tan impresionantes como los que ha reunido Manuel Alvar y sus dos colaboradores sobre la vida y cultura de Andalucía" (1965: 429-438).

Se incorporan por primera vez notas explicativas del funcionamiento de maquinarias, artes, etc. G. Araya, en su reseña, afirma: "En un sentido bien estricto, este Atlas tiene también una importancia que no podrá ser superada por los futuros trabajos de este tipo que se realicen en los dominios del español. En medida menor o mayor, todos los Atlas hispánicos que vengan a continuación serán el resultado de investigaciones inspiradas u orientadas por el *ALEA*" (1964: 306).

4.2. Fonética y Fonología

El primer atlas que incorpora la fonología en el dominio hispano es el andaluz. El fenómeno de la abertura vocálica en posición final (vid. infra 5.1.1., que tanta tinta y controversia han corrido entre los investigadores, se recoge en el *Cuestionario* y se representa de manera precisa su área en distintos mapas del tomo sexto.

4.3. Polimorfismo

Otra novedad que incorpora el *ALEA* es la indagación y presentación del polimorfismo lingüístico de un mismo sujeto. Se trata de poner de manifiesto la coexistencia, en el dialecto, de las distintas formas o variantes de un mismo hecho lingüístico. En nuestro Atlas se recogen variantes fonéticas y léxicas de un mismo informante; es decir, documenta, de un lado, las distintas articulaciones de un fonema en el mismo contexto fonético; y de otro, los sinónimos que, en el habla espontánea, realiza; para ello se repite la misma pregunta en distintas secciones del *Cuestionario* (estos son los casos de *muslo, descalzo, aldabilla, colchón,* etc.). El polimorfismo es algo con lo que debe contarse en cualquier investigación dialectológica en opinión de Salvador (1987: 51). El primer investigador que usa esta metodología y acuña el término para la lingüística es Jacques Allièrs para el gascón en 1954.

4.4. Dialectología Social

Otra innovación que aporta el *ALEA*, que de manera incipiente ya estaba en *AIS*, es la encuesta múltiple en determinadas localidades de interés lingüístico. Al entrar en contacto con la realidad, a juicio del encuestador-investigador, se repetía la encuesta con una mujer del pueblo u otros sujetos, principalmente en la parte correspondiente a la fonética, el cuerpo humano, la familia, y, en el caso particular de las mujeres, la casa y sus labores, (Alvar 1959: 21 y 29).

En las capitales y otros grandes núcleos de población, de manera sistemática, se recurre a varios informantes, atendiendo a la edad, diferencias de estrato social y cultural (nivel culto, medio y bajo), y al sexo (hombre, mujer), vid. Alvar: 1959: 22 y 29[32]. En ocasiones, este procedimiento se repite, aleatoriamente, en otras poblaciones intermedias, como en Espejo en Córdoba (Salvador 1987: 53). Fruto de estas exploraciones fueron los trabajos pioneros acerca de la diferencia de habla entre hombre y mujeres, de Salvador (1987: 182-189) en Tarifa y Vertientes, y de Alvar (1956b) en la Puebla de don Fadrique (ambas localidades del NE de la provincia de Granada). Así mismo se pasa la encuesta a varios sujetos en aquellos barrios de una ciudad que tuvieran una

---

[32] De la *Geografía lingüística* de Karl Jaberg (1959), que, con Antonio Llorente, Alvar tradujo del alemán, aprenden el interés de la encuesta social; así nos dice el director de *ALEA*: "supe la importancia que tiene también el estudio de los grandes núcleos urbanos en la geografía lingüística, y ahí están nuestras encuestas en las grandes ciudades con pluralidad de informantes (hombres y mujeres, cultos e ignaros, de barrios distintos): de ahí salió mi estudio «Sevilla, macrocosmos lingüístico», que publiqué en el homenaje a don Ángel Rosenblat (1974), de ahí también una obra que surgió desvinculada de las encuestas de cualquier atlas, aunque afortunadamente, vinculada por otras sendas con uno de ellos" (Alvar 1997: 24).

especial personalidad lingüística (estos son los casos del Albaicín en Granada o Triana en Sevilla).

En este sentido, podemos decir que el *ALEA* es un precursor de la dialectología social y de los atlas pluridimensionales.

5. Las dos Andalucías lingüísticas

A partir de la publicación del *ALEA* podemos tener una precisa visión general del español hablado en Andalucía, tanto en la observación de los distintos mapas de carácter fonético, morfosintáctico y léxico-semántico, como en los estudios posteriores. Se ha podido determinar que no existe, en sentido técnico, un dialecto andaluz –para ello tendría que haber una diferenciación gramatical con entidad suficiente con respecto al español estándar–[33], sino que hallamos una sucesión de múltiples variedades lingüísticas, es decir, distintas hablas; de ahí que, en lugar de dialecto andaluz o "andaluz", actualmente se prefiera, técnicamente, denominar al español de Andalucía como conjunto de "hablas andaluzas". Estas han dado lugar al establecimiento de distintas áreas, que afectan a la fonética, al léxico y, en menor medida, a la morfosintaxis. El origen de su diferenciación está ocasionado por la historia de la conquista castellana, principalmente, por el origen de los repobladores, que fueron llegando en distintas etapas, aunque no han faltado investigadores, como Pocklinton[34], que han dado una importancia capital al sustrato arábigo. No obstante lo dicho, podemos, a grandes rasgos establecer dos grandes variedades en Andalucía, o, mejor, dos modalidades, que girarían en torno a los dos grandes centros históricos y culturales andaluces: Granada y Sevilla; es decir, un andaluz oriental y un andaluz occidental.

En este sentido, el *ALEA* refleja, en líneas generales, las dos «Andalucías», una occidental, o bética, formada por las provincias de Huelva, Cádiz y Sevilla, y otra oriental, o penibética, que comprende Almería, Granada y

---

[33] Alvar defiende el carácter de "dialecto" del andaluz en varias publicaciones, que explicita en "Andaluz" (1996: 233-237); sin embargo, no son pocos los investigadores abiertamente en contra de considerarlo dialecto, entre otros, Mondéjar 1991: 221-233 y Llorente: 1997: 103-122, etc.

[34] Pocklington (1986) se centra en las hablas orientales andaluzas, y, entre los fenómenos que enumera, están la abertura vocálica, el yeísmo, la neutralización de líquidas, etc.

Jaén (vid. Villena 2006)[35]: y, en el centro, queda una zona de paso o transición ("Andalucía central" en palabras de Llorente, 1997: 117) que corresponde a las provincias de Córdoba y Málaga, donde las isoglosas de los distintos fenómenos lingüísticos caracterizadores de una u otra Andalucía se entrecruzan, unas más al norte o al oeste, otros más al sur o al este, de modo que unas comarcas de estas provincias se alinean, en unos casos, con la Andalucía oriental, y en otros, con la occidental[36]. Otros investigadores, decididamente, prefieren hablar de tres «Andalucías lingüísticas», una occidental, otra oriental y, una tercera, central que comprenderá las provincias de Málaga y Córdoba.

De manera sintética, enumeremos cuáles son los principales fenómenos lingüísticos que diferencian a una y otra Andalucía.

5.1. Nivel fonético-fonológico y morfológico
5.1.1. Abertura fonológica en las vocales finales

El fenómeno de mayor importancia es la oposición fonológica producido por la abertura, y, en general, mayor duración de las vocales finales procedente de la aspiración y posterior pérdida de la-s final de palabra (que vio en primer lugar Navarro Tomás (1939) con los datos del *ALPI*, aunque no estableció su área). Esta abertura vocálica conlleva el rasgo funcional o fonológico que marca, bien el plural en sustantivos y adjetivos (niño/niñO[37], casa/casA), bien la 2ª persona del paradigma en las formas verbales (tiene/tienE); o, incluso,

---

[35] Quienes primero distinguieron las dos Andalucías lingüísticas fueron los autores de "Vocales andaluza" (1950), posteriormente siguieron esta distinción Fernández Sevilla (1975: 445-446), Garulo (1983), Narbona-Morillo (1987), Ariza (1992: 16-17; y 1997: 59-68), Narbona (2013: 228-229), etc. Villena (2006) señala que Sevilla es el centro que irradia su influencia sobre Huelva, Cádiz, Jerez; por otra parte, el resto de las provincias andaluzas, junto con Murcia, Extremadura y Castilla La Mancha, está en proceso de una koiné, hacia una estandarización, que camina hacia la convergencia con el estándar peninsular, en donde están los fenómenos de aspiración de -s, yeísmo, pérdida de -d- (aquí excluye la abertura vocálica).

[36] Alvar, al establecer la estructura del léxico andaluz (1964), distingue dos zonas específicas, una que llama "Centro de Andalucía", que comprende el N de Málaga, E de Sevilla, S de Córdoba y SO de Jaén, y otra el resto de la provincia de Málaga, que, también, denomina "tierra de paso", donde se da una "fragmentación léxica".

[37] Las mayúsculas finales en estos ejemplos representan una vocal abierta y, en casos, de mayor duración.

oposiciones léxico-semánticas (dio/diO –perfecto simple, verbo "dar"/'ser supremo en la religión'–)[38]. El área de la abertura vocálica comprende prácticamente la totalidad de las tres provincias orientales andaluzas (Jaén, Almería y Granada), la mayor parte de la provincia de Córdoba, menos el rincón nordeste, y una zona centro-oriental malagueña que enlaza con la Serranía de Ronda; es decir, casi el 60 % del territorio andaluz (*ALEA*, VI, m. 1696)[39]. Este fenómeno está en plena vigencia y avanzando (Cruz, 2022: 179) lo encontramos en todas las clases sociales (ya en 1950, Alonso-Zamora-Canellada nos daban noticia de cómo estaba presente entre los universitarios granadinos).

5.1.2. Articulación de la /x/ (velar, fricativa, sorda)

En lugar de la |h| (aspirada, tan característica en el habla andaluza), tanto en los restos (fosilizados) de la antigua F- latina, como en la articulación de la "j" castellana, se ejecutan con articulación velar (*jocico*/hocico, *jarto*/harto, *jiede*/hiede, etc.; u *oveja* y *caja*, frente a *oveha* y *caha*, esta última aspiración ha permanecido en la actualidad en gran parte de Andalucía frente a la procedente de la F-inicial latina (vid. Bustos 1997: 86-87); sin embargo, la pronunciación de la "j" del estándar se extiende por un área menor que el fenómeno anterior, una parte de Andalucía oriental, donde tiene una extensión social notable (prácticamente las provincias de Almería y Jaén y el NE de Granada).

En cuanto a la morfología:

5.1.3. Ustedes por vosotros

Un rasgo muy característico, sobre todo, desde fuera de Andalucía es el empleo de *ustedes* por *vosotros* en los paradigmas verbales. En lugar de "vosotros os vais" aparece "ustedes se van" (o variantes, "ustedes sus / os / se/ vais"); es decir, según nos documenta el *ALEA* (VI, mm.1824-1833), en gran parte de la Andalucía occidental y amplias zonas de la que hemos llamado zona de transición, el plural de "tú" en el paradigma verbal es siempre "ustedes", como en Hispanoamérica (con las variantes, "ostedes" y "ostés"); aunque como acabamos de señalar, no es un fenómeno uniforme, ni tanto en el territorio

---

[38] La interpretación de la abertura de las vocales finales en Andalucía Oriental ha producido un gran debate acerca de su fonologización. Vid. López (1984), y un resumen en Bustos (1997: 90-91) y Llorente (1997: 108-114).

[39] Mapa del área de abertura vocálica final de palabra (*ALEA*, VI, m. 1696), en https://www.cervantesvirtual.com/obra/atlas-linguistico-y-etnografico-de-andalucia-tomo-i-agricultura-e-industrias-con-ella-relacionadas-1209195/.

como en las formas verbales documentadas, pues junto al pronombre "ustedes" aparecen varias opciones[40].

5.1.4. Dislocación acentual

Otra marca diferenciadora de una y otra Andalucía es de carácter prosódico-morfológica, que estudió el profesor malagueño José Mondéjar con los materiales del *ALEA* en su tesis doctoral (1970: 55-62); se trata del cambio del acento en la 1ª y 2ª del plural del presente de subjuntivo (y, a veces, del imperfecto de indicativo y subjuntivo de los verbos en *-ir* y en *-er*): *sálgamos* -por "salgamos"-; *veniámos* -por "veníamos"-, *haciámos* -por "hacíamos"-. Este fenómeno se ha recogido en la que hemos llamado la Andalucía occidental lingüística, principalmente, en el habla autóctona del mundo rural, está en continuo retroceso[41].

5.1.5. Diminutivos -ico / -ito

Otro fenómeno, también de área menor, aunque vivo, que diferencia las dos *Andalucías* es el sufijo *-ico* frente a *-ito*. El diminutivo *-ico* es absolutamente mayoritario en Granada (recuérdese que es conocida como la "tierra del *chavico*"), en Almería y amplias zonas de Jaén: *miajica, señorico, pequeñico*, etc.; frente al sufijo-*ito*, absolutamente mayoritario en el habla coloquial de Sevilla, Huelva, sur de Córdoba y occidente de Málaga (*miajita-mijita, mocito, señorito*); aun siendo *-ito* mayoritario en estas tierras, alterna en muchas de zonas, como en la provincia de Málaga, con *-illo* (vid. *ALEA*, VI, mm. 1756, 1757 y 1760).

El *ALEA* nos da información de otro fenómeno diferenciador, la presencia de arcaísmos verbales en las comarcas orientales; formas como *vide/vido* 'vi/vio', *truje/trujo* 'traje/trajo', o *riye/riyó/reyimos* 'ríe/rio/reímos' (VI, mm.1790,

---

[40] Mondéjar (1970: 128-129) distingue tres situaciones: 1ª) la *sustitución completa*, es decir, con la 3ª persona del plural *¿a qué quieren Vds. jugar?*, común con Canarias y con todo el español de América, tiene el área más extensa (se extiende por las provincias de Cádiz, casi la totalidad de Huelva y Sevilla, a excepción de un reborde septentrional, el suroeste de la provincia de Málaga y zonas del sur de Córdoba); 2ª) La *sustitución incompleta*, donde *Vds.* combina con la 2ª persona del plural *¿Vds, qué queréis?*; 3ª) La última combinación, donde junto al pronombre *ustedes*, aparece la forma *vosotros* (*ustedes-vosotros* qué queréis?), es la de menor extensión en el *ALEA*, aparece esporádicamente en puntos de Andalucía.

[41] Su área es también menor (Mondéjar 1970: mm. 6 y 7), comprende la provincia de Cádiz, la mayor parte de las de Huelva y Sevilla, la mitad meridional de la de Málaga y un rincón del suroeste de la de Córdoba.

1791 y 1797-1804), que hoy, prácticamente, han desaparecido por la extensión de la escolarización. Estos fenómenos aparecen, sobre todo, en puntos de norte de Almería, NE de Jaén y Granada y llega al oriente de Córdoba.

5.2. Nivel léxico-semántico

El léxico de Andalucía es, en líneas generales, común al léxico castellano con alguna característica especial, como es la pervivencia, en unos casos, de ciertos vocablos que se han perdido o no tienen uso en la lengua general (es el caso del arcaísmo *cabero* 'último' -*ALEA*, m.268-); y, en otros casos, la aparición de voces que han tomado un valor semántico especial, que, con frecuencia, las encontramos en la América hispana (por ejemplo, *escarpín* 'calcetín', *ALEA*, m. 1403). La característica del léxico andaluz que nos ofrece el *ALEA*, al contrario de la fonética, es fundamentalmente conservadora.

Hay que resaltar, no obstante, que tampoco hay uniformidad en el léxico autóctono en las distintas tierras de Andalucía. Las diferencias o peculiaridades que hallamos en las regiones o comarcas andaluzas están motivadas, principalmente, por el origen de los repobladores. En el extenso dominio andaluz podemos establecer con los datos del *ALEA*, varias áreas léxicas; particularmente Alvar estableció ocho áreas (1964: 5-12), desde la zona más occidental, que comprende la provincia de Huelva, hasta la más oriental, que comprende la orilla este de las provincias de Jaén, Granada y Almería. Sin embargo, desde un punto de vista metodológico, y simplificando, podemos fijar las dos «Andalucías» anunciadas:

En líneas generales, la Andalucía occidental tiene una fuerte impronta de occidentalismos; cuanto más cerca de la frontera portuguesa aparece la influencia de lusismos como *buraco* 'agujero' (*ALEA*, V m. 914), *gallo* 'gajo de naranja' (*ALEA*, m. 352), *fechar* y *fechado* 'cerrar y cerrado' (*ALEA*, III, mm 670 y 671, y *Tesoro* 2000: *s.v.*); y, prácticamente, en toda esta Andalucía aparecen leonesismos: *corozo* 'hueso de la fruta, corazón del maíz', *lamber* 'lamer' (*ALEA*, III, m. 455), etc. Sin embargo, en Andalucía oriental, aumentando según se avanza hacia el este de la Comunidad, hallamos una importante presencia de *orientalismos* (murcianismos, aragonesismos, catalanismos y orientalismos generales)[42]: *aliaga* 'aulaga' (*ALEA*, II, m. 308), *melguizo* 'mellizo'

---

[42] Desde que G. Salvador (1953) inauguró los estudios de orientalismos en Andalucía, hoy son legión; ahora solo cito a Llorente (1985), Garulo (1983), García (1987), Gordón (1988), Torres (2000 y 2021).

(*ALEA*, m. 1337), *garbillo* 'harnero' (*ALEA*, I, m. 72), etc. Veamos algunos ejemplos donde Andalucía se divide en las dos grandes áreas anunciadas, la primera forma corresponde a la occidental: *candela / lumbre* (III, m. 713), *cerradura / cerraja* (III, m. 670), *maíz / panizo* (I, m. 102), *chivo / choto* (II, m. 529), *padrino / compadre*[43], etc.

Para terminar este apartado, advertimos que al pertenecer la inmensa mayoría de voces que recogen los mapas léxicos del *ALEA* al mundo rural-agrícola o a la terminología de los oficios y artesanías tradicionales (vid. supra § 2.1.), e industrializarse, en gran parte, todas estas actividades, un número significativo de estos vocablos ha desaparecido, o está en proceso, o bien, ha sido sustituido[44]. Las investigaciones de carácter léxico llevadas a cabo en los últimos años en ciudades y núcleos de mediana población nos muestran que cada vez se tiende a una mayor estandarización del habla, de modo que, salvo en determinados términos específicos y algunos giros o lexías, una gran parte de vocablos autóctonos, como sucede en otras zonas españolas, se han borrado, en general (vid. Narbona-Cano-Morillo: 1998: 108).

6. Conclusión

Terminamos afirmando que el *ALEA* fue un milagro para Andalucía, no solo por su inmenso banco de datos –una ingente cantidad de material recogido en unos años precisos en los que se pudo conocer la realidad secular andaluza– sino, además, por la rapidez con la que se llevó a cabo tan ingente obra (a pesar de los múltiples obstáculos que fueron apareciendo por el camino)[45] y por convertir Andalucía y, en particular la Universidad de Granada, en centro de la Geolingüística hispana con las últimas técnicas metodológicas. A partir de aquí, el atlas andaluz se erigió en modelo para los siguientes atlas españoles regionales, cuyo centro de operaciones durante mucho tiempo fue Granada; Mondéjar dice, a propósito: "El *ALEA* es el atlas

---

[43] Véase *ALEA*, V, m. 1357 'padrino', en https://www.cervantesvirtual.com/obra/atlas-linguistico-y-etnografico-de-andalucia-tomo-i-agricultura-e-industrias-con-ella-relacionadas-1209195/.

[44] En la Universidad de Granada está en marcha un proyecto de investigación *VITA_LEX*, al que pertenezco, capitaneado, por el Prof. Águila, que trata de estudiar la vitalidad de los términos del *ALEA* recogidos en la Alpujarra granadina.

[45] Vid. Alvar (1997: 26-28).

español más completo y mejor elaborado, que ha servido de espejo, en el que se han mirado cuantos le han seguido", los de Canarias: *ALEICan*, de Aragón, Navarra y la Rioja: *ALEANR*; de Cantabria: *ALECant*, de Castilla-León: *ALCyL*, o los atlas de la América hispana, de Colombia de Flórez y el de Chile de Araya, etc.[46].

Concluimos con unas palabras del impulsor y director del *ALEA*, Manuel Alvar: "Se me preguntará qué ha aportado esta obra [el *ALEA*] a nuestras investigaciones: [...] creo que transcribimos medio millón de formas, establecimos multitud de hechos fonéticos ignorados, ordenamos paradigmas verbales, fijamos infinidad de áreas de todo tipo [...], dimos vida al valor de los textos lingüísticos con rigurosa transcripción fonética y estudiamos, por fin, el significado de la semiología en función de la dialectología" (1997: 27).

Bibliografía

Águila Escobar, G. (2012). La encuesta dialectal como narración y el modo de preguntar en el *ALEA*. *Letral* 8, pp. 118-137.

Alonso, D., Zamora, A. y Canellada, Mª. J. (1950). Vocales andaluzas. Contribución al estudio de la fonología peninsular. *Nueva Revista de Filología Hispánica* 4, pp. 209-230.

ALEA: Alvar, M., con la colaboración de Llorente A. y Salvador, G. (1961-1973). *Atlas Lingüístico y Etnográfico de Andalucía*. I-VI. Granada. CSIC [Hay edición facsímil en 3 vols., Madrid Arco/Libros, 1991 y en Biblioteca Virtual Cervantes].

ALEANR. Alvar, M., con la colaboración de Llorente, A., Buesa T. y Alvar, E. (1977-1981). *Atlas Lingüístico y Etnográfico de Aragón, Navarra y la Rioja*. I-XII. Madrid, CSIC–Fundación Fernando el Católico.

ALECant: Alvar, M. con la colaboración de Mayoral, J. A., Alvar, C., Nuño, Mª del P., Caballero, Mª del C. y Corral, J. B. (1995). *Atlas Lingüístico y Etnográfico de Cantabria*. I-II. Madrid. Arco/Libros.

---

[46] Junto a todo ello, alrededor del *ALEA*, se crea una escuela, junto a los colaboradores Llorente y Salvador, de especialistas en Geografía Lingüística: González Guzmán, Mondéjar; Buesa Oliver, Fernández-Sevilla, J. A. de Molina, etc., que dará como fruto una pléyade de estudios, tesis y tesinas, no solo realizados por estos investigadores, sino, además, por sus discípulos.

ALEICan. Alvar, M. (1975-1978). *Atlas Lingüístico-Etnográfico de Las Islas Canarias*. I-III. Madrid. Ediciones del Excmo. Cabildo Insular de Gran Canaria. La Muralla.

ALECant: Alvar, M. con la colaboración de Mayoral, J. A., Alvar, C., Nuño, Mª del P., Caballero, Mª del C. y Corral; J. B. (1995). *Atlas Lingüístico y Etnográfico de Cantabria*. I-II. Madrid. Arco/Libros.

ALCyL: Alvar, M. (1999). *Atlas Lingüístico de Castilla y León*. I-III. Salamanca. Junta de Castilla y León. Consejería de Educación y Cultura.

Alvar, M. (1948). *El habla del Campo de Jaca*. Salamanca. Universidad de Salamanca.

Alvar M. (1949). Los nombres del arado en el Pirineo. (Ensayo de Geografía Lingüística), *Filología* 2, pp. 1-28.

Alvar, M. (1952). *Cuestionario del Atlas Lingüístico-Etnográfico de Andalucía*. Granada. Universidad de Granada.

Alvar, M. (1953). Proyecto de un *Atlas lingüístico de Andalucía*. *Orbis* 2, pp. 49-60.

Alvar, M. (1955). Las encuestas del *Atlas Lingüístico de Andalucía* (diciembre 1953 - marzo 1955). Granada. PALA I, 1 [también en RDTP 11, pp. 231-274].

Alvar, M. (1956a). Cien encuestas del *Atlas Lingüístico de Andalucía* (diciembre 1953 - mayo 1956). *Orbis* 5, pp. 387.

Alvar, M. (1956b). Diferencias en el habla de la Puebla de don Fadrique. *Revista de Filología Española* 40, pp. 1-33.

Alvar, M. (1959). *El Atlas Lingüístico-Etnográfico de Andalucía*. Granada, Universidad de Granada. PALA I, 4 (publicado también en *Arbor* 157, pp. 1-32).

Alvar, M. (1960). *Textos hispánicos dialectales: Antología histórica*. Madrid. Anejo LXXIII, de la RFE, 2º vols., pp. 501-590.

Alvar, M. (1964). Estructura del léxico andaluz. *Boletín de Filología de la Universidad de Chile* 16, pp. 11-18.

Alvar, M. y García Mouton, P. (eds.) (1995). *Textos andaluces en transcripción fonética*. Con la colaboración de A. Llorente y G. Salvador. Madrid. Gredos.

Alvar, M. (1996). Andaluz. En Alvar, M. (dir.). *Manual de dialectología hispánica. El español de España*. Barcelona. Ariel, pp. 233-258.

Alvar, M (1997). Para una historia del *ALEA*. En: Narbona, A. y Ropero, M. (eds.), pp. 15-28.

Alvar, M. (2004). Acercamiento al léxico andaluz. En: Alvar, M. *Estudios sobre las hablas meridionales*. Granada. Universidad de Granada.

Allières, J. (1954). Un ensemple de polymorphisme phonetique; la polymorphisme de l'-s implosif en gascon garonnais. *Via Domitia* 1, pp. 70-103.

Araya, G. (1964). Atlas Lingüístico y Etnográfico de Andalucía por Manuel Alvar […]. Tomo I y Tomo II. *Boletín de Filología de la Universidad de Chile* 16, pp. 298-307.

Ariza M. (1992). Lingüística e historia de Andalucía. En: *Actas del II Congreso Internacional de la Lengua Española*. T. II. Madrid, pp. 15-34.

Ariza, M. (1997). Historia lingüística del andaluz. En Cano, R. (coord..): *Demófilo. Revista de Cultura Tradicional de Andalucía* 22, pp. 59-68.

Bustos, J. J. (1997). Sobre el origen y expansión del andaluz. En: Narbona, A. y Ropero, M. (eds.), pp. 69-102.

Caro Baroja, J. (1965). El Atlas Lingüístico y Etnográfico de Andalucía. *Revista de Dialectología y Tradiciones Populares* 25, pp. 419-438.

Castro, A. (1924). El habla andaluza. En: Castro, A. *Lengua, enseñanza y literatura*. Madrid.

Cruz Ortíz, R. (2022). *Sociofonética andaluza*. Berlin /Boston. Walter de Gruter.

Espinosa, A. M. (hijo) y Rodríguez Castellano, L. (1936). La aspiración de la "h" en el sur y oeste de España. *Revista de Filología Española* 21, pp. 225-254 y 337-378.

Fernández-Sevilla, J. (1975). *Formas y estructuras en el léxico agrícola andaluz*. Madrid. CSIC.

García Carrillo, A. (1987). Léxico aragonés en andaluz oriental: mapas 288-429 del *ALEA*. *Archivo de Filología Aragonesa* 39, pp. 89-106.

García Mouton, P. (2022). El Atlas Lingüístico de la Península Ibérica (*ALPI*) de Tomás Navarro Tomás y nuestra Geografía Lingüística. En: García Mouton, P. y Molina, I. *Geolingüística en la península ibérica*. Madrid. CSIC, pp. 17-31.

Garulo, T. (1983). *Los arabismos en el léxico andaluz*. Madrid, IHAC.

Gordón, Mª. D. (1988). Aragonesismos y voces de filiación oriental en el léxico andaluz. *Archivo de Filología Aragonesa* 42, pp. 193-207.

Iordan, I. (1967). *Lingüística Románica. (Reelaboración parcial y notas de Manuel Alvar)*. Madrid. Edición Alcalá.

Jaberg, K. (1959). *Geografía lingüística ensayo de interpretación del Atlas lingüístico de Francia*. Granada. Universidad de Granada. (Traductores A. Llorente y M. Alvar).

López Morales, H (1984). Desdoblamiento fonológico de las vocales en el andaluz oriental: Reexamen de la cuestión. *Revista Española de Lingüística* 14, pp. 83-97.

Llorente, A. (1985). Coincidencias léxicas entre Andalucía y el Valle del Ebro. *Archivo de Filología Aragonesa* 36-37, pp. 347-376.

Llorente, A. (1997). El andaluz occidental y el andaluz oriental. En: Narbona A. y Ropero M. (eds.), pp. 103-122.

Memoria. Alvar, M. (1956-1959). *Memoria de la Ayuda a la Investigación (años 1957-58)*. Madrid. Archivo de la Fundación Juan March, [inédito], 64 págs.

Mondéjar, J. (1970). *El verbo andaluz. Formas y estructuras*. Madrid. CSIC.

Mondéjar, J. (1991). *Dialectología andaluza. Estudios*. Granada. Don Quijote.

Narbona, A. y Morillo-Velarde, R. (1987). *Las hablas andaluzas*. Córdoba. Caja Sur.

Narbona, A., Cano, R. y Morillo-Velarde, R. (1998). *El español hablado en Andalucía*. Barcelona. Ariel.

Narbona A. y Ropero M. (eds.). (1997). *Actas del Congreso del Habla andaluza* [Sevilla, 4-7 de marzo 1997]. Sevilla. Ayuntamiento de Sevilla.

Narbona, A. (2013). Conciencia, (des)prestigio e identidad lingüística en Andalucía. En: Narbona (Coord.). *Conciencia y valoración del habla andaluza*. Sevilla. Universidad Internacional de Andalucía, pp. 129-169.

Navarro Tomas, T., Espinosa, A. M., y Rodríguez Castellano, L. (1933). La frontera del andaluz. *Revista de Filología española* 20, pp. 225-277.

Navarro Tomás, T. (1939). Desdoblamiento de fonemas vocálicos. *Revista de Filología Hispánica* 1, pp. 165-167.

Navarro Tomás, T. (1945). *Cuestionario. Lingüística hispanoamericana*. Buenos Aires. Instituto de Filología.

Pocklington, R. (1986). El sustrato arábigo-granadino en la formación de los dialectos orientales del andaluz. *Revista de Filología española* 66, pp. 75-100.

Rodríguez Castellano, L. y Palacio, A. (1948). El habla de Cabra. *Revista de Dialectología y Tradiciones Populares* 4, pp. 387-418 y 570-599.

Salvador, G. (1952). Fonética masculina y fonética femenina en el habla de Vertientes y Tarifa. *Orbis* 1, pp. 19-24 (cito por *Estudios dialectológicos*. 1987, 182-189).

Salvador, G. (1953). Aragonesismos en el andaluz oriental. *Archivo de Filología Aragonesa 5*, pp. 143-164.

Salvador, G. (1987). *Las encuestas del ALEA en 1955*. En: Salvador, G. *Estudios dialectológicos*, pp. 46-50.

Salvador, G. (1987). *Estudios dialectológicos*. Madrid. Paraninfo.

Tesoro: Alvar Ezquerra, M. (2000). *Tesoro léxico de las hablas andaluzas*. Madrid, Arco/Libros.

Torres, F. (2000). Orientalismos peninsulares en el levante andaluz. Nombres y usos de algunas plantas silvestres. *Revista de Dialectología y Tradiciones Populares 55*, pp. 197-240.

Torres, F. (2021). Vocabulario que llega a Andalucía por influencia murciana según el *Atlas Lingüístico y Etnográfico de Andalucía (ALEA)*. En: *XI Jornadas del murciano. El murciano en los atlas lingüísticos (noviembre de 2019)*. Murcia. L'Ajuntaera, pp. 63-103

Villena, J. A. (2006). Andaluz oriental y andaluz occidental: estandarización y planificación en ¿una o dos comunidades de habla?. En: Cestero, A. Mª., Molina, I. y Paredes, F. *Estudio sociolingüístico del español de España y América*. Madrid. Arco /Libros, pp. 233-254.

Wulff, F. (1889). Un chapitre de phonétique: avec transcription d'un texte andalouse. En : *Recuil offert à Gaston Paris*. Estocolmo, pp. 1-50.

Segunda parte

Las actitudes hacia la modalidad lingüística andaluza en estudiantes de español L1 y L2

Rafael Crismán Pérez
Universidad de Sevilla

RESUMEN
El presente trabajo contrasta las actitudes de estudiantes de español como L1 y L2 hacia la modalidad lingüística andaluza. La finalidad fue comparar patrones de conducta de diferentes muestras desde una perspectiva sociolingüística. Para ello analizamos varios estudios donde se contrastaron cuestionarios tanto cualitativos como cuantitativos, así como una escala validada (escala CA-120-19, datos del registro Aries: 201999901940016) por la Universidad de Cádiz. Los resultados demostraron que la actitud hacia la modalidad lingüística andaluza en estudiantes de español como L1 fue peor en términos valorativos que la actitud de estudiantes como español L2. En ambas muestras de informantes el conocimiento gramatical de los rasgos de la modalidad lingüística andaluza correlacionó significativamente con la actitud, de manera que, a mayor conocimiento gramatical, mejor actitud. Estos resultados demostraron la importancia del componente cognitivo en el constructo *actitud* de acuerdo a la realidad de las diferentes comunidades de habla. Asimismo, demostraron la necesidad de revitalizar la investigación de las actitudes lingüísticas desde una perspectiva complementaria. Las conclusiones del presente estudio abren la puerta para el análisis de las causas. Esto también contribuye a la investigación de español como L2.

Palabras clave: Actitudes lingüísticas, lengua española, modalidad lingüística andaluza, ELE/español como L2, sociolingüística.

1. Introducción

Como sostienen Dragojevic, Fasoli, Cramer & Rakić (2021), la investigación del concepto *actitud* se remonta a principios del siglo XX, de la mano de la psicología social. Así pues, el estudio de las actitudes se ha especializado en función de los diferentes campos y ámbitos de observación científica. La lengua y su relación con la actitud ha sido uno de los principales ámbitos de investigación, sobre todo, en lo que respecta a los diferentes tipos de variación lingüística y su prestigio social. Dragojevic et al (2021: 61):

> The study of language attitudes is concerned with the social meanings people assign to language and its users. The social-scientific study of language attitudes has roots in social psychology and spans nearly a century. In the 1930s, several researchers sought to test whether people could make reliable and accurate judgments about speakers' personality based on voice alone (e.g., Allport & Cantril, 1934; Pear, 1931)

Los mismos autores exponen las cuatro líneas de investigación que surgieron de dichos estudios iniciales. Estas son las siguientes:

- Estudios relacionados con la valoración de los hablantes según rasgos fónicos.
- Investigaciones acerca de la valoración de los hablantes en función de cuestiones diastráticas.
- Investigaciones sobre la valoración de los hablantes en función de sus rasgos de personalidad y sus propias caracterizaciones.
- Estudios acerca de los juicios valorativos y su relación con estereotipos sociales.

Si bien las diferentes líneas se han mantenido con más o menos éxito (Allport, 1935; Rosenberg, 1960), una de las posibilidades que más literatura científica ha desarrollado es la valoración de los hablantes hacia la lengua y sus posibilidades de variación. Algunas de estas investigaciones son las de Ajzen (1991; 2001; 2011), Eagly & Chaiken (1995; 1998) o Giles (2016). Conforme esta línea de investigación ha avanzado, este tipo de investigaciones se ha apoyado en estudios estadísticos de cuantificación (Abad, Olea, Ponsoda y García, 2011; Del Río, 2010; Hernández-Campoy, 2004; Hernández-Campoy y Almeida, 2005; Oviedo y Campo-Arias, 2005; Sierra, 1994). Para esta metodología de estudio se han tomado presupuestos, sobre todo, de la psicología social nuevamente.

Por otro lado, otras investigaciones se han desarrollado a través de métodos cualitativos. Principalmente, herramientas de recopilación de datos basadas en diferentes tipos de entrevistas (Cea d'Ancona, 2005; Coq-Huelva & Asián-Chaves, 2002).

En cualquier caso, los datos estrictamente lingüísticos y comunicativos se han contrastado frecuentemente con factores sociales y culturales. Así pues, uno de los principales ámbitos de estudio de este tipo de contenidos, de manera complementaria a la dialectología tradicional, ha sido la sociolingüística (Moreno-Fernández, 2001).

La sociolingüística ha tenido en cuenta la relación entre determinados usos lingüísticos, la sociedad y la cultura (Blas-Arroyo, 1999; 2005; Caravedo, 2013; 2018; Labov, 1972; López-Morales, 2004, Moreno-Fernández, 1998; 2001; 2012).

En el caso del ámbito del hispanismo, el estudio de la variación y su relación con las actitudes lingüísticas se ha extendido tanto a los territorios americanos (Amorós-Negre y Quesada-Pacheco, 2019; Ascencio, 2009; Cestero, 2012; Chinellato, 2015; Coello y Yosibel, 2014; García de los Santos, 2014; Garvin & Marthiot, 1960; Izquierdo, 2011; Rojas, 2014) como al español peninsular y norteafricano (Álvar-López, 1963-1973; 1996; Ayora y Mohamed, 2014; Cestero y Paredes, 2015; 2018; 2022; Gómez, 2002). Dentro de este último ámbito, la presente investigación ha tenido en cuenta numerosos estudios acerca de la actitud hacia la modalidad lingüística andaluza (en adelante MLA) (Andújar, 2016; Carbonero, 1982; 2003; 2004; Congosto-Martín, 2016; Crismán-Pérez, 2016; 2020; Crismán-Pérez y Núñez-Vázquez, 2017, 2020; Guillén y Millán, 2016; Harjus, 2017; Jiménez, 2016; León-Castro, 2016; 2020; Morillo-Velarde, 2013; 2022; Narbona, 2003; 2009; 2022; Repede, 2020; Ropero, 2001; Santana, 2018; Santos-Díaz y Ávila-Muñoz, 2021; Villena, 1997; 2008; Villena y Ávila; 2014; Villena y Vida-Castro, 2017).

Todo ello ha dado lugar a que, con el transcurso de los años, la investigación sobre actitudes lingüísticas en el ámbito del hispanismo se haya especializado en tres grandes líneas (Quesada, 2019):

– Investigaciones que estudian la actitud del hispanohablante hacia otra lengua.
– Investigaciones que estudian la actitud del hispanohablante frente a su propia lengua.
– Investigaciones que analizan la actitud del hispanohablante hacia épocas pasadas.

Si nos centramos más concretamente en el estudio de las modalidades lingüísticas, la investigación de la actitud hacia la MLA ha fijado su atención principalmente en investigaciones previas acerca de diferentes posibilidades de variación diatópico-diastrática de otras comunidades lingüísticas (Fishbein & Ajzen, 1975; 1980), así como en las investigaciones que han considerado las posibilidades de la lengua como lengua extranjera/L2 (Andión-Herrero, 2008). En la mayoría de estudios que han seguido estas pautas dentro del ámbito del hispanismo se ha tenido en cuenta como base los tradicionales conceptos de *norma*, *estándar*, *prestigio*, *estatus* y *solidaridad* entre otros

(Coseriu, 1986; Demonte, 2003; Derwing, 2003; Gluszek & Dovidio, 2010; Lope-Blanch, 1972).

En la presente investigación, tomamos como fundamento teórico estos conceptos clave, así como planteamientos metodológicos similares a los examinados en las publicaciones anteriores. Básicamente, tomamos en consideración, como veremos *infra*, el constructo *actitud* y sus posibilidades cognitivas, afectivas y conductuales. Por otro lado, contrastamos los resultados de la presente investigación con presupuestos de teorías sobre caracterización de actitudes y su relación con el comportamiento. En este punto, fijamos nuestra atención en la *teoría de acción planificada* (en adelante TAP, Ajzen 1991) y la *teoría de acción razonada* (en adelante TAR) (Ajzen & Fisbhein, 1980). Para ello consideramos como referencia una serie de publicaciones acerca de la actitud hacia la MLA en estudiantes de español L1 y español L2 de carácter cuantitativo: Crismán-Pérez (2016), Crismán-Pérez y Núñez-Vázquez (2017), Crismán-Pérez (2018), Crismán-Pérez (2020), Crismán-Pérez y Núñez-Vázquez (2020), Crismán-Pérez y Ruiz-Fernández (2021), Crismán-Pérez (2024).

Para las investigaciones inmediatamente anteriores se utilizó la escala CA-120-19. Esta se corresponde con los Anexos 2 y 3 del presente trabajo. Para la triangulación de datos del análisis cuantitativo en dichas investigaciones se recurrió a un cuestionario de tipo cualitativo. Este queda recogido en el Anexo 1. En cualquier caso, recomendamos la consulta de la obra Crismán-Pérez (2016) para más información sobre el diseño y elaboración de estos instrumentos.

Desde otra perspectiva de clasificación, las investigaciones centradas en informantes de español como L1 fueron: Crismán-Pérez (2016); Crismán-Pérez y Núñez-Vázquez (2017); Crismán-Pérez y Ruiz-Fernández (2021); Crismán-Pérez (2024); mientras que las centradas en informantes de español L2 fueron: Crismán-Pérez (2018), Crismán-Pérez (2020), Crismán-Pérez y Núñez-Vázquez (2020).

La novedad que aportamos en la presente investigación fue contrastar los resultados, esto es, la actitud hacia la MLA, según la diferencia de lengua materna de los informantes y, por consiguiente, la doble naturaleza de las investigaciones según la muestra examinada.

La finalidad fue observar las posibilidades de patrones conductuales sobre la actitud hacia la MLA tanto desde la perspectiva de la L1 como de la lengua extranjera/L2 según un enfoque contrastivo y su ulterior caracterización a partir de la revisión de la TAR y la TAP. Para ello, tomamos en consideración el concepto *actitud* según la tradición mentalista.

2. El concepto *actitud*

Si partimos de la definición tradicional de *actitud*, esta se define como un estado mental derivado de la experiencia. La actitud, por tanto, engloba cualquier ámbito de la realidad. Esto condiciona nuestro comportamiento.

Así pues, la actitud se ha considerado en la revisión científica desde dos ámbitos fundamentales: el conductismo y el mentalismo (Chinellato, 2015). Básicamente, el conductismo propone que las experiencias externas condicionan el comportamiento. El ambiente, por tanto, juega un papel fundamental en la regulación de nuestra actitud. Por el contrario, el mentalismo sostiene que nuestra mente es la que posibilita y articula nuestro comportamiento, según nuestros esquemas de valores. En este punto, el ser humano se distingue de otras especies, entre otras posibilidades, en la capacidad de autoobservación y regulación consciente de la conducta.

En la actualidad, la mayoría de los investigadores ofrece una visión conjunta de ambos enfoques para caracterizar el constructo *actitud* (Farr, 1994; Fazio, 1986; Fraser, 1994; Moliner & Tafani, 1997; Petty & Cacioppo, 1981). Esto ha dado lugar a que la actitud y, más concretamente, las actitudes lingüísticas se consideren un constructo dinámico que, si bien parten de un estado mental, también es permeable a los factores externos y la experiencia según la interacción con la realidad.

Así pues, el constructo *actitud* se compone de tres componentes: cognitivo, afectivo y conductual. La mayoría de los investigadores vistos *supra* sostienen la retroalimentación constante de los mismos. El componente cognitivo, tradicionalmente asociado al conocimiento, influye en el componente afectivo. Ambos componentes convergen en el componente conductual.

Las actitudes que se pueden caracterizar tanto desde un punto de vista individual como colectivo, son permeables también a los factores culturales. De este modo, las actitudes se encuentran directamente relacionadas con las representaciones sociales (Parales-Quenza y Vizcaíno-Gutiérrez, 2006). Esto repercute en nuestro conocimiento y en las asociaciones afectivas que caracterizan nuestro comportamiento. Las representaciones sociales, por tanto, influyen directamente en nuestra cosmovisión, así como en la visión que una comunidad cultural y una comunidad idiomática presentan con respecto a la realidad.

La presente investigación, mediante el análisis contrastivo de la actitud hacia la MLA en una muestra de estudiantes de español como L1 y, respectivamente, español como lengua extranjera/L2 permite observar la virtual asociación de las diferentes actitudes con sus pertinentes representaciones sociales. Esto es especialmente relevante si tenemos en cuenta el factor cultural, pues los estudiantes de ELE/L2 presentan potencialmente rasgos culturales propios, ajenos, al menos en parte, a la muestra de estudiantes de español L1.

Este análisis nos permitirá comprender mejor la actitud hacia la MLA de los estudiantes de español L1. Las conclusiones repercutirán directamente en la consideración de las causas y los efectos de dicha actitud desde un punto de vista comunicativo y sociocultural. Por otro lado, la presente investigación también posibilita la comprensión de patrones actitudinales de estudiantes de español como lengua extranjera/L2, vinculados con factores de índole cultural. Esto abre la puerta al análisis de los procesos de enseñanza-aprendizaje del español como lengua extranjera/L2 en los que se tenga en cuenta las conclusiones derivadas de nuestra investigación como posibilidades de enriquecimiento. Todo ello converge en la revisión de las teorías vinculadas con la actitud y sus posibilidades de medición.

2.1. La teoría de acción razonada y la teoría de acción planificada

La *teoría general de la acción* comprende cuatro variables fundamentales: *personalidad, sistema social, sistema cultural* y *sistema orgánico* (Parsons, 1951). A partir de ahí, han surgido dos modelos fundamentales para explicar la acción humana y sus relaciones con las actitudes.

La *teoría de la acción razonada* (TAR) pretende predecir el comportamiento de un individuo. Para ello toma en consideración la intención de una persona a la hora de desarrollar una conducta determinada. Los autores Fishbein & Ajzen (1975; 1980) toman en consideración el concepto *actitud* y sus dimensiones cognitiva y afectiva para predecir la conducta. Las conductas son cuantificables cuando se encuentran bajo la voluntad del individuo, de modo que esto constituye el tercer componente del constructo *actitud*. Por otra parte, las actitudes se basan en las creencias de los sujetos hacia la realidad. Las creencias, por otro lado, constituyen un contenido asimilado a partir de dos vías: la interacción directa con la realidad y la interacción indirecta. La medición de la actitud debe ser, por consiguiente, complementaria y compatible con el desarrollo de la conducta desde la óptica de dos patrones: generalidad y especificidad.

La *teoría de acción planificada* (TAP) responde a una revision de la TAR desarrollada por Ajzen (1991). Esta teoría no solo tiene en cuenta la intención del individuo, sino también incorpora variantes como la *norma subjetiva* y la *noción de control*. Así pues, la actitud interacciona con estas dos variables para configurar la conducta. La norma subjetiva considera los estándares sociales acerca de algún hecho o constructo. Por otro lado, la noción de control se manifiesta en las creencias de los individuos acerca de la gestión de sus acciones. En cualquier caso, la actitud es el constructo clave que determina el comportamiento. La actitud lingüística es una concreción del constructo *actitud* en función de una lengua o variedad determinada. A continuación, nos centraremos en la actitud hacia la MLA.

3. La actitud hacia la modalidad lingüística andaluza en estudiantes de español

Durante aproximadamente cuatro décadas, el estudio de la MLA ha ocupado parte de la investigación relacionada con las posibilidades de variación de la lengua española. A propósito de esta línea de investigación han destacado, entre otros, dos grupos de investigación entre las universidades españolas. Se trata de *El español hablado en Andalucía* y *Sociolingüística Andaluza: Estudio sociolingüístico del habla de Sevilla*. Por otra parte, también han destacado en la actualidad dos proyectos de investigación sobre las actitudes lingüísticas en el hispanismo. Se trata del proyecto PRECAVES XXI (2018-2022) y el PRESEA (2014-2021).

Si analizamos las publicaciones periódicas vinculadas con estos grupos de investigación y estos proyectos observamos cómo la investigación científica de la MLA, como ya explicamos en la introducción del presente trabajo, ha tenido en cuenta tanto estudios cuantitativos como cualitativos. Así pues, una posible clasificación de este tipo de literatura científica es, por un lado, considerar publicaciones de tipo analítico-reflexivo (Carbonero, 1982; Narbona, 2003;

2009; 2013; Ropero, 2001) y, por otro lado, obras de tipo empírico (Cestero y Paredes, 2015; 2018).

Asimismo, si analizamos las referencias bibliográficas del presente capítulo, observaremos que las publicaciones de los miembros de los grupos de investigación aludidos, así como los miembros de los proyectos de investigación señalados *supra* abarcan un periodo entre 1982 y 2024. Si consideramos las principales líneas de investigación que han surgido de toda esta producción científica debemos destacar cuatro posibilidades sobresalientes durante las cuatro décadas aludidas:

- La norma culta como primer factor delimitante.
- La delimitación de los rasgos lingüísticos y comunicativos de la MLA.
- La actitud hacia la MLA.
- El papel de la educación lingüística con respecto a la MLA y otras posibilidades de variación lingüística.

Si nos centramos en los estudios sobre la actitud hacia la MLA, nos gustaría detenernos en una conclusión expuesta por Narbona (2003; 2009). A menudo, los propios andaluces, cuando evalúan su modalidad lingüística en términos valorativos, se mueven en una horquilla entre el victimismo y la reivindicación. Dicho de otro modo, entre la justificación y la autoafirmación.

Por otro lado, cuando observamos la actitud de otros hablantes de español L1, vinculados con otra modalidad lingüística, la actitud de los mismos oscila entre la censura o sanción y la exaltación (Carbonero, 1982; Cestero y Paredes, 2013; Carriscondo y El-Founti, 2020; Narbona, 2003; 2009).

Por otra parte, apenas hemos observado estudios acerca de la actitud hacia la MLA por parte de estudiantes de español como lengua extranjera/L2. Estos han sido desarrollados por investigadores ajenos a los grupos de investigación aludidos (Crismán, 2020; Crismán-Pérez y Núñez-Vázquez, 2020; Molina-Machés, 2022).

El presente trabajo revisa tanto las investigaciones de orden cuantitativo como cualitativo a partir de los trabajos ajenos a los dos grupos de investigación señalados anteriormente. Nuestro objetivo es contrastar los resultados entre las investigaciones sobre la actitud hacia la MLA en estudiantes de español L1 y lengua extranjera/L2 a partir de una serie de herramientas comunes para ambos tipos de investigaciones.

3.1. Metodología

La escala CA-120-19 fue el punto de partida tanto para los estudios centrados en informantes de español L1 como español como lengua extranjera/L2. Dicha escala se deriva de la publicación de Crismán-Pérez (2016). Mediante este instrumento se cuantificó la actitud hacia la MLA según diversos informantes. Para ello se comprobó la adaptabilidad de dicha escala a partir de la aplicación de la misma a las diferentes muestras, de modo que tuvimos en cuenta la puntuación del alpha de Cronbach en las respectivas muestras piloto. Los resultados siempre fueron superiores a .7

En la actualidad, el mayor estudio cuantitativo del que tenemos constancia sobre la actitud hacia la MLA en informantes de español L1 ha sido desarrollado por Crismán-Pérez (2024). En este caso, la investigación contó con una muestra de 1192 informantes. Para desarrollar esta investigación nuevamente se recurrió a la escala CA-120-19. Tras la comprobación del adecuado índice de alpha de Cronbarch se complementó dicha escala con el cuestionario de carácter cualitativo recogido en el Anexo 1. Con este último cuestionario pretendimos evaluar la actitud hacia la MLA por parte de los informantes mediante la formulación de preguntas tanto directas como indirectas en términos de prestigio y desprestigio hacia la MLA. En este punto, seguimos cuatro principios básicos para la construcción de este tipo de instrumentos: la construcción del objeto de investigación, el diseño de la investigación, la producción de la información, y el análisis de los datos obtenidos (Hamui, 2016).

4. Resultados

4.1. Informantes de español como L1

Los resultados del estudio más reciente, mediante triangulación de datos cuantitativos y cualitativos, demostraron que la actitud de los informantes de español como L1 fue negativa. No obstante, dicho estudio (el cual tomó como antecedente, entre otras investigaciones, las publicaciones Crismán-Pérez, 2016; Crismán-Pérez y Núñez-Vázquez, 2017; Crismán-Pérez y Ruiz-Fernández, 2021) demostró una correlación significativa entre el conocimiento gramatical de la MLA y la actitud hacia la misma según diferentes situaciones comunicativas (formal, estándar e informal). Algo que ya apareció en las investigaciones previamente señaladas. A nuestro modo de ver, esta correlación demuestra la conexión entre los componentes cognitivo y afectivo, puesto que comprobamos la existencia de una proporcionalidad entre los mismos. Esto convergió en el componente conductual. Los coeficientes de correlación fueron (r=0,14 p<0,01) para la situación formal; (r= 0,28 p<0,01) para la situación estándar y (r= 0,32 p<0,01) para la situación informal. Esta correlación abre la puerta a dos posibilidades de estructuración del constructo *actitud lingüística* en relación con las teorías de caracterización de la conducta, pues existe una motivación entre conocimiento y actitud.

Por un lado, la TAR, sostenida principalmente por la psicología social (Fishbein & Azjen, 1975; 1980). Según estos presupuestos, el componente cognitivo constituye el principal factor para el desarrollo del constructo *actitud* y, consecuentemente, *actitud lingüística* en su relación con una lengua y/o modalidad.

Por otro lado, los resultados también apuntaron algunos presupuestos de la TAP (Ajzen, 1991; 2011). Esta teoría señala la relevancia del componente conductual con respecto al constructo *actitud*. Lo conductual considera también factores normativos y factores de control. El componente conductual y los factores normativos se caracterizan como conductas evaluativas. De este modo, tienen en cuenta los factores sociales y ambientales para la configuración de una norma subjetiva. Todo ello resulta de especial relevancia para considerar los conceptos *identidad*, *estatus* y *solidaridad* en el estudio de las actitudes lingüísticas.

Asimismo, los factores de control influyen en el componente conductual para la articulación del constructo *actitud*. Los hablantes demostraron, según las diferentes situaciones comunicativas, una actitud más cercana a lo centrífugo en situaciones informales mientras que sucedió lo contrario, esto es, una actitud centrípeta, en situaciones formales. Estos resultados convergen en la posibilidad de percibir mayor control en situaciones informales que en situaciones formales. En cualquier caso, estos factores se vinculan principalmente con el componente cognitivo de la actitud, el cual vertebra el componente conductual.

De nuevo, en el caso de la investigación más reciente, llevamos a cabo una regresión entre las variables *conocimiento gramatical* y la variable *actitud hacia la MLA según diferentes situaciones comunicativas*. Esto permitió demostrar que al menos el 10% de la actitud se encontró asociada al componente cognitivo de la misma (el coeficiente de regresión fue de R=.32). Esto demuestra que, si bien es cierto que un porcentaje del constructo *actitud* está delimitado por el componente cognitivo, también es cierto que se trata de un porcentaje bajo en relación con el constructo actitud en su conjunto. El componente cognitivo, por tanto, debe retroalimentarse de los demás componentes. Este resultado relativiza la preponderancia de la TAR.

Esta conclusión demuestra el dinamismo de las actitudes y, más concretamente, de las actitudes lingüísticas, pues los componentes cognitivo y afectivo se mantienen en constante retroalimentación. Además, como hemos comprobado con el estudio de las situaciones comunicativas, los componentes aludidos son susceptibles de cambio en términos de cuantificación según las diferentes situaciones comunicativas en función del grado de formalidad de las mismas. Esto nos demuestra la permeabilidad del componente afectivo y su relevancia con respecto al cognitivo, pues el informante, fuese consciente de ello o no, eligió adecuarse a las situaciones comunicativas mediante la ponderación de unos usos frente a otros.

Estos resultados nos hacen considerar la TAP como una teoría más acertada, en tanto que no solo considera el componente cognitivo en la caracterización de las actitudes lingüísticas. De ahí se explica la importancia de conceptos como *identidad*, *solidaridad* y *estatus* en relación con la norma subjetiva y la noción de control. Nuestra investigación demostró empíricamente su veracidad a raíz de la actitud demostrada por los informantes en relación con las situaciones comunicativas, especialmente según los conceptos tradicionales de *solidaridad* y *estatus*.

4.2. Informantes de español como lengua extranjera/L2

En cuanto a los resultados de las investigaciones de los estudiantes de español como lengua extranjera/L2 y su actitud hacia la MLA, estos demostraron que la actitud hacia la misma fue muchos más neutra que los informantes de L1. Los estudiantes que constituyeron la muestra estuvieron más dispuestos a utilizar expresiones identificadas como andalucismos en situaciones comunicativas de diversa índole, no solo en situaciones comunicativas informales. Por otro lado, la triangulación de datos mediante la herramienta cualitativa demostró la misma conclusión.

Así pues, los estudios centrados en informantes de español como lengua extranjera/L2 (Crismán-Pérez, 2018; Crismán-Pérez, 2020; Crismán-Pérez y Núñez-Vázquez, 2020) también demostraron la existencia de una correlación significativa entre el conocimiento gramatical y la actitud hacia la MLA según diferentes situaciones comunicativas (formal, estándar e informal), tal y como sucedió con las investigaciones de los estudiantes de español como L1. No obstante, el componente cognitivo, identificado con el conocimiento gramatical de la lengua española y, más concretamente, de la MLA, determinó un porcentaje mucho mayor del constructo *actitud lingüística* en las investigaciones con estudiantes de español como lengua extranjera/L2 que en los estudios desarrollados con informantes de español L1.

Si observamos los antecedentes de las investigaciones hacia la MLA con estudiantes de español como lengua extranjera/L2, observamos que en Crismán-Pérez (2018), adaptamos la escala CA-120-19 a una muestra exclusiva de informantes estadounidenses. En esta primera investigación con informantes de español como lengua extranjera/L2 los resultados demostraron una actitud neutra hacia la MLA en relación con otras variedades del español. Esta primera investigación, por tanto, abrió la puerta a una comparativa en el plano actitudinal entre las dos tipos de muestra que hemos considerado a lo largo de los años. A partir de ahí decidimos profundizar mediante investigaciones que contrastaran la actitud hacia la MLA según las diferentes situaciones comunicativas y su grado de formalidad.

Así pues, en Crismán-Pérez y Núñez-Vázquez (2020), desarrollamos una investigación con más de ciento setenta informantes. La muestra de estudiantes estuvo compuesta por informantes de diferentes nacionalidades, principalmente Estados Unidos, Francia, Inglaterra e Italia. En dicha investigación, el conocimiento gramatical determinó un 9% de la actitud hacia la situación comunicativa formal (p=0.001); un 6% para la situación comunicativa estándar (p=0.01) y un 13% para la situación comunicativa informal (p=0.001). A partir de estos resultados, nos centramos en la triangulación de los mismos mediante instrumentos cualitativos.

Estos resultados se vieron ponderados con otra investigación (Crismán-Pérez, 2020). En dicho estudio se recurrió a una muestra de más de cien estudiantes de español como lengua extranjera/L2 exclusivamente marroquíes. Dicho estudio también evidenció una correlación significativa entre el componente cognitivo y la actitud hacia la MLA. En este caso, el conocimiento gramatical determinó un 9% de la actitud hacia la situación comunicativa formal (p=0.02); un 46% para la situación comunicativa estándar (p=0.000) y un 39% para la situación comunicativa informal (p=0.000).

Estos resultados se relacionan con lo expuesto en la TAP, pues la norma subjetiva, si identificamos la misma con la norma social y, consecuentemente, el prestigio, no estuvo tan presente en las investigaciones de español como lengua extranjera/L2 como sí lo estuvo en las muestras de español L1. Así pues, desarrollaremos esta idea en el siguiente apartado.

5. Discusión

Como hemos comprobado, los resultados de la revisión demostraron la actitud negativa de los informantes de español L1 hacia la MLA. Los informantes de español como lengua extranjera/L2, en cambio, demostraron una actitud más neutral.

Como comentamos en el apartado anterior, nuestra hipótesis es que la MLA se considera una modalidad lingüística tradicionalmente desprestigiada. Esta misma idea se recoge en las investigaciones aludidas en el apartado de introducción del presente trabajo (Carbonero, 1982; 2004; Cestero y Paredes, 2015; Narbona, 2003; 2009). Esto significa que la norma subjetiva, identificada en la presente investigación con la norma social y, por ende, con el concepto *prestigio*, supuso un sesgo en informantes de español L1. El conocimiento gramatical, por tanto, no determina la actitud hacia la MLA en un porcentaje tan alto como sí lo hizo en informantes de español como lengua extranjera/L2, especialmente con la muestra de informantes marroquíes.

Nuestra hipótesis consiste en que la norma subjetiva ejerció una influencia menor en los estudiantes de español como lengua extranjera/L2 que en los estudiantes de español L1. Esto dio lugar a que el conocimiento gramatical determinará mucho más la actitud hacia la MLA, pues los informantes no se movieron, al menos no en los mismos términos que los informantes de español como L1, entre la justificación y la autoafirmación (Narbona, 2003; 2009).

Además de esto, en el caso de la muestra de informantes marroquíes, nuestra hipótesis es que estos informantes conciben la lengua española como una *lengua heredada* (Polinsky & Kagan, 2007). Esta consideración se acentúa con respecto a la MLA debido a la proximidad geográfica y el pasado histórico de esta región (Sayahi, 2004; 2004b; 2005). A propósito de esta idea, Ready

(2021: 26), propone la identidad como factor de configuración de marcos espaciotemporales, lo que repercute en la lengua y sus posibilidades:

> Este análisis indica que los distintos cronotopos implican una actitud particular hacia la lengua, la cual conlleva implicaciones para las prácticas lingüísticas. Tal y como afirman Karimzad y Catedral (2017), los cronotopos y su carga ideológica en relación con la lengua y la identidad etnolingüística puede ejercer un efecto sobre el comportamiento del individuo […] el contexto de Al-Andalus le permite mantener una identidad que une tanto su contexto inmediato como su pasado

En cualquier caso, las correlaciones significativas entre el conocimiento gramatical y la actitud hacia la MLA según diversas situaciones comunicativas demostraron la relevancia del componente cognitivo con respecto al constructo *actitud lingüística* tanto en informantes de español L1 como lengua extranjera/L2. Todo ello nos ha llevado a plantearnos en qué punto el componente cognitivo constituye la piedra angular sobre la que se construye la actitud, a la luz, sobre todo, de la TAR.

Nuestra propuesta se ancla en la percepción que los informantes tienen de una lengua y, más concretamente, de una modalidad lingüística según su conocimiento gramatical. No obstante, debemos tener en cuenta también los factores afectivos implicados en la actitud. Esto supone no solo el conocimiento objetivo, sino también una norma subjetiva. Dicho de otro modo, las imágenes y valores mentales, directamente vinculados con el componente afectivo de una lengua, construyen un espacio mental vinculado con el componente cognitivo (sea real o ficticio, dicho conocimiento se configura a través de las imágenes). Para ello debemos considerar nuestras percepciones, las cuales constituyen el primer nivel de estructuración cognitiva. En este punto, nos gustaría destacar la siguiente aportación de Caravedo (2013: 53):

> La percepción es una capacidad cognitiva que implica una selección que se pone en juego en el contacto social y está orientada por los hablantes que forman parte del contexto esencial en que vive el individuo. La percepción no es, pues, caprichosa o caótica, todo lo contrario, es más bien aprendida y orientada

Esta afirmación expone la importancia que tiene la norma subjetiva en relación con el constructo *actitud lingüística*. El principal motivo es, como explica Caravedo, la interacción social. Así pues, nuestra percepción pasa por analizar la realidad circundante y etiquetarla de acuerdo a unos determinados valores y parámetros. No obstante, no solo debemos tener en cuenta la retroalimentación de los tres componentes de la actitud desde una perspectiva mentalista, sino que debemos tener en cuenta también los factores y circunstancias que envuelven las diferentes interacciones. Esto nos permite observar la incidencia de dichas interacciones en los sujetos y, consecuentemente, en su actitud, la cual se activa y actualiza mediante la interacción (Pavlenko & Blackledge, 2004).

Por otro lado, también debemos observar la respuesta mental y perceptiva de acuerdo a la adaptabilidad a dichas interacciones por parte de los sujetos. Esta es la base del almacenamiento cognitivo, a partir, básicamente, de la memorización como gestión de la información. Esto supone analizar y describir la retroalimentación constante entre lo mental y lo sociocultural, con el fin de entender la naturaleza del componente conductual desde una perspectiva recíproca sujeto-ambiente.

La investigación de la actitud lingüística no solo debe abarcar factores de interacción en los que se tengan en cuenta los elementos socioculturales, sino que debe considerar también la dinamización mental del sujeto en relación con la permeabilidad a dichas interacciones. De este modo, la interacción en sí misma debe ser objeto de estudio por parte de la sociolingüística, sin soslayar una posible epistemología de los factores tanto extrínsecos como intrínsecos a los sujetos que participan de dicha interacción. Esto nos remite a la perspectiva de la indexicalización (Beneveniste, 1999 [1974]; Silverstein, 2003) como marco de análisis de la actitud lingüística, con el fin de tener en cuenta las posibilidades cognitivas de la norma subjetiva.

Por otro lado, desde la perspectiva tradicionalmente mentalista y actualmente más cognitivista, nuestra hipótesis consiste en que la memoria, más allá de sus posibilidades de almacenamiento, desarrolla dicha recogida de datos de una manera subjetiva. Esto se vincula con la memoria epistémica y la memoria episódica respectivamente, pues no solo es pertinente el almacenamiento de datos (memoria epistémica), sino los factores afectivos asociados a dicho proceso (memoria episódica). En este punto, la memoria semántica proporciona el marco en el que queda recogida y definida dicha información en el hablante, etiquetada mediante el lenguaje.

Esto nos lleva, desde una perspectiva cognitivista, a tener en cuenta un principio básico para la gestión de la información: la memoria declarativa y cómo esta, a través especialmente de la memoria episódica y la memoria semántica, configura nuestro sistema de valores (vinculado con la actitud) y anticipa potencialmente nuestro comportamiento ante nuevas interacciones con la realidad.

A la luz del presente estudio, la TAR y la TAP constituyen enfoques complementarios y necesarios recíprocamente para considerar el análisis de dicho constructo. La investigación de las actitudes y sus componentes actualmente debe continuar su avances de investigación a partir de revisiones que actualicen las teorías tradicionales (Kaiser & Wilson, 2019; Ubillos-Landa, Páez-Rovira y Mayordomo-López, 2004).

6. Conclusión

Como conclusión, la presente investigación corroboró la interrelación entre los componentes cognitivo y afectivo. Esto se demostró mediante la variable *conocimiento gramatical* de los informantes. Algo que se ha confirmado en otras investigaciones (Fernández, 2018). Asimismo, abrió la puerta al estudio de los componentes socioculturales, con el fin de considerar su incidencia en el constructo *actitud lingüística*, más allá de las posibilidades de interrelación de los componentes de la actitud según su incidencia en la norma subjetiva.

Además de esto, la investigación abre la posibilidad de un estudio pormenorizado de diferentes comunidades idiomáticas y su actitud hacia las diferentes comunidades variacionales de la lengua española, así como en particular, con la MLA. El estudio de la actitud hacia la MLA mediante una muestra de estudiantes de español como lengua extranjera/L2 de diferentes orígenes, así como de una muestra de estudiantes también de español como lengua extranjera/L2 de un mismo origen posibilitó avanzar en la cuestión y, sobre todo, permitió la formulación de nuevas preguntas de investigación acerca de la importancia de los factores socioculturales en el constructo *actitud lingüística*. Algunas de estas preguntas de investigación son ¿por qué el conocimiento gramatical determinó mucho más el componente actitudinal en informantes de español como lengua extranjera/L2 que en informantes de L1? ¿Las percepciones mentales interiorizadas por los informantes de español L1 están influidas por el sistema educativo y por la norma social? ¿Participan estas de la norma subjetiva? ¿La norma social lingüística se identifica con la norma subjetiva según la TAP? ¿En qué difieren los métodos de enseñanza de español L1 y español como lengua extranjera/L2 para llegar a estos resultados?

Asimismo, la presente investigación propone que la TAR y la TAP sean en realidad enfoques complementarios de una teoría ecléctica a la hora de caracterizar las actitudes. Esto pasa por aunar los enfoques cognitivistas y ambientalistas una vez comprendidas los límites del conductismo (Hayes, Barnes-Holmes & Roche, 2001; Millar & Tesser, 1986). Para ello, consideramos que el constructo *memoria* debe ser investigado en relación con el almacenamiento de información ambiental por parte del hablante, así como su relación de etiquetado por la memoria semántica. Esto converge en la conciliación entre teorías cognitivistas y teorías ambientalistas, pues la mente y el ambiente se retroalimentan y actualizan en cada interacción.

Con todo, como veremos a continuación, la presente investigación presenta una serie de deficiencias que deben ser comentadas. Nuestra finalidad consiste en mejorar los próximos estudios de la cuestión y abrir nuevas preguntas e hipótesis para la investigación de la actitud lingüística hacia la MLA.

7. Prospectiva

En primer lugar, la principal debilidad que consideramos es la comparación de las muestras en función de las condiciones y coordenadas de la recopilación de datos. La publicación de Crismán (2024), si bien presenta un número robusto de informantes, presenta también una debilidad fundamental: la muestra se ha ido ampliando con el paso de los años, hasta el punto de que, para llegar a la cifra de 1192, se han necesitado cinco años aproximadamente de recopilación y gestión de datos. Esto supone que la propia muestra pueda presentar, a pesar de seguir un patrón de datos constante para la selección de informantes, algún tipo de sesgo. El principal argumento es, como acabamos de ver, la naturaleza dinámica de las actitudes y, más concretamente, de las actitudes lingüísticas según las interacciones comunicativas. Así pues, la sociedad actual y, consecuentemente, el marco de interacción puede presentar unos factores de tipo sociocultural diferentes a los de la sociedad de las primeras recogidas de datos, por lo que esto debe ser tenido en cuenta a la hora de emitir conclusiones. El marco sociocultural de unos y otros informantes presumiblemente presenta diferencias debido al intervalo de tiempo de recopilación de datos entre los informantes de diferentes muestras. La norma subjetiva es susceptible de cambio según su vinculación con la sociedad.

En segundo lugar, pese a estructurar las muestras en dos grandes categorías, esto es, estudiantes de español L1 y estudiantes de español como lengua extranjera/L2, debemos señalar otro sesgo importante. Los informantes que compusieron la muestra de estudiantes de español L1 fueron estudiantes de enseñanza media matriculados en centros educativos públicos de Andalucía. Sin embargo, los estudiantes de español como lengua extranjera/L2 fueron mayoritariamente estudiantes universitarios. Si bien esto podría constituir un enriquecimiento a la hora de estratificar la muestra y obtener resultados parciales de los diferentes subgrupos en los que se clasifique a los informantes (esto permitiría un análisis contrastivo entre los mismos), también es cierto que dificulta en estos momentos la posibilidad de establecer conclusiones absolutas. Esto se debe a la heterogeneidad, desde una perspectiva diastrática, de los sujetos. Nuevamente, esto nos remite a la provisionalidad de nuestras conclusiones.

Otra de las cuestiones que debemos considerar es la posibilidad con el transcurso del tiempo de organizar muestras más homogéneas, al menos en cuanto a factores como la procedencia de los sujetos, sobre todo en lo que respecta a las muestra de estudiantes de español como lengua extranjera/L2.

Si comparamos los resultados entre las dos investigaciones desarrolladas en 2020, observamos cómo el conocimiento gramatical influyó de una manera muy desigual en la muestra heterogénea de estudiantes de español como lengua extranjera/L2 (esta muestra estuvo compuesta por estudiantes de más de diez nacionalidades diferentes) y la muestra exclusiva de estudiantes marroquíes (véase especialmente la situación estándar e informal: 46% y 39% por un lado y 6% y 13% por otro). Esto abre la posibilidad de investigar, según nuestro modo de ver, cuáles son las causas que influyeron en la actitud de los informantes de una y otra muestra para evidenciar unos resultados tan alejados desde una visión cuantitativa, pese a compartir ambas muestras la respectiva correlación significativa entre conocimiento gramatical y actitud hacia la MLA según diferentes situaciones comunicativas.

Una de las hipótesis podría ser el componente afectivo. La mayoría de los estudiantes marroquíes admitieron estudiar español como una posibilidad laboral. Además de esto, también señalaron la cercanía geográfica como otro de los factores importantes, así como la identificación histórica, ¿podría haber, por tanto, una influencia de lo afectivo en lo cognitivo superior en esta muestra que en la otra? Una de las posibilidades para profundizar en esta línea de investigación es, como observamos en el anterior apartado del presente artículo, considerar, entre otros factores, el pasado histórico, pues también podrían hallarse, a nuestro modo de ver, influencias en el componente afectivo. Algo que se ha corroborado en otras investigaciones (Sayahi, 2004a; 2004b; 2005). Como ya comentamos, la condición de *lengua heredada* (Polinsky & Kagan, 2007) podría ser una variable que debamos tener en cuenta con determinadas comunidades lingüísticas.

Así pues, la activación y actualización del componente mental debe tener en cuenta lo social y lo cultural. En esta línea, la investigación de las actitudes debe establecer unos itinerarios entre el individuo y el entorno mediante el análisis de los procesos de interacción donde se considere no solo el marco inmediato de dicha interacción, sino la inclusión del componente cultural dentro de la perspectiva de la indexicalización como enfoque predominante de investigación (Silverstein 2003).

Nuevamente, esto conlleva una dificultad sobrevenida, ¿cómo segmentamos los factores socioculturales en signos discretos? Esta metodología está, *a priori*, destinada al fracaso. Al menos según los parámetros de investigación con los que contamos actualmente, pues no contamos con posibilidades reales de atomización de la información contextual en signos discretos. La opción que nos queda, por tanto, es proporcionar una metodología de carácter holístico que, sin soslayar la relevancia de la atomización de los factores que componen los componentes actitudinales, permita la incorporación de factores que sobrepasan al individuo desde un enfoque complementario, dentro de un marco interactivo.

Otro aspecto importante de la presente investigación que debe ser puesto en tela de juicio es la identificación del componente cognitivo con el conocimiento gramatical. Así pues, obviamente, el conocimiento de una lengua (ya sea una L1 o una lengua extranjera/L2) constituye una base cognitiva, en tanto que existe un almacenamiento de información tanto en la memoria declarativa como en la memoria procedimental. No obstante, nos preguntamos hasta qué punto no participa del componente cognitivo también la memoria sensorial. Este asunto, a nuestro modo de ver, debe ser estudiado con profundidad, a fin de establecer las bases y límites de cada componente de la actitud y sus posibilidades de retroalimentación. Desde el momento en que entendemos el mecanismo de la *percepción* como una base cognitiva (Caravedo, 2003), debemos entender que dicho proceso de interacción y almacenamiento forma parte de la memoria y, por tanto, es susceptible de incorporarse a la memoria declarativa, pese a que esta se apoye en este caso en la memoria sensorial como primera instancia. Es más, se hace necesaria una profundización de este tipo de gestión de la información en relación con la memoria semántica y las repercusiones cognitivo-afectivas que los contenidos lingüístico-comunicativos proyectan en el individuo.

Bibliografía

Abad, F., Olea, J., Ponsoda, V. y García, C. (2011). *Medición en ciencias sociales y de la salud*. Madrid: Síntesis.

Ajzen, I. (2011). The theory of planned behavior: Reflections and reflections. *Psychology and Health*, 26(9), 1113-1127.

Ajzen, I. (2001). Nature and operation of attitudes. *Annual Review of Psychology*, 52, 27-58. https://doi.org/10.1146/annurev.psych.52.1.27

Ajzen, I. (1991). The theory of planned behavior. *Organizational Behavior and Human Decision Processes*, 50(2), 179-211.

Ajzen, I. & Fishbein, M. (1980). *Understanding Attitudes and Predicting Social Behavior*. Englewood Cliffs, NJ: Prentice- Hall.

Allport, G.W. (1935). Attitudes. En Murchison, C. (ed.), *Handbook of Social Psychology*, pp. 798-884, Worcester, MA: Clark University Press.

Alvar-López, M. (1996). *Manual de dialectología hispánica. El español de España*, Barcelona: Ariel.

Alvar-López, M. (1963-1973). *Atlas Lingüístico y Etnográfico de Andalucía*. Universidad de Granada, 6 vols. [2ª edición publicada en 3 volúmenes en 1991, Madrid: Arco Libros].

Amorós-Negre, C. y Quesada, M. (2019). Percepción lingüística y pluricentrismo: análisis del binomio a la luz de los resultados del proyecto (LIAS). *ELUA*, 33, 9-26. https://doi.org/10.14198/ELUA2019.33.1.

Andión-Herrero, M.A. (2008). Modelo, estándar y norma…, conceptos aplicados en el español L2/LE. *Revista Española de Lingüística Aplicada (RESLA)*,

21, 9-25. Asociación Española de Lingüística Aplicada, Castelló: Universitat Jaume I.

Andújar, A. (2016). El adverbio deíctico temporal en el habla urbana culta de Sevilla. En Santana, J., León-Castro Gómez, M. y Zerva, A. (coords.), *Sociolingüística andaluza, 17. La variación del español actual. Estudios dedicados al profesor Pedro Carbonero*, 37-52. Sevilla: Servicio de Publicaciones de la Universidad de Sevilla.

Ascencio, M. (2009). La pérdida de una lengua: el caso del Náhuat. *Revista Teoría y Praxis*, 14, 65-78.

Ayora, M.C. y Mohamed-Chaib, F. (2014). El valor predictivo de las actitudes lingüísticas en la Educación Primaria en una comunidad de habla: el caso de los hablantes de dariya en Ceuta. *Tonos digital: Revista electrónica de estudios filológicos*, 26, 1-15.

Benveniste, E. (1999 [1974]). *Problemas de lingüística general*, v. I y II. México: Siglo XXI.

Blas-Arroyo, J.L. (1999). Las actitudes hacia la variación intradialectal en la sociolingüística hispánica. *Estudios Filológicos*, 34, 44-72. https://doi.org/10.4067/S0071-17131999003400005.

Blas-Arroyo, J. L. (2005). *Sociolingüística del español. Desarrollo y perspectivas en el estudio de la lengua española en el contexto social*. Madrid: Cátedra.

Caravedo, R. (2018). Variación y cambio desde una perspectiva sociocognitiva. En Arnal Purroy, M. L., Castañer Martín, R. M., Enguita Utrilla, J. M., Lagüéns Gracia, V., Martín Zorraquino, M. A. (coords.). *Actas del X Congreso Internacional de Historia de la Lengua Española*, 67-96, Zaragoza, 7-11 de septiembre de 2015.

Caravedo, R. (2013). La valoración lingüística como modo de percepción y valoración. En Narbona Jiménez, A. (coord.), *Conciencia y valoración del habla andaluza*, 45-71, Sevilla: Unia.

Carbonero, P. (2004). Repercusiones de la sociolingüística andaluza en la didáctica de la lengua. *Cauce*, 27, 35-48.

Carbonero, P. (2003). *Estudios de sociolingüística andaluza*, Sevilla: Secretariado de Publicaciones de la Universidad de Sevilla.

Carbonero, P. (1982). *El habla de Sevilla*. Sevilla: Servicio de Publicaciones del Ayuntamiento de Sevilla.

Carriscondo, F. M. y El-Founti, A. (2020). Dos calas en el discurso del odio al andaluz, de la tradición libresca a la prensa digital. *Doxa. Comunicación: revista interdisciplinar de estudios de comunicación y ciencias sociales*, 31, 251-264.

Cea D'Ancona, M.A. (2005). La senda tortuosa de la calidad de la encuesta. *Reis*, 5, 75-193.

Cestero, A. y Paredes, F (2022). La percepción de las variedades cultas del español por parte de los madrileños. Un estudio de dialectología perceptiva a partir del PRECAVES XXI. *Lingüística en la Red*, 19. https://doi.org/10.37536/linred.2022.XIX.1872.

Cestero, A. y Paredes, F. (2018). Creencias y actitudes hacia las variedades cultas del español actual: el proyecto PRECAVES XXI. *Boletín de Filología*, Tomo LIII (2), 11-43. https://doi.org/10.4067/S0718-93032018000200011.

Cestero, A. y Paredes, F. (2015). Creencias y actitudes hacia las variedades cultas del español actual. *Spanish in context*, 12(2), 259-277. https://doi.org/10.1075/sic.12.2.04ces.

Cestero, A. (2012). El proyecto para el estudio sociolingüístico del español de España y América (PRESEEA). En Moreno-Fernández, A (ed.), *Español actual, revista de español vivo. Panorama de la sociolingüística hispánica*, 227-234. Madrid: Arco-Libros.

Chinellato, A. (2015). *Actitudes lingüísticas en la frontera Venezuela-Brasil*. Tesis de Maestría. Universidad de los Andes, Facultad de Humanidades y Educación.

Coello, M. y Yosibel, H. (2014). Actitudes lingüísticas en Venezuela. Exploración de creencias hacia la variante nacional, la lengua española y el español dialectal. En Chiquito, A. B. y Quesada Pacheco, M. A. (eds.). *Actitudes lingüísticas de los hispanohablantes hacia el idioma español y sus variantes*, 5, 1407-1532. Bergen: Bergen Language and Linguistic Studies (BeLLS).

Congosto-Martín, Y. (2016). Variación sociolingüística y prosodia. Rasgos entonativos del habla de Sevilla, Huelva y Cádiz. En Santana, J., León-Castro Gómez, M. y Zerva, A. (coords.). *Sociolingüística andaluza*, 17, *La variación del español actual. Estudios dedicados al profesor Pedro Carbonero*, 127-154. Sevilla: Servicio de Publicaciones de la Universidad de Sevilla.

Coq-Huelva, D. y Asián-Chaves, R. (2002). Estudio de la deseabilidad social en una investigación mediante encuestas a empresarios andaluces. *Metodología de encuestas*, 4(2), 211-225.

Coseriu, E. (1986). *Lecciones de lingüística general*. Madrid: Gredos.

Crismán-Pérez, R. (2024). Las actitudes lingüísticas de estudiantes andaluces de Educación Secundaria Obligatoria hacia la modalidad lingüística andaluza. *Pragmalingüística*, 32, 143-168.

Crismán-Pérez, R. (2020). Linguistic attitudes based on cognitive, affective and behavioral components in respect to Andalusian linguistic variation of Moroccan university students. *Lengua y migración*, 12(1), 175-202.

Crismán Pérez, R. (2018). La actitud hacia la modalidad lingüística andaluza de estudiantes estadounidenses de español como lengua extranjera. En Gaviño Rodríguez, V. & Marchena Domínguez, J. (eds.). *Civilización, literatura y lengua españolas. Ciencia y docencia en NW-Cádiz Program (1997-2017)*. Cádiz: Editorial UCA.

Crismán-Pérez, R. (2016). *La Construcción de escalas de medición para la investigación lingüística y sus aplicaciones didácticas. Una propuesta con respecto a la modalidad lingüística andaluza*. Madrid: Editorial Visión.

Crismán-Pérez, R. y Núñez-Vázquez, I. (2020). Las actitudes lingüísticas de estudiantes universitarios extranjeros de ELE hacia la modalidad lingüística andaluza. Componentes cognitivos, afectivos y conductuales. *Porta Linguarum*, 33, 201-216.

Crismán-Pérez, R. y Núñez-Vázquez, I. (2017). Estudio empírico sobre la actitud hacia los usos de la modalidad lingüística andaluza según diferentes variantes situacionales a partir de una metodología cuantitativa. Perspectivas científicas y aplicaciones didácticas. *Dialectología*, 18, 19-41.

Crismán-Pérez, R. y Ruiz-Fernández, F. (2021). Linguistic attitudes of Andalusian secondary school stdents towards Andalusian linguistic modality: an instrument and its applications. En Grana, R. (coord.). *Discurso, mujeres y artes. ¿Construyendo o derribando fronteras?* 1385-1402. Madrid: Dykinson.

Del Río Sadornil, D. (2010). *Método de investigación en educación. Volumen I. Proceso de diseños no complejos*. Madrid: UNED.

Demonte, V. (2003). Lengua estándar, norma y normas en la difusión actual de la lengua española. *Circunstancia: Revista de ciencias sociales del Instituto Universitario de Investigación Ortega y Gasset*, 1.

Derwing, T. (2003). What do ESL students say about their accents? *Canadian Modern Language Review*, 59(4), 547-566. https://doi.org/10.3138/cmlr.59.4.547.

Dragojevic, M., Fasoli, F., Cramer, J. & Rakić, T. (2021). Toward a Century of Language Attitudes Research: Looking Back and Moving Forward. *Journal of language and social psychology*, 40(1), 60-79. https://doi.org/10.1177/0261927X20966714.

Eagly, A. & Chaiken, S. (1995). Attitude strength, attitude structure, and resistance to change. En Petty, R. y Krosnick, J. (eds.). *Attitude Strength: Antecedents and Consequences*, 413-432. Mahwah, NJ: Lawrence Erlbaum.

Eagly, A. & Chaiken, S. (1998). Attitude structure and function. En Gilbert, D. T., Fiske, S. T. y Lindzey, G. (eds.), *The Handbook of Social Psychology*, 1, 269-322. New York: McGraw-Hill, 4th ed.

Farr, R. (1994). Attitudes, social representations and social attitudes (discussion of C. Fraser). *Papers on Social Representations*, 3, 33-36.

Fazio, R. (1986). How do attitudes guide behavior. En Sorrentino, R. & Higgins, E. (eds.). *Handbook of Motivation and Cognition*, New York: John Wiley and Sons.

Fernández, C. (2018). El componente gramatical en las creencias lingüísticas: diferencia y jerarquía, corrección y variación, *ELUA*, 32, 111-129. https://doi.org/10.14198/ELUA2018.32.5

Fishbein, M. & Ajzen, I. (1975). *Belief, attitude, intention and behavior: An introduction to theory and research*. Reading, MA: Addison Wesley.

Fishbein, M. & Ajzen, I. (1980). *Understanding attitudes and predicting behavior*. Englewood Cliffs: Prentice-Hall.

Fraser, C. (1994). Attitudes, social representations and widespread beliefs. *Papers on Social Representantions*, 3, 13-25.

García de los Santos, E. (2014). Actitudes lingüísticas en Uruguay. Tensiones entre la variedad y la identidad. En Chiquito, B. y Quesada Pacheco, M. A. (eds.). *Actitudes lingüísticas de los hispanohablantes hacia el idioma español y sus variantes*, 5, 1346-1406. Bergen: Bergen Language and Linguistic Studies (BeLLS).

Garvin, P.L. & Marthiot, M. (1960). The Urbanization of the Guarani language: a problem in language and culture. En Wallance, A. C. (ed.). *Men and Cultures*, 783-790. Philadelphia: University of Pennsylvania Press.

Giles, H. (ed.). (2016). *Communication accommodation theory: Negotiating personal relationships and social identities across contexts*. Cambridge: Cambridge University Press. https://doi.org/10.1017/CBO9781316226537.

Gluszek, A. & Dovidio, J. (2010). Speaking with a nonnative accent: Perception of bias, communication difficulties, and belonging in the United States. *Journal of Language and Social Psychology*, 29(2), 224–234. https://doi.org/10.1177/0261927X09359590.

Gómez, J.R. (2002). Lenguas en contacto y actitudes lingüísticas en la comunidad valenciana. En Blas Arroyo, J. L., Porcar Miralles, M., Fortuño Llorens, S. y Casanova Avalos, M. (coords.), *Estudios sobre lengua y sociedad*, 53-86. Castellón de la Plana: Universitat Jaume.

Guillén, R. y Millán-Garrido, R. (eds.) (2016). *Sociolingüística Andaluza 16. Estudios descriptivos y aplicados sobre el andaluz*. Sevilla: Servicio de Publicaciones de la Universidad de Sevilla.

Hamui, A. (2016). La pregunta de investigación en los estudios cualitativos. *Investigación en educación médica*, 5(17), 49-54. Doi: DOI: 10.1016/j.riem.2015.08.008.

Harjus, J. (2017). Lingüística de la variedad perceptiva: conceptos y percepciones de los hablantes de jerezano sobre la variación fonética en el español de Andalucía occidental. *Loquens*, 4 (2), e042. https://doi.org/10.3989/loquens.2017.042.

Hayes, S.C., Barnes-Holmes, D., & Roche, B. (eds.). (2001). *Relational frame theory: A post-Skinnerian account of human language and cognition*. Kluwer Academic/Plenum Publishers.

Hernández-Campoy, J.M., & Almeida, M. (2005). *Metodología de la investigación sociolingüística*. Málaga: Comares.

Hernández-Campoy, J.M. (2004). El fenómeno de las actitudes lingüísticas y su medición en sociolingüística. *Tonos digital: Revista electrónica de estudios filológicos*, 8, 29-56.

Izquierdo, S. (2011). Actitudes ante el deterioro de la lengua. Español en Brasil, *Marco ELE. Revista didáctica de español como lengua extranjera*, 13.

Jiménez-Fernández, R. (2016). Sobre el mantenimiento y la pérdida de la /d/ intervocálica en el habla de Sevilla (sociolecto bajo). En Santana, J., León-Castro, M. y Zerva, A. (coords.). *Sociolingüística andaluza, 17. La variación del español actual. Estudios dedicados al profesor Pedro Carbonero*, 193-210. Sevilla: Servicio de Publicaciones de la Universidad de Sevilla.

Kaiser, F. & Wilson, M. (2019). The Campbell paradigm as a behavior-predictive reinterpretation of the classical tripartite model of attitudes. *European Psychologist*, 24, 359–374. Https://doi.org/10.1027/1016-9040/a000364.

Labov, W. (1972). *Sociolinguistic patterns* (Conduct and Communication, *4*), University of Pennsylvania Press.

León-Castro, M. (2020). Aproximación sociolingüística de los impersonalizadores tú y se en el corpus oral PRESEEA-Sevilla. En Repede, D. y León-Castro, M. (coords.). *Patrones sociolingüísticos del español hablado en la ciudad de Sevilla*, 117-140. Berna: Peter Lang.

León-Castro, M. y Zerva, A. (coords.) (2016). *Sociolingüística andaluza, 17. La variación en el español actual. Estudios dedicados al profesor Pedro Carbonero*. Sevilla: Servicio de Publicaciones de la Universidad de Sevilla.

Lope-Blanch, J.A. (1972). El concepto de prestigio y la norma lingüística del español, *Anuario de Letras*, 10, 29-46.

López-Morales, H. (2004). *Sociolingüística*. Madrid: Gredos.

Millar, M. & Tesser, A. (1986). Effects of affective and cognitive focus on the attitude-behaviour relationship. *Journal of Personality and Social Psychology*, 51, 270-276.

Molina-Machés, M. T. (2022). *Presencia del andaluz en ELE/L2*. E-eleando. ELE en Red. Editorial Universidad de Alcalá.

Moliner, P. & Tafani, E. (1997). Attitudes and social representations: a theoretical and experimental approach. *European Journal of Social Psychology*, 27, 687-702.

Moreno-Fernández, F. (1998). *Principios de sociolingüística y sociología del lenguaje*, Barcelona: Ariel.

Moreno-Fernández, F. (2001). Prototipos y modelos de lengua, *Carabela. Modelos de uso de la lengua española*, 50, 5-20.

Moreno-Fernández, F. (2012). *Sociolingüística cognitiva. Proposiciones, escolios y debates*. Madrid/Frankfurt: Iberoamericana/Vervuert.

Morillo-Velarde, R. (2013). Análisis socioeconómico de las variedades lingüísticas de Andalucía. En Narbona, A. (coord.), *Conciencia y valoración del habla andaluza*, 195-226. Sevilla: Universidad Internacional de Andalucía.

Morillo-Velarde, R. (2022). Las percepciones del andaluz. En Narbona, A. y Méndez-García, E. (coord.), *Nuevo retrato lingüístico de Andalucía*, 305-337. Sevilla: Universidad Internacional de Andalucía.

Narbona, A. (2022). Encuadres para un nuevo retrato lingüístico de Andalucía. En Narbona, A. y Méndez-García, E. (coord.). *Nuevo retrato lingüístico de Andalucía*, 17-43. Sevilla: Universidad Internacional de Andalucía.

Narbona, A. (2013). *Conciencia y valoración del habla andaluza*. Sevilla: Servicio de Publicaciones de la Universidad de Sevilla.

Narbona, A. (2009). *La identidad lingüística de Andalucía*. Sevilla: Centro de Estudios Andaluces. Consejería de Presidencia, Junta de Andalucía.

Narbona, A. (2003). *Sobre la conciencia lingüística de los andaluces*. Sevilla: Fundación Centro de Estudios Andaluces.

Oviedo, H.C. y Campo-Arias, A. (2005). Aproximación al uso del coeficiente Alpha de Cronbach, *Revista colombiana de psiquiatría*, 34, (4), 572-580.

Parales-Quenza, C.J. y Vizcaíno-Gutiérrez, M. (2006). Las relaciones entre actitudes y relaciones sociales, *Revista latinoamericana de Psicología*, 39(2), 351-361.

Parsons, T. (1951). *Toward a general theory of action*. Harvard: Harvard University Press.

Pavlenko, R.S. & Blackledge, A (eds.) (2004). Negotiation of identities in multilingual contexts. *Language in Society*, 35(5), 735-738. Doi:10.1017/S0047404506230343.

Polinsky, M. & Kagan, O. (2007). Heritage languages: In the 'wild' and in the classroom. *Language and Linguistics Compass*, 1(5), 368-395. Doi:10.1111/j.1749-818x.2007.00022.x.

PRECAVES XXI (2018-2021). *Proyecto para el estudio de las creencias y actitudes hacia las variedades del español actual en el siglo XXI*. Consultado el 17 de julio de 2021 en http://www.variedadesdelespanol.es/

PRESEEA (2014-2021). *Corpus del Proyecto para el estudio sociolingüístico del español de España y de América*. Alcalá de Henares: Universidad de Alcalá. Disponible en http://preseea.linguas.net. (Fecha de consulta: 13 de julio de 2021).

Pretty, R. & Cacioppo, J. (1981). *Attitudes and persuasion: classic and contemporary approaches*. Dubuque, IA: William C. Brown.

Quesada, M.A. (2019). Actitudes lingüísticas de los hipanohablantes hacia su propia lengua: nuevos alcances. *Zeitschrift für Romanische Philologie*, 135(1), 158-194. https://doi.org/10.1515/zrp-2019-0004.

Repede, D. (2020). Condicionantes sociolingüísticos en la expresión del sujeto pronominal en el corpus PRESEEA-Sevilla: el sociolecto alto, *Revista de Investigación Lingüística*, 22, 397-423. https://doi.org/10.6018/ril.390031.

Rojas, D. (2014). Estatus, solidaridad y representación social de las variedades de la lengua española entre hispanohablantes de Santiago de Chile. *Literatura y Lingüística*, 29, 251-270. https://doi.org/10.4067/S0716-58112014000100014.

Ropero, M. (2001). Sociolingüística andaluza: problemas y perspectivas. En Guillén, R. y Carbonero, P. (coords.), *Sociolingüística andaluza*, 12, *Identidad lingüística y comportamientos diversos*, 21-48. Sevilla: Servicio de Publicaciones de la Universidad de Sevilla.

Rosenberg, M. (1960). A structural theory of attitude dynamics, *Public Opinion Quarterly (1960)*, 24, 319-340. https://doi.org/10.1086/266951.

Santana, J. (2018). Creencias y actitudes de los jóvenes universitarios sevillanos hacia las variedades cultas del español, *Boletín de Filología*, 53(2), 115-144. https://doi.org/10.4067/s0718-93032018000200115.

Santos-Díaz, I. C., y Ávila-Muñoz, A. M. (2021). Creencias y actitudes lingüísticas de los universitarios malagueños hacia la variedad andaluza. *Philologia Hispalensis*, 35(1), 171-191. https://doi.org/10.12795/PH.2021.v35.i01.08.

Sayahi, L. (2005). El español en el norte de Marruecos: historia y análisis. *Hispanic Research Journal: Iberian and Latin American Studies*, 6(3), 195-207. DOI: 10.1179/146827305X58001.

Sayahi, L. (2004a). History of the Spanish Language in Tangier. *Journal of North African Studies*, 9, 36–48.

Sayahi, L. (2004b). The Spanish Language Presence in Tangier, Morocco: A Sociolinguistic Perspective. *The Afro-Hispanic Review*, 23, 54–61.

Sierra, R. (1994). *Técnicas de investigación social*. Madrid: Paraninfo.

Silverstein, M. (2003). Indexical order and the dialectics of sociolinguistic life. *Language & Communication*, 23, 193-229.

Ubillos-Landa, S., Páez-Rovira, D. y Mayordomo-López, S. (2004). *Actitudes*: definición y medición. Componentes de la actitud. Modelo de acción razonada y acción planificada. En Fernández-Sedano, I., Ubillos-Landa, S., Mercedes-Zubieta, E. y Páez-Rovira, D. (coords.). *Psicología social, cultura y educación*, 301-326. Madrid: Pearson Educación.

Villena, J.A. (2008). Divergencia dialectal en el español de Andalucía: el estándar regional y la nueva koiné meridional. En Hans-Jörg, D., Montero Muñoz, R. y Báez de Aguilar, F. (eds.). *Lenguas en diálogo. El iberorromance y su diversidad lingüística y literaria. Ensayos en homenaje a Georg Bossong*, 369-391. Madrid/Frankfurt: Iberoamericana/Vervuert.

Villena, J.A. & Ávila Muñoz, A. (2014). Dialect stability and divergence in southern Spain. Social and personal motivations. En Braunmüller, K., Höder, S. y Kühl, K. (eds.), *Stability and divergence in language contact. Factors and mechanisms*, SILV 16, 207-238. Amsterdam: John Benjamins.

Villena, J.A. & Vida-Castro, M. (2017). Between local and standard varieties: horizontal and vertical convergence and divergence of dialects in Southern Spain. En Buchstaller, I. y Siebenhaar, B. (eds.). *Language Variation. European Perspectives. Selected papers from the Eighth International Conference on Language Variation in Europe* (ICLaVE 8), 125-140. Amsterdam: John Benjamins. https://doi.org/10.1075/silv.19.08vil.

Villena, J.A. (1997). Sociolingüística andaluza y sociolingüística del andaluz: problemas y métodos. En Narbona, A. y Ropero, M. (eds.). *El habla andaluza. Actas del Congreso del habla andaluza*, 277-347. Sevilla: Seminario Permanente del Habla Andaluza.

Anexo 1. Actitud hacia la MLA

1.º ¿Le parecería bien que el presidente del gobierno hablase el español de Andalucía?

2.º ¿Cree que en las escuelas debería enseñarse lengua española y también la variedad de la modalidad lingüística andaluza?

3.º ¿Cree que solo debería enseñarse en las escuelas de Andalucía la variedad de la modalidad lingüística andaluza?

4.º ¿Cree usted que la variedad de la modalidad lingüística andaluza debe ser considerada como una variedad similar al español en América?

5.º ¿Cree usted que el andaluz en un futuro será una lengua propia como el catalán, el vasco, el gallego o el valenciano?

6.º ¿Piensa usted que el andaluz debería ser la variedad más prestigiosa del español a la hora de enseñar esta lengua?

7.º ¿Cree que la actitud de los jóvenes hacia la modalidad lingüística andaluza es más favorable que la de las personas de avanzada edad?

8.º ¿Le gustaría que la modalidad lingüística andaluza fuera considerada una variedad similar al español de Canarias, el español de Extremadura y/o el español de Murcia?

9.º ¿Piensa que es positivo hablar con rasgos andaluces en los medios de comunicación actuales?

10.º ¿Cree usted que los andaluces consideran la modalidad lingüística andaluza como una norma prestigiosa?

Anexo 2. Medición del conocimiento gramatical de la MLA

Debe clasificar los siguientes usos de acuerdo a cuatro posibilidades de respuesta:

correcto y andalucismo/incorrecto, pero es andalucismo/correcto, pero no es andalucismo/incorrecto y no es andalucismo

1.º ¿Ustedes se van a marchar ya?

2.º *Eh, vosotros, callarse, por favor.

3.º *En clase habíamos veinte alumnos.

4.º *Yo no ha hecho el culpable.

5.º ¿Vosotros os vais a marchar ya?

6.º *Me se ha caído el lápiz.

7.º *El profesor me aprendió la lección ayer.

8.º *¿Ustedes os vais a marchar ya?

9.º No os vayáis vosotros todavía.

10.º *Al llegar al instituto compremos los libros.

11.º *¿Ustedes se vais a marchar ya?

12.º *Callaros vosotros, por favor.

13.º No se vayan ustedes todavía.

14.º *Irse vosotros, por favor.

15.º *Juan le pidió a Pedro que le devuelva el dinero.

16.º Venid vosotros a verme mañana, por favor.
17.º Callaos vosotros, que no me entero.
18.º No os calléis vosotros, que se callen los demás.
19.º Se me ha caído el lápiz.
20.º Si hubiese sido yo, lo diría.
21.º *Irse ustedes para allá, por favor.
22.º ¿Vosotros se van a machar ya?
23.º Yo no he sido el culpable.
24.º Por favor, callaos de una vez.
25.º *¿Te se ha olvidado en tu casa el libro?
26.º *Venid ustedes a mi fiesta mañana.
27.º El profesor me enseñó la lección.
28.º *No os vayáis ustedes todavía.
29.º *Si fuera hecho yo quien lo ha hecho, lo diría.
30.º *¿Vosotros se vais a marchar ya?
31.º *No irse vosotros, por favor.
32.º *Venir mañana vosotros, por favor.
33.º *Lean vosotros, por favor.
34.º *Juan vino a verme y me dijo de que teníamos que colaborar.
35.º *No irse ustedes, por favor.
36.º *Subir las sillas ustedes, por favor.
37.º Después de que cogiera la revista, se marchó.
38.º *Callaros ustedes, por favor.
39.º *La decisión a tomar es complicada.
40.º *Por último, decir que me ha parecido todo muy bien.
41.º *Callaos ustedes, por favor.
42.º *Me he olvidado pagar el recibo.
43.º *Me he dado cuenta que mi hermano no ha venido.
44.º Suban ustedes primero, por favor.

45.º *He confiado en ti y en dos ocasiones.
46.º *No cantar vosotros todavía.
47.º *No cantar ustedes todavía.
48.º *No cantad vosotros todavía.
49.º *No cantad ustedes todavía.
50.º *Callaros ustedes, que no se entiende nada.
51.º No cantéis vosotros todavía.
52.º *No cantéis ustedes todavía.
53.º *Ustedes, callarse, por favor.

Anexo 3

En este cuestionario utilizamos los ítems del cuestionario anterior y los asociamos a una situación comunicativa formal (una entrevista de trabajo), una estándar (una conversación con los padres del informante) y una informal (una conversación con la pareja o el mejor amigo del informante).

Contribución al español hablado en Andalucía en el siglo XVIII a partir de cartas de mujer del marquesado de la Motilla

Marta Fernández Alcaide
Universidad de Sevilla

RESUMEN
El archivo privado del marqués de la Motilla contiene numerosas cartas, recibidas y emitidas por diferentes personas (todavía a la espera de ser catalogadas, descritas y editadas), de las que interesan particularmente las escritas por mano femenina. De ellas se ha comenzado por seleccionar un conjunto de 43 cartas dirigidas al marqués desde Córdoba, en los últimos años del siglo XVIII, remitidas por su suegra y referidas a temas cotidianos (salud, tiempo atmosférico, problemas familiares…). El objetivo de esta investigación (cf. Fernández Alcaide 2022 y 2023) es analizar los rasgos lingüísticos propios del español hablado en Andalucía que afloran en la escritura por la familiaridad entre los interlocutores, la rapidez de la ejecución y la escasa alfabetización de la emisora (Oesterreicher 1996, 2004a y b): en fonética, seseo-ceceo y neutralización de implosivas, especialmente las líquidas; en gramática, *ustedes* como segunda persona del plural. Todo ello obligará a replantear su consideración dentro de la complejidad variacional.

Palabras clave: Español hablado en Andalucía, epistolario, siglo XVIII, escritura femenina.

1. Introducción

Esta investigación parte del hallazgo, edición y estudio de un epistolario perteneciente al archivo privado del marqués de la Motilla, que hasta el 31 de enero de 2023 se encontraba en Sevilla, en el histórico palacio perteneciente al marquesado, que lamentablemente se ha vendido y, como consecuencia, el archivo ha salido de allí sin que se conozca aún su reubicación. De tal epistolario nos han interesado particularmente las escritas por mano femenina y, de ellas, se ha comenzado por un conjunto homogéneo de 43 cartas, dirigidas a Ignacio José Fernández de Santillán y Villacís (Sevilla, 1734-1804), que fue el V marqués de la Motilla, remitidas desde Córdoba en los últimos años del siglo XVIII, concretamente entre 1781 y 1799, por su suegra, Joaquina María Fernández de Córdoba y Heredia, referidas a temas cotidianos (salud, tiempo atmosférico, problemas familiares…).

El objetivo más específico de esta investigación (cf. Fernández Alcaide 2022, donde se realizó la presentación del corpus, y Fernández Alcaide 2023, más dedicado a caracterizar el perfil femenino de su autora) es analizar los rasgos lingüísticos propios del español hablado en Andalucía que afloran en la escritura de tales cartas por la familiaridad entre los interlocutores, la rapidez de la ejecución y la escasa alfabetización de la emisora (Oesterreicher 1996, 2004a y b): el estudio gráfico-fonético, de aspectos gramaticalesy algunos apuntes sobre el léxico.

Esas 43 cartas originales ya editadas y analizadas son todas las que se han encontrado hasta ahora en dos estancias de investigación en el mencionado archivo. Joaquina María Fernández de Córdoba y Heredia escribe al marido de su hija, Ignacia Rafaela de Valdivia y Fernández de Córdoba, VIII condesa de Torralva. Se han encontrado también en el mismo epistolario cartas de respuesta del marqués a su suegra, así como correspondencia entre la madre y la hija, que por su complejidad aún no se han abordado.

La edición se ha realizado con TEITOK (Janssen 2014 y 2016; cf. Calderón Campos 2019, Díaz-Bravo 2015 y 2018, Díaz-Bravo y Vaamonde 2020, etc.) y se encuentra alojada en la pestaña de corpus del grupo de investigación EHA (Español hablado en Andalucía / Estudios históricos de Análisis del discurso) de la Universidad de Sevilla, bajo el nombre de CAFARAN, que responde al acrónimo *Cartas Familiares de Archivos Andaluces*, accesible desde nuestra web[1].

Las cartas se encuentran repartidas en diferentes legajos del archivo privado, organizadas con escasa coherencia (mezclas de años y meses, de destinatarios y remitentes, etc.), signo inequívoco de la depreciación que se les ha otorgado hasta ahora, como cartas familiares por años de escritura. También observaba esta situación López-Cordón Cortezo al describir las cartas de mano femenina: "Mal conservadas, cuando no perdidas, en el mejor de los casos, muchas de esas cartas que se encuentran en archivos familiares,

---

[1] Es el enlace http://corpuseha.us.es/teitok/corpus/corpuseha_CAFARAN/.

o catalogadas bajo diversas rúbricas en los estatales, están necesitadas de un tratamiento más sistemático [...]" (2005: 207).

Se caracterizan por escribirse en papel de tamaño cuartilla; con una caja de escritura aprovechada por lo general al máximo, excepto en la primera, donde se deja un margen considerable entre el crismón y el encabezamiento; grafía irregular e imprecisión en la línea, aunque el trazo de las grafías suele unir palabras o, al menos, sílabas; las abreviaturas son escasas, simples y recurrentes: q<ue>, cor<do>va, m<ad>re, ser<vido>ra, se<ptiem>bre, fe<bre>ro, s<eñ>or, v<ste>des; la puntuación es prácticamente ausente, incluso en la organización en párrafo, pues suele ser único. Todo ello parece situarnos ante una persona con poco tiempo de formación en la escritura, despreocupada por una buena forma o caligrafía, que considera su comunicación como efímera, por estar ante cartas familiares; ella alude, además, a sus prisas, la falta de sentido que encuentra en que su yerno guarde sus cartas o su incapacidad para expresarse mejor:

(1)
a. "me estoi desasiendo por la ora/ i por no tener ninguna fija en/ sali el coreo i no quiero se quede/ esta i si q me disimules la infini/dar de borrones q lleba porq ba es/crita a retasos" (1790/02/08)
b. "lo q me mortifica como/ no se espresarte" (1790/02/15)
c. "ni se q te digo en mis cartas q tan/to las guardas i repasas i lo q si puedo/ decirte con sertesa es el q siem/pre las pongo tan de carrera q ta[l]/ bes no se puedan entender pues tanbie[n]/ mi mala espricasion conduciero[n]/ a q nesesites el construirlas," (1794/06/02)

Por tanto, si bien el corpus epistolar de Joaquina María Fernández de Córdoba y Heredia podría acercarse al tipo del *semiculto* (cf. Fernández Alcaide 2008a y b, 2009, 2016, 2019, Oesterreicher 1994, 1996, 2004a y b; Petrucci 1978, 2000, 2006a y b, 2009, 2018; etc.) por todas las características mencionadas, su hábito escriturario y la frecuencia con la que se aplicaba a tal tarea es lo que podría cuestionarlo.

En ese sentido, este corpus epistolar femenino se enmarca, por un lado, en los estudios que pretenden contribuir a la historia de la cultura epistolar: solo si se incluyen cartas de mujeres podremos determinar si su diferente manera de acceder y formarse en la alfabetización pudo conllevar rasgos singulares (cf. Trujillo Maza 2009). Aunque es una línea de investigación hasta cierto punto nueva, los intentos de caracterización han sido hasta ahora escasamente fructíferos (con excepciones como Garrido Martín y Martín Aizpuru (coords.) 2022 y 2023[2]).

Desde la estructura, tan solo se detecta la falta de asimilación en las mujeres a los usos paleográficos o las tipologías de los manuales que enseñaban a escribir, que «presentan a menudo signos de cierto desorden escritorio y de algún apuro en la ejecución, rasgos que, según Armando Petrucci, serían fruto no solo de la dificultad habida en el acceso y uso de la escritura, sino también de la fuerte emotividad contenida en dichos escritos» (Castillo Gómez, 2014: 151; cf. Petrucci, 2018[2008]: 103).

El otro marco teórico que sirve a esta investigación es el relativo a la lingüística de variedades, desde donde se estudia la caracterización del español hablado en Andalucía en este caso, además de la inmediatez comunicativa propia de las cartas familiares (cf. Antón Pelayo 2019). Las condiciones comunicativas anteriormente descritas (carácter efímero, escasa preocupación por la forma frente al contenido y, por tanto, escasa planificación), sumadas a las de la propia escribiente, como poco hábil con la pluma, son las propicias para que emerjan en el escrito características que pertenecen al ámbito de la oralidad concepcional. Lo que nos aportan estas cartas, pues, no es el registro de estos fenómenos en la escritura, alguno de los cuales ya se habían empezado a observar en el siglo XVI (seseo-ceceo, neutralización /r-l/, aspiración de /-s/, etc.), sino su constatación en las capas altas de la sociedad andaluza, de modo que no pueden catalogarse simplemente como vulgares, sino que hay que atender a la complejidad variacional. El diagrama vertical propuesto por Koch y Oesterreicher (1990/2007/2011) y seguido (y reproducido) por tantos otros (por dar un solo ejemplo, López Serena 2013) muestra exactamente esa interrelación dinámica entre las diferentes variedades, pues lo diatópico puede funcionar como diastrático o, en este caso, diafásico (no al contrario). Probablemente si Joaquina María escribiera a alguien que no fuera de su familia o su círculo más próximo, no dejaría que esos rasgos emergieran, pues no se darían las condiciones propias de la inmediatez comunicativa (en realidad, en ese caso no escribiría ella misma la carta, sino que lo haría en su lugar alguien más diestro).

---

[2] Así, Navarro Gala (2011: 30) observa en el siglo XVI que las cartas escritas por hombres eran, sobre todo, oficiales, protocolarias y de negocios y las de mujeres, laudatorias, amatorias, jocosas, burlescas y etiológicas, identificadas, además, con la dulzura, la ligereza y la facilidad.

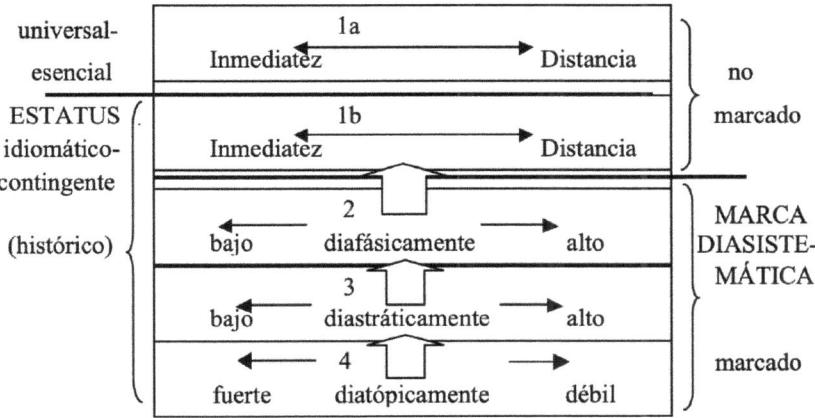

Figura 1: El espacio variacional histórico-idiomático entre inmediatez y distancia comunicativa (Koch/Oesterreicher 1990/2007/2011: 39).

2. Estudio gráfico-fonético

Los rasgos más característicos de la fonética andaluza se encuentran documentados gráficamente en las páginas de Joaquina María. Para empezar, consta el fenómeno del seseo-ceceo, mayoritariamente por confusión a favor de ese, aunque existen también casos con ce. Si solo consideramos, como estrictamente conviene, la posición explosiva, podemos llegar a este recuento ilustrativo de la situación de los documentos que se muestra en la tabla 1:

Tabla 1: Recuento de grafías ese y ce en cuatro cartas aleatorias de Joaquina María Fernández de Córdoba

	1785/5/6	1785/5/9	1786/9/29	1790/2/1	Total	Porcentaje
Uso normalizado de ese	17	21	19	20	77	55%
Uso normalizado de ce	5	6	6	4	21	15%
Uso confundido a favor de ese (seseo)	3	12	10	11	36	25%
Uso confundido a favor de ce (ceceo)	1	1	3	1	6	5%

En efecto, lo más frecuente es distinguir entre los dos sonidos (usos normalizados: 55+15=70%), pero el seseo es bastante constante (25%). Hasta aquí podríamos afirmar con cierta seguridad que la remitente de las cartas era seseante. Ahora bien, esas pequeñas muestras de ceceo plantean la duda de si ocultaba ceceo y el seseo era, en realidad, ultracorrección o, simplemente, no alcanza un nivel de alfabetización suficiente para distinguir en la escritura entre ambas formas, pues la realización andaluza de la ese no es apicoalveolar, como en otras zonas peninsulares, sino dentalizada (Cano Aguilar 2001: 41) y, por tanto, próxima a la ce, rasgo también caracterizador de las hablas andaluzas, por más que su descripción articulatoria concreta no sea homogénea en toda la región. En algunos casos se puede alegar proximidad con otra ce, con sonido velar o dental, que sirviera de atracción del cambio de ce por ese. En otros, sin embargo, no se justifica de ese modo y por tanto puede considerarse la explicación de la articulación dental de la ese.

Puede hacerse una segunda ilustración de datos extraídos del corpus para confirmar los anteriores en la tabla 2. Se busca para ello la combinación *a* + S/C + *e* con 27 resultados de *ase* y 40 de *ace*:

Tabla 2: Recuento de grafías ese y ce en la combinación *a* + S/C + *e* en las cartas de Joaquina María Fernández de Córdoba

	27 *ase*	40 *ace*	67	
Usos normalizados de ese (2a) y ce (2b)	17 de ese	38 de ce	55	82%
Usos confundidores de ese (3a) y ce (3b)	10 de ese	2 de ce	12	18%

(2)
a. *asegurar, escasear, pasear, -ase* (*tomasen*), *-se* (*agase*)
b. *hacer* (*acerla, acer, ace*), *complacer, complacencia, abrazar* (*abraces*)

(3)
a. *asertada, aseituna* (ii), *aselerada, haser* (*ase*: iii), *satisfaser, asender* (*asendera, asenso*)
b. *escaces* (de *escasez*), *paces* (de *pasar*)

Podría repetirse la búsqueda con otras combinaciones gráficas, pero parece suficiente para mostrar lo que sucede. La dificultad que para Joaquina representaba este o estos sonidos queda patente en alguna carta donde titubea al escribirlos y corrige la escritura de modo que no se sabe si primero fue la ese o la ce: *cetuacion / situacion*.

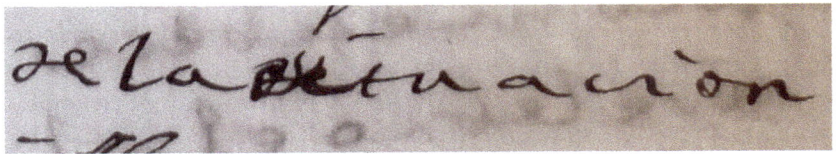

Figura 2: Imagen de titubeo escriturario (1786/09/29).

No se han registrado, al menos hasta ahora, casos interpretables como aspiración de velar (las únicas haches están en *hijo*, *hermano* y sus respectivas variantes flexivas, *hermoso*, o intercalada en *comprehender*; a menos que las confusiones *j/g* pudieran interpretarse así: *engugado* 'enjugado', *gudisiales* 'judiciales'), ni de la antigua labiodental. Sobre el yeísmo, estos ejemplos podrían ser suficientes para ilustrar su existencia discreta, al menos en cuanto a la confusión que se genera en la escribiente:

(4)
a. "qra lo *prolletrado*" (1790/05/17) 'lo proyectado' < PROIECTUS
b. "me la *caian* v^des por no darme cuidado" (1790/09/03) < *CALLARE
c. "se *concruiga*" (1795/05/15) 'se concluya' < CONCLUDERE

Este último ejemplo podría también considerarse variante morfológica regular. Hay elle en *villa*, *ella*, *Motilla*, *Sevilla*, la conjugación de *llamar*, *hallar* (siempre sin hache), *llevar*, *llegar*, *sellar*, el sufijo *-illo* (*ruinerilla*), *capellán*, *cuadrilla* y algún otro ejemplo. Hay i griega en inicio en *Ygnacia*, *Ygnacio*, como conjunción muy rara vez ante nombre propio *Córdoba y Heredia*, o "…algo *y* Mariano"; en cambio, la palatal central parece preferir la i latina: *maio*, *maior*, *aia* (para *haber* en subjuntivo), *tuio/a*, *suio/a*, *cuio/a*, *io*, *ia*, *aier*, *iendo*, *aiunos*. La confusión, pues, entre palatales es muy puntual, pero, como indicaba, suficiente para atestiguar el yeísmo (Cano Aguilar 2001: 45).

En alguno de los ejemplos anteriores se muestra otro rasgo que no es realmente diatópico, pues tiene consideración de vulgar: es la neutralización de consonantes en posición implosiva que puede asociarse con la neutralización entre la vibrante y la lateral tanto implosivas como explosivas (Cano Aguilar 2001: 44). En *prolletrado*, la velar implosiva que precede a la dental sorda se relaja y rota para posteriormente producirse la metátesis con aquella (*proyectado*, *proyertado*, *proyetrado*). Otras muestras de relajación de implosivas, generalmente la dental sonora, pero también otras, son estas, todas a favor de una vibrante: en posición final de palabra: *nobedar*, *libertar, bondar, magestar, calidar, ceguridar;* y en interior: *arsoluto, ercelente.* Contabilizar todos los usos de ere implosiva (en final de palabra son cerca de 700) puede resultar ineficaz, pero de los 100 primeros usos de ere implosiva en esta posición, solo 5 son fruto de la relajación de la dental; todas las combinaciones *-rt-* y *-rd-* son según la norma, las de *-rs-* solo tienen la excepción ya mencionada (*arsoluto*) y *-rl-* ninguna. También pueden mostrar ocasionalmente otro sonido en su lugar: *almira, praitica*, o su completa eliminación si la implosiva era una vibrante (5), una nasal o una labial en contacto con otra consonante (6):

(5)
a. "el *abla* en estos terminos" (1785/05/09)
b. "debera *estimula*" (1790/02/01)
c. "sobre el *particula* baia ocurriendo" (1790/04/09)
d. "un fuerte *dolo* de cabeza" (1790/05/14)
e. "en este *particula*" (1790/05/17)
f. "aspira a *mira* por el bien de mi Hija" (1790/09/06)
g. "se reduce a *declara* las muchas deudas" (1794/02/14)

(6)
a. "en todo el dia sin para un *istante*" (1790/05/14)
b. "los q no *oserban* las rasones" (1785/05/09)
c. "no *ostante* de lo temprano q entraron" (1790/05/14)
d. "adonde constansa sera la *osequianta*" (1790/05/14)

Cuando el sonido es una ese, ya nos lleva a inferir que esa pérdida puede estar reflejando la aspiración y su posterior pérdida, aunque no consten numerosos ejemplos, que sí es rasgo característico de las hablas andaluzas. No debe perderse de vista que también pueden explicarse por errores de escritura y por esa falta de completa alfabetización en la escribiente:

(7) "no es mas q *refriado*" (1790/05/14)

Finalmente, como se dijo más arriba, la neutralización entre la vibrante y la lateral tanto explosivas como implosivas se deja ver en las cartas con bastante frecuencia. En grupo consonántico, hay 10 confusiones a favor de ere por 100 combinaciones normativas como muestran estos casos de *-br-*: *puebro, posibres, apasibre, despeciabre/ apresiabres, endebre, temibre, inseparabre, sensibre, indispensabre*; y otros: *se incrina, cumprido, promo*. También se observa en implosiva: *resorber, resurtara, debuerben, cuarquiera*… Incluso algún caso a favor de ele y no ere como *fluto* 'fruto' (1785/01/10).

3. Estudio de aspectos gramaticales

No hay mucho que decir en este punto, porque no se encuentra y porque no hay verdaderamente rasgos gramaticales diferenciadores de las hablas andaluzas, puesto que la gramática de las hablas andaluzas es básicamente la misma que de todo el español (Cano Aguilar 2001: 45). Así, pues, por descarte, no se encuentran las combinaciones del adverbio *más* con *nada, nadie, nunca*, que suelen aparecer sin otros elementos de negación de refuerzo:

(8)
a. "i todo lo demas *nada* importa i si muchisimo el q la cabeza no se le llege a destempla" (1785/01/10)
b. "no te des por *nada* malos ratos" (1785/01/10)
c. "dicen no se le entiende *nada* de lo q abla" (1785/01/14)
d. "aunq no es *nada*" (1790/02/08)
e. "sin ocultarme *nada*" (1790/02/19)
f. "sin aber abido *nada* de aogo" (1790/02/19)
g. "*nada* ofrece el puebro q meresca tu atension" (1790/02/26)
h. "aqui *nada* q meresga tu atension" (1790/04/09)

No se encuentran tampoco los cuantificadores con partitivo que se han alegado como meridionales. Sí aparece en las cartas, en cambio, la alternancia entre *tú* para la segunda persona del singular y *ustedes* para el plural, aunque sea en este caso con el verbo en tercera persona del plural. A este respecto conviene recordar que "la forma usted (y sus variantes) […], aun en el siglo XVIII, se considera una forma fuertemente vinculada con la lengua hablada […]" (García Godoy 2018: 666). Por contra,

> La primera muestra inequívoca de tuteo individual y uso de la tercera persona plural destinado a los criados se halla en una obra manuscrita del año 1742 del sevillano García Merchante. Los siguientes ejemplos se constatan ya en el trato a los hijos y a la esposa y entre compañeros. En la documentación archivística los testimonios son algo más tardíos, a partir de la década de 1760, […]. Las obras de reflexión lingüística tardan un tiempo más en hacerse eco de esta sustitución de *vosotros*. […] Casasnovas (1833) fue el pionero en advertirlo y en delimitar su alcance a Andalucía y Castilla. (Fernández Martín 2012: 560-561)

En el corpus es lo que se encuentra: *tú* para singular y *ustedes* para el plural de la cercanía (madre/suegra hacia hija y yerno), combinado con verbo en tercera persona del plural.

(9)
- a. "i allando por conbeniente el omitir decirte cuan inpropio a cido tu manejo totante a la resolucion tan fuera de toda rason i politica q con migo an usado *Vdes*" (1785/05/06)
- b. "ese criado q se an apropiado *Vdes* para si" (1785/05/06)
- c. "igual la desfrute tu Muger i libre de dolor de muelas para q con este bien logren *Vdes* las diversiones q ofreseran las coridas de toros que dices se preparaban" (1785/05/09)
- d. "como das a entender el que no determinaran *vdes* de qdarse con ella" (1785/05/09)
- e. "para no darle el castigo q meresia ael criado q con tanta bilesa se a manejado acalorándole *vdes* su grandicima codicia q algun dia conoseran; es mui distante a mi modo de pensar el abla en estos términos pero me an dado *vdes* lugar a ello" (1785/05/09)
- f. "tu as acreditado en la presente no eres de igual sentir tengo el maior en que no asistan *Vdes* a la profesion de su Herª que es el Domingo" (1786/09/29)
- g. "*Vdes* se entenderan i tu aras como dueño tan arsoluto de esta casa" (1790/04/09)
- h. "por aca es el mismo tiempo q<ue> me di/ces esperimentan *Vdes* asi q<ue> no se pue/de mejorar para la salud i los cam/pos q<ue> conbienen en lo buenos q<ue> estan" (1790/04/09)
- i. "pensando en si tendra alguna indisposision i me la caian *Vdes* por no darme cuidado" (1790/09/03)

En cualquier caso, con estos datos no podemos contribuir a salir de las especulaciones que planteaba Cano Aguilar cuando afirmaba:

> De todos modos, tampoco aquí el historiador tiene mucho que decir: dado que *usted* y *ustedes*, deformación de vuestra(s) merced(es), sólo aparece bien entrado el s. XVII, y se consolida como forma de dirección respetuosa en el XVIII, este andalucismo no parece muy antiguo. Tiene, además, toda la apariencia, que no podemos justificar, de ser un uso quizá rural difundido en una sociedad tan fuertemente estamental y clasista como la andaluza, donde, por si acaso, siempre era mejor tratar con cortesía al grupo a quien se hablaba. Pero, otra vez, no se trata sino de especulaciones. (Cano Aguilar 2001: 46-47).

Otros elementos o características que se encuentran en la bibliografía se ubican en la dimensión de la variedad diafásica más que en la diatópica, si bien cabe la posibilidad de que guarden relación con esta también (cf. fig. 1). Así, se observa una presencia alta de superlativos (casi una cincuentena), incluso en adjetivos en los que no es posible su uso por razones gramaticales o semánticas (cf. Pons Rodríguez 2012, Serradilla Castaño 2004):

(10)
a. *particularisimo gusto* (1785/01/07), *una particularisima memoria* (1790/02/19), [tus ofertas] *berdaderisimas* (1785/01/07), *alegrisimo* (1790/02/08), *esta metidisimo en agua* (1790/05/14), *toda io echadisima a perder* (1790/09/17), [io] *paradisima de pena* (1790/09/17)
b. [mariano] *mas nutrido mas monisimo* (1790/05/17)
c. *un fortisimo dolor de cabeza* (1785/01/07 y 1790/09/06), *su grandicima codicia* (1785/05/09), *malisimos ratos* (1790/02/01), *ese malisimo Pe capellan* (1790/02/08), *con el malisimo trato* (1790/02/19), *monisimos* [los nietos] (1790/02/01), *mariano monisimo* (1790/02/08), *los chicos lindisimos* (1790/02/19), *los chicos lindisimos* (1790/05/14), *lindicimas i sumamente agraciadas* (1796/12/05), *consentidisima* (1790/02/15), *gustosisima* (1790/04/09), *io gustosisima* (1790/05/14), [hermanos] *gustosisimos* (1790/05/14), *en un paraje sanisimo* (1790/05/07), [io] *segurisima* (1790/05/07), *cumpridisima* (1790/05/17), [*segurisimo* (1790/05/17), [mi cabesa] *rematadisima* (1790/08/09), *la maior satisfasion i compretisima* (1790/08/30), *se me a echo tardisimo* (1790/09/03), [lo sucedido] *ael estremo dolorosisimo* (1790/09/06), *puntualisima* (1790/09/06), *biolentisimo* (1790/09/17), *justisimo* (1790/09/20), *onradisimo modo* (1793/08/05), *io temerosisima* (1793/08/05), *mui sentida i resentidisima* (1794/01/13), *ademas de sentidicima desecha* (1796/12/05), *Amadicimos nietos* (1796/12/05 y 1799/08/27)

4. Apuntes léxicos

En cuanto al léxico, se han seleccionado palabras que Joaquina María utiliza, de las que consta escasa presencia en otros corpus y que merecerían un estudio más profundo que el que se ha podido traer aquí, dirigido sobre todo a su significado y su documentación en relación con las hablas andaluzas. Es el caso de *capeo, collera, fantasmón, genio, tajo [de masa], torete, revolandeta*.

Sobre *capeo*, se puede indicar que es una palabra empleada en una ocasión en el corpus y que no es muy frecuente según CORDE en la historia del español, pues devuelve solo 14 recurrencias en singular, de las cuales la primera se sitúa en la segunda mitad del XVII, y 9 más en plural, desde el siglo anterior. Hay que oponerla, por otra parte, a su forma femenina, *capea*. No se recoge en el *Tesoro léxico de las hablas andaluzas* ni parece que sea andalucismo. Se emplea así:

(11) "con la idea de pasar a posadas oi adonde abia unos *capeos* i adonde deben sali las cabreras" (1790/05/17).

En el *NTLLE* su búsqueda devuelve la definición de *Autoridades*, donde no consta *capea*: "Capeo. s. m. La acción de torear con la capa; y assí se suele decir, Fulano es mui diestro en el capeo, esto es en hacer suertes con la capa", y da como ejemplo uno de Quevedo. Esta definición se mantiene hasta 1822 y en el diccionario de Núñez de 1825 ya empieza a aparecer, con referencia al plural, *capeos*, "la fiesta de novillos en que solo se hacen suertes con capa", acepción que será recogida por la RAE en su siguiente edición del diccionario, 1832. Los citados ejemplos de CORDE para esta forma plural no parecen expresar este valor hasta el siglo XX[3]. Muestra de esta acepción es el ejemplo que se ha presentado del corpus, con lo que se adelanta su aparición no lexicográfica con esta acepción.

Collera se encuentra en el siguiente fragmento del corpus:

(12) "pues lleba tres coches de *colleras* i una calesa para cadis" (1790/05/17).

La acepción parece corresponderse a la que en el *DLE* es segunda entrada: "collera². 2. f. And. Pareja de ciertos animales.", derivado de *colla*² < CŎPŬLA 'enlace'. El primer ejemplo de CORDE donde claramente se observa el valor de 'pareja de animales de tiro para mover los carros', entre los 135 que devuelve desde el siglo XVI, es de Iriarte, hacia la misma fecha que las cartas "muchos tiros de *colleras* para fiestas de novillos", 1787, Tomás de Iriarte, *El señorito mimado*.

En cuanto a los diccionarios, hasta la edición de 1780 no hay noticias de este andalucismo en el académico: *collera de yeguas*, si bien ahí no se describe en el mismo sentido que en el corpus "lo mismo que cobra s. f. p. And. y Extr. Cierto número de yeguas apareadas que han de ser cinco a lo menos,

---

[3] Los ejemplos son los siguientes: "mas él no quiere capeos, ni gusta de quitar capas" y "No sé yo por qué pecados, por qué muertes o capeos, por tres años desterrado vine a doncella", 1597-1645, Quevedo y Villegas, *Poesías*, "por no se que niñerias, robos, capeos y muertes", 1609, Anónimo, *Romances de germanía de varios avtores con su Bocabulario*, "De toros y capeos bien puedo enuidiar a Vex.ª", 1618-1633, Vega Carpio, *Epistolario*, "Ello ha de haber procesión y cuatro toros capeos", c1657, Moreto, *El Santo Cristo de Cabrilla*, "Si ay fiesta en el aldea, y salgo a los capeos, aunque sea un badea el nobillo", c1665, Anónimo, *Hados y lados hacen dichosos y desdichados*, "llenas de mañas aprendidas en los capeos del potrero", c1908-1930, Corrales, *Crónicas político-doméstico-taurinas*, "ocurrían las bestialidades que ocurren en los capeos" y "las carnes de toro eran guardadas después de los capeos en las fiestas de Santos", 1927, Noel, *Las siete cucas*.

y sirven para trillar". Por su parte, Zerolo (1895) lo indica como americanismo, propio de Chile, "el par de bestias de cargar que van amarradas", algo que repite Alemany en 1917. La definición del *DRAE* actual como andalucismo aparece por primera vez en la edición de 1936. En 1951, en el *Vocabulario andaluz* de Alcalá Venceslada, se define como "par de animales, aunque no estén acollarados, generalmente macho y hembra" y aporta como ejemplos tres de los Álvarez Quintero, en "Las flores" y "La azotea". Según el *DLE* y el *Tesoro léxico de las hablas andaluzas*, podría ser este un andalucismo ("collera[2][...] 8. Pareja de caballerías que van cuello con cuello").

El tercer término seleccionado, *fantasmón*, se encuentra en el contexto de una crítica a alguien que ya ha sido sustituido:

> (13) "la nueba intendenta a entrado en corva con la triste noticia de q se le a muerto el Pe, a echo su duelo pero ni e ido a el ni aun la e bisitado pero si dios quiere lo are mañana siguiendo el estilo del pais dicen tiene mui buen modo i su Marido buena labia i las noticias q a mi me dan no las mejores pero para ser mas fantasmon q el q a abido interino i aora a ido ai es menester andar mucho" (1785/12/2).

Según CORDE, su primera aparición es en 1733 en Feijoo, pero como 'fantasma'. No está claro si nuestra muestra tiene primera o segunda acepción del *DLE*: "1. adj. coloq. Que presume de algo, normalmente exagerando o mintiendo. U. t. c. s. 2. m. Persona disfrazada que sale por la noche para asustar a la gente.", si bien es más próxima a la primera. En el *Tesoro léxico de las hablas andaluzas*, la definición que aparece "Bravucón [*ALEA* 1494: Ma102]" no está realmente separada de la general, de modo que no se puede considerar andalucismo. Dado que no consta más información sobre el personaje aludido ni más casos del término en el corpus, no se puede ampliar su consideración ni su acepción.

Por otra parte, existen fragmentos en los que aparecen varios términos asociados a la misma explicación. En el siguiente se encuentran los otros mencionados, *genio, tajo [de masa], torete, revolandeta*:

> (14) "q mariano cada dia esta mas *to/rete* i andando solo como una *re/bolandeta* i llamando siempre a/ su papa el fer[do] un *tajo de masa* q no/ai un *jenio* mas apasibre" (1790/02/26)

Cada vez que Joaquina María habla de sus nietos, Mariano y Fernando, introduce elementos expresivosvariados. En este caso, hay una selección léxica llamativa cuyos referentes no quedan transparentes a los lectores actuales. El primero, *torete*, empleado como atribución tras *estar* y con intensificación, no se registra en CORDE hasta 1878 en *Fiestas reales de toros* de José Santa Coloma, con lo que nuestro corpus estaría adelantando su fecha de aparición. No se ha documentado su registro lexicográfico por ahora, pero parece que su acepción sería 'grueso y fuerte'. *Revolandeta* no se atestigua en CORDE ni se consigna. Por el contexto podría pensarse que es sinónimo de *torbellino* en su tercera acepción del *DLE* "Persona demasiado viva e inquieta y que actúa o habla atropellada y desordenadamente". En cuanto a *tajo de masa*, es metáfora expresiva para aludir a 'grueso y tranquilo', así como *genio* remite a lo fabuloso, pero ninguno de estos sentidos ha podido ser localizado ni en otros textos ni en obras lexicográficas, de modo que podrían simplemente considerarse elementos diafásicos de la cercanía y la familiaridad de la descripción.

5. Conclusión

La presencia de estos rasgos de la fonética en el epistolario de Joaquina María, por su grado de alfabetización, demuestra que oralidad y escrituralidad no son conceptos dicotómicos sino graduales y que en ella lo diatópico salta a la escritura por esas condiciones de la comunicación, que al mismo tiempo son las únicas en las que ella, por ser mujer dieciochesca, podía acceder al dominio del papel.

Sobre las hablas andaluzas, el trabajo realizado ha querido contribuir a ampliar el número de estudios sobre testimonios escritos próximos a la inmediatez comunicativa, en la terminología de la lingüística de variedades, que dan cabida, como en este caso, a la aparición de rasgos lingüísticos diatópicos y, más concretamente, de las hablas andaluzas. Si bien el repertorio de elementos caracterizadores no es amplio de momento, queda la tranquilidad de que no fueron utilizados con conciencia lingüística ni como deseo de manifestación literaria, sino justamente lo contrario, por espontaneidad y falta de reflexión al ser cartas familiares sobre temas personales.

Por otro lado, dado que la autora de las cartas era de la nobleza y escribía a otro miembro de su misma condición, nuestro análisis supone un aporte a la consideración social de los rasgos encontrados en ellos, tanto fonéticos (seseo-ceceo) como gramaticales (*ustedes* como segunda persona del plural). Por lo demás, no se han encontrado los otros rasgos que suelen aducirse como marcas morfosintácticas andaluzas (orden *más nada, más nunca, más nadie; una/os poca/os de* + nombre, etc.).

Sobre las cartas familiares, las dificultades para encontrar testimonios femeninos de la vida cotidiana de la Andalucía moderna, en la que se toma conciencia social de su caracterización lingüística particular, son evidentes. No obstante, el acceso mayor a archivos tanto públicos como privados abre una puerta que esperamos sea cruzada en adelante con más frecuencia.

Hace falta continuar la labor de descripción de cartas de diferentes cronologías y niveles de alfabetización, para que podamos entender su configuración sintáctico-discursiva, cómo se produce la imbricación de elementos de cortesía, elementos caracterizadores de la escrituralidad y de otros propios de la oralidad concepcional.

Bibliografía

Antón Pelayo, J. (2019). La teoría de la carta familiar (siglos xv-xix). *Revista de Historia Moderna. Anales de la Universidad de Alicante*, 37, 95-125.

Calderón Campos, M. (2019). La edición de corpus lingüísticos en la plataforma TEITOK. El caso de *Oralia diacrónica del español* (ODE). *Chimera: Romance Corpora and Linguistic Studies*, 6, 21-36.

Cano Aguilar, R. (2001). La historia del andaluz. En *Actas de las Jornadas sobre El habla andaluza. Historia, normas, usos* (pp. 33-57). Ayuntamiento de Estepa.

Castillo Gómez, A. (2014). Sociedad y cultura epistolar en la historia (siglos XVI-XX). En A. Castillo Gómez y V. Sierra Blas (dirs.), *Cinco siglos de cartas. Historia y prácticas epistolares en las épocas moderna y contemporánea* (pp. 25-53). Servicio de Publicaciones Universidad de Huelva.

Díaz-Bravo, R. (2015). Herramientas computacionales aplicadas al estudio de la Historia de la Lengua Española. En J. P. Sánchez-Méndez, M. de la Torre y V. Codita (coords.), *Temas, problemas y métodos para la edición y el estudio de documentos hispánicos antiguos* (pp. 377-394). Tirant lo Blanch.

Díaz-Bravo, R. (2018). Las Humanidades Digitales y los corpus diacrónicos en línea del español: problemas y sugerencias. En E. Romero-Frías y L. Bocanegra-Barbecho (eds.), *Ciencias Sociales y Humanidades Digitales Aplicadas. Casos de estudio y perspectivas críticas* (pp. 577-602). Universidad de Granada / Downhill Publishing.

Díaz-Bravo, R. y Vaamonde, G. (2020). Creación de ediciones digitales para lingüistas de corpus: el caso del *Retrato de la Loçana andaluza*. En J. Belda y R. Casañ (eds.), *Análisis del Discurso en la Era Digital: Una Recopilación de Casos de Estudio* (pp. 17-34). Comares.

Fernández Alcaide, M. (2008a). Nota a Salcedo de Aguirre, Gaspar, 1594, Pliego de cartas en qve ay doze epistolas escritas a personas de diferentes estados y officios, Baeça: Juan Baptista de Montoya, 410 págs.. *Revista de Historia de la Lengua Española*, 3, 197-211.

Fernández Alcaide, M. (2008b). Práctica privada del arte epistolar en el siglo XVI. En V. Camacho Taboada, J. J. Rodríguez Toro y J. Santana Marrero (eds.), *Estudios de lengua española: descripción, variación y uso. Homenaje a Humberto López Morales* (pp. 261-284). Iberoamericana / Vervuert.

Fernández Alcaide, M. (2009). *Cartas de particulares en Indias del siglo XVI. Edición y estudio discursivo*. Iberoamericana / Vervuert.

Fernández Alcaide, M. (2016). Manifestaciones de la variación del español colonial en un corpus epistolar multidimensional. En J. Kabatek (ed.), *Lingüística de corpus y lingüística histórica iberorrománica* (pp. 401-423). Walter de Gruyter.

Fernández Alcaide, M. (2019a). Entre el arte epistolar y la necesidad comunicativa: las cartas particulares como ejemplo multidimensional. En J. Steffen, H. Thun y R. Zaiser (coords.), *Unterschichten, Schriftlichkeit und Sprachgeschichte. Eine interdisziplinäre Bilanz. Classes populaires, scripturalité, et histoire de la langue. Un bilan interdisciplinaire* (pp. 149-179). Westensee-Verlag.

Fernández Alcaide, M. (2022). Escritura femenina cotidiana en el marquesado de la Motilla (Córdoba, siglo XVIII). *Revista Internacional de Lingüística Iberoamericana*, 39 (1), 73-95.

Fernández Alcaide, M. (2023). Aproximación a la escritura femenina desde el epistolario de Joaquina María Fernández de Córdoba y Heredia (Córdoba, 1785-1794). En M. López Izquierdo y A. Taillot (eds), *Epistolatrías: mutaciones contemporáneas y nuevos enfoques de estudio de la carta* (pp. 125-141). Peter Lang.

Garrido Martín, B. y Martín Aizpuru, L. (coords.) (2022). Escritura femenina en el ámbito hispánico: enfoques para su estudio lingüístico y textual. *Revista Internacional de Lingüística Iberoamericana*, 39 (1), 7-10.

Garrido Martín, B. y Martín Aizpuru, L. (coords.) (2023). Escritura femenina en el ámbito hispánico: enfoques para su estudio lingüístico y textual II. *Revista Internacional de Lingüística Iberoamericana* 41 (1), 7-10.

Janssen, M. (2014). TEITOK. *A Tokenized TEI environment.* http://teitok.corpuswiki.org/site/index.php

Janssen, M. (2016). TEITOK. Text-Faithful Annotated Corpora. *Proceedings of the Tenth International Conference on Language Resources and Evaluation (LREC 2016)*, Portorož, 4037-4043.

Koch, P. y Oesterreicher, W. (1990/2007/2011). *Lengua hablada en la Romania: español, francés, italiano.* Gredos.

López-Cordón Cortezo, M.ª V. (1994). La conceptualización de las mujeres en el Antiguo Régimen: los arquetipos sexistas. *Manuscrits: Revista d'història moderna*, 12, (Ejemplar dedicado a: *Mites i nacionalisme*), 79-108.

López Serena, A. (2013). La heterogeneidad interna del español meridional o atlántico: variación diasistemática vs. pluricentrismo. *Lexis*, XXXVII (1), 95-161.

Navarro Gala, M.ª J. (2011). Los modelos discursivos femeninos en la preceptiva epistolar: la "Cosa nueva" de Gaspar de Texeda. *Estudios humanísticos. Filología*, 33, 219-243.

Oesterreicher, W. (1994). El español en textos escritos por semicultos. Competencia escrita de impronta oral en la historiografía indiana. En J. Lüdtke (ed.), *El español de América en el siglo XVI. Actas del Simposio del Instituto Ibero-Americano de Berlín (abril de 1992)* (pp. 155-190). Bibliotheca Iberoamericana.

Oesterreicher, W. (1996). Lo hablado en lo escrito. Reflexiones metodológicas y aproximación a una tipología. En T. Kotschi, W. Oesterreicher y K. Zimmermann (eds.), *El español hablado y la cultura oral en España e Hispanoamérica* (pp. 317-340). Vervuert/Iberoamericana.

Oesterreicher, W. (2004a). Textos entre inmediatez y distancia comunicativas. El problema de lo hablado escrito en el Siglo de Oro. En R. Cano Aguilar (coord.), *Historia de la lengua española* (pp. 729-769). Ariel.

Oesterreicher, W. (2004b). Vuestro hijo que mas ver que escreviros dessea. Aspectos históricos y discursivo-lingüísticos de una carta privada escrita por un soldado español desde Cajamarca (Perú, 1533). *Función*, 21-24 (2000-1), 419-444.

Petrucci, A. (1978). Scrittura, alfabetismo ed educazione grafica nella Roma del primo cinquecento: da un libretto di conti di Maddalena Pizzicarola in Trastevere. *Scrittura e civiltà*, 2, 163-207.

Petrucci, A. (2000). Escrituras marginales y escribientes subalternos. *Signo: revista de historia de la cultura escrita*, 7, 67-75.

Petrucci, A. (2006a). Escritura y Epistolografía. *Cultura escrita y sociedad*, 2 (Ejemplar dedicado a: *De palabra e imagen. La cultura occidental y el mundo atlántico*), 163-182.

Petrucci, A. (2006b). Autografi. *Quaderni di Storia*, 63, 111-125.

Petrucci, A. (2009). Scrivere lettere. Una storia plurimillenaria (CLAUDIA TRIPODI). *Archivio storico italiano*, 167, 2, 365-368.

Petrucci, A. (2018). *Escribir cartas, una historia milenaria*. Ampersand.

Pons Rodríguez, L. (2012). La doble graduación muy *-ísimo* en la historia del español y su cambio variacional. En E. Pato Maldonado y J. Rodríguez Molina (eds.), *Estudios de filología y lingüística españolas: nuevas voces en la disciplina* (pp. 135-166). Peter Lang.

Serradilla Castaño, A. (2004). Superlativos cultos y populares en el español clásico. *Edad de Oro*, 23, 95-134.

Trujillo Maza, M.ª C. (2009). *La representación de la lectura femenina en el siglo XVI* [Tesis doctoral de la Universitat Autònoma de Barcelona dirigida por María José Vega Ramos]. http://hdl.handle.net/10803/4907.

Percepción de las hablas andaluzas en el profesorado de español como L2 en centros acreditados de Andalucía

José Manuel Foncubierta Muriel / Raúl Díaz Rosales
(Universidad de Huelva)

RESUMEN
Este estudio se centra en el análisis de las actitudes y creencias que el profesorado de español como segunda lengua (L2) de los centros acreditados de Andalucía mantiene hacia las hablas andaluzas, con la finalidad de conocer la presencia y estatus del andaluz en la práctica educativa. La metodología de la investigación, de naturaleza mixta, se basó en la confección y administración de un cuestionario sociolingüístico. El estudio se limitó a las cinco provincias andaluzas que poseen centros acreditados por el Instituto Cervantes: Cádiz, Córdoba, Granada, Málaga y Sevilla (excepto Córdoba). La administración de los cuestionarios se realizó en colaboración con el Sistema de Acreditación de Centros del Instituto Cervantes (SACIC). Los objetivos específicos abordaban la valoración personal del profesorado sobre las hablas andaluzas, sobre la inclusión o no del español-andaluz en los libros de texto y sobre los materiales didácticos disponibles para el desarrollo del plan de enseñanza. Respecto al análisis de la modalidad lingüística andaluza, el cuestionario permitió la recogida de datos sobre las valoraciones directas (cognitivas y afectivas) e indirectas del profesorado de español, a partir de su reacción a determinados estímulos lingüísticos que contenían muestras de hablantes cultos de diferentes variedades y subvariedades lingüísticas del español (castellano, canario y hablas andaluzas). Los resultados obtenidos permiten una aproximación a las creencias y actitudes del profesorado de español como L2 en Andalucía. En general, se percibe de manera positiva la modalidad propia (el andaluz) frente a otras variedades y, aunque se aprecia una tendencia hacia la estimación de igualdad de las diferentes variedades lingüísticas (andaluza, castellana y canaria) como modelos plausibles en el ámbito educativo, de manera indirecta se identifica mayor estatus económico y educativo con la variedad castellana.

Palabras clave: variedades del español, hablas andaluzas, actitudes lingüísticas, enseñanza del español como L2, planificación lingüística.

1. Introducción

Las lenguas naturales nacieron para ser habladas y las metodologías actuales para la enseñanza del español como segunda lengua o lengua extranjera (L2/ELE) ponen el foco, entre otras destrezas o actividades comunicativas de la lengua, en la expresión e interacción orales (Consejo de Europa, 2002, 2020). Es precisamente en la oralidad donde aparecen los rasgos dialectales y se construyen los significados sociales de los usos lingüísticos, el prestigio, los estereotipos, las creencias y las actitudes hacia lo que se percibe como diferente, en definitiva. La lengua española es multiforme en la oralidad y más aún el español hablado en Andalucía, desde el plano de la pronunciación, aunque la variación fónica del español-andaluz tienda hacia la homogeneización, la convergencia o la coinización en los registros más formales (Villena Ponsoda y Vida Castro, 2017-2018; Narbona, 2022). Si se atiende a la variación lingüística y a las nuevas metodologías de enseñanza de segundas lenguas, importa responder a la cuestión sobre qué español enseñar (Moreno Fernández, 2000). El hecho de que resulte imposible abordar todas las realizaciones concretas de la lengua española, en todas sus geografías (variación geolectal), grupos sociales (variación sociolectal) y situaciones comunicativas o contextos (variación diafásica o funcional) plausibles, invita a construir un modelo de lengua lo suficientemente general como para atender a la homogeneidad y a la diversidad de los usos lingüísticos más próximos al entorno de los centros o escuelas de español.

La idea de modelo de lengua no tiene tanto que ver con la construcción de una realidad lingüística más simplificada o neutra como con la elaboración de un modelo ejemplar a partir de los usos lingüísticos más generales de la realidad más inmediata. Los centros especializados en la enseñanza del español como L2 en Andalucía son evaluados por el Sistema de Acreditación de Centros del Instituto Cervantes (SACIC) para la obtención de un sello de calidad y suelen servirse de dos instrumentos para la selección de contenidos lingüísticos en la elaboración de su *Plan de enseñanza: el Plan Curricular del Instituto Cervantes. Niveles de referencia* (Instituto Cervantes, 2006; en adelante, *PCIC*) y los libros de texto disponibles en el mercado. Tanto la industria editorial como el *PCIC* reconocen la realidad plurinormativa de la lengua española y seleccionan del repertorio lingüístico del español los usos prestigiosos de la norma culta castellana como modelo estándar, general o común, porque tanto la mayoría del tejido editorial especializado en ELE/EL2 como la sede central del Instituto Cervantes se dan cita en Madrid (González Sánchez, 2016; Andión Herrero, 2017). En consecuencia, la planificación lingüística de un centro en Andalucía debería reflejar también la realidad geolectal y social de los usos lingüísticos propios de su contexto. Así, junto a lo común —la intersección de las normas cultas—, la construcción de un modelo lingüístico en L2 ha de incluir los usos que se producen en entornos geográficos, sociales y situacionales concretos (Moreno, 1998). De no importar el conocimiento o prestigio de las características del español-andaluz, que es el contexto social más próximo a los centros de Andalucía, se estaría limitando la adquisición de competencia comunicativa en el hablante no nativo.

El concepto de prestigio social unido a determinados usos lingüísticos tenidos como los mejores ha motivado la existencia de un viejo debate que sigue aún vigente en torno a las variedades lingüísticas regionales del español europeo, a partir del establecimiento de jerarquías entre variedades: Sevilla frente a Madrid, por citar un ejemplo. No obstante, no cabe hablar de castellanismo ni de andalucismo en la enseñanza del español, pues "el español es lengua tan propia de los andaluces como de los castellanos, canarios, mexicanos, peruanos, argentinos…" (Narbona, 2022: 23). Además, estudios recientes ponen de manifiesto que las hablas andaluzas, más periféricas con respecto a la idea prototípica del español, tienden hacia la convergencia con el estándar nacional a medida que los hablantes adquieren grados más altos de educación formal (Villena Ponsoda y Vida Castro, 2017-2018; Del Rey, 2022; Regan, 2022), sin que deje de sentirse o de percibirse como español-andaluz. La sociolingüística actual destaca el acceso a la lectura, el contacto con los medios de comunicación y las redes sociales como potenciadores de los usos lingüísticos orales más convergentes con un estándar suprarregional relacionado con la variedad castellana.

Desde la publicación del *Atlas lingüístico y etnográfico del español de Andalucía* (Alvar, Llorente y Salvador, 1961-1973; en adelante *ALEA*), la realidad lingüística del andaluz ha ido cambiando a medida que la sociedad andaluza ha ido transformándose al ritmo de los avances políticos, sociales, educativos, culturales y tecnológicos. En este sentido, el *ALEA* refleja una realidad andaluza fundamentalmente rural y poco alfabetizada de la que apenas quedan ya informantes. Los resultados del *ALEA* podrían interpretarse como parciales para la Andalucía del siglo XXI, ya que los informantes de entonces no son los de ahora: el paisaje lingüístico urbano y rural, el nivel de alfabetismo, la organización administrativa y política, la revolución tecnológica digital, el desarrollo de las ciudades, las infraestructuras y comunicaciones, entre otras transformaciones, han motivado la actualización de los estudios de naturaleza sociolingüística centrados en el español de Andalucía (Narbona y Méndez-García de Paredes, 2022). La separación, meridianamente clara en el *ALEA*, entre el andaluz oriental y el andaluz occidental está siendo revisada a tenor de nuevos estudios de campo, que cuestionan la prevalencia de la norma culta sevillana y evidencian un fenómeno incipiente de convergencia con el modelo centro-norte peninsular (Santana Marrero, 2016, 2018, 2020) presentándose, incluso, indicios de una variedad intermedia en ciernes en ciudades como Málaga (Villena Ponsoda, 2000; Villena Ponsoda y Vida Castro, 2017-2018) o Sevilla (Regan, 2022).

Dado que el español hablado en Andalucía se caracteriza por su diversidad, la realidad multiforme de las hablas andaluzas dificulta la posibilidad de referirnos a un modelo basado en una norma culta andaluza lo suficientemente homogénea y general como para representar el español hablado desde Huelva hasta Almería (Cano Aguilar, 2022). Cabría suponer, en cualquier caso, la existencia de una realidad pluricéntrica en Andalucía (Julián Mariscal, 2022), aunque sea tan compleja ya desde la concreción de su estatus: dialecto para unos (Alvar, 1988; Bastardín Candón, 2020) modalidad lingüística o habla(s) andaluza(s) para otros (Mondéjar, 1986; Cano, 2022). En la actualidad, continúa muy presente el debate en torno a una visión unitaria de la variedad andaluza diferenciada de la canaria y de la castellana, además de las variedades americanas (Moreno-Fernández, 2020; Cestero y Paredes García, 2021) y, con ello, la consideración de una norma culta sevillana como modelo o representación ejemplar del español en Andalucía frente a quienes hablan de un retroceso de la norma culta sevillana como modelo de referencia y presentan, en todo caso, una Andalucía que, desde un punto de vista sociolingüístico, marcha a dos velocidades: una norma culta sevillana debilitada en el caso del andaluz occidental y otro modelo más claramente convergente con la norma castellana, para el andaluz oriental con su epicentro en Granada, ciudad más alejada del área de influencia de Sevilla.

2. Revisión de la literatura o estado de la cuestión

El estudio de las creencias y actitudes lingüísticas ha demostrado ser un instrumento útil para conocer el prestigio que confieren los hablantes a los usos lingüísticos y poder abordar trabajos de planificación lingüística (Moreno Fernández, 2005). En este sentido, disponer de información acerca de las actitudes del profesorado de español como L2 en Andalucía podría poner de relieve el conjunto de creencias, positivas o negativas, que condicionan su comportamiento lingüístico en la práctica docente (Contreras-Izquierdo, 2023). De acuerdo con López Morales (1989), *actitud* y *creencia* son dos conceptos diferenciados, pero que se relacionan mutuamente. Así, la *actitud lingüística* se define como una acción o reacción de aceptación o rechazo hacia un uso lingüístico (dimensión conativa), basada en creencias, positivas o negativas, que provienen de la conciencia sociolingüística de los hablantes (dimensión cognitiva) y también de sus valoraciones afectivas hacia la comunidad de habla (dimensión afectiva). Con el cambio de siglo, el estudio de las actitudes de hablantes nativos y no nativos hacia las variedades lingüísticas del español ha recibido bastante atención en el ámbito de la dialectología perceptiva. Sin ánimo de realizar una revisión sistemática o exhaustiva, se mencionan a continuación algunos de los trabajos más recientes, así como los resultados obtenidos.

Sobre actitudes y creencias de futuros profesores de español se deben reseñar los trabajos de investigación realizados dentro del *Proyecto para el estudio de las creencias y actitudes hacia las variedades del español en el siglo XXI* (PRECAVES-XXI, Cestero Mancera y Paredes García, 2015), en el que investigadores de diferentes universidades andaluzas y de fuera de Andalucía han llevado a cabo el análisis de las actitudes lingüísticas de estudiantes de grado hacia las ocho normas cultas descritas por Moreno Fernández (2009), con especial atención a las variedades castellana, andaluza y canaria. Los fundamentos metodológicos de PRECAVES-XXI se basan en una concepción de las creencias y actitudes lingüísticas de naturaleza mentalista. Frente al modelo conductista que solo tomaba en cuenta la valoración directa de los informantes (jueces) sobre un determinado estímulo lingüístico, el modelo mentalista propone dar cabida también al estudio inferencial de sus valoraciones indirectas.

Dentro de este proyecto de investigación, son reseñables los trabajos realizados desde otros puntos de la geografía nacional distintos del andaluz. Hernández Cabrera y Samper Hernández (2018), Méndez Guerrero (2018, 2021a, 2021b, 2023) y Cestero Mancera y Paredes García (2018, 2021) llevan a cabo estudios centrados en la percepción de jóvenes canarios, mallorquines y madrileños, respectivamente, hacia las variedades lingüísticas del español, con especial interés en la actitud lingüística de una joven población universitaria hacia las variedades castellana, andaluza y canaria. Sus resultados coinciden en líneas generales con estudios previos en los que se señala el reconocimiento y prestigio de la variedad propia, la castellana, en el caso de los madrileños (Moreno Fernández y Moreno Fernández, 2004). Con los jóvenes universitarios canarios, sin embargo, sucede lo que con Andalucía. Los resultados de los trabajos realizados por Manjón-Cabeza (2018, 2020) en la Universidad de Granada; Santana Marrero (2018a, 2018b) en la Universidad de Sevilla; Santos Díaz y Ávila Muñoz (2021) en la Universidad de Málaga, muestran un reconocimiento de la variedad castellana, la que no es propia, como la variedad de prestigio por delante de las hablas andaluzas y de la canaria. Todos los estudios emprendidos por PRECAVES-XXI siguen una misma metodología y llegan a resultados aparentemente casi idénticos (Narbona Jiménez, 2022). Sus muestras de poblaciones estudiadas (jóvenes universitarios estudiantes de grado) expresan la tendencia a establecer jerarquías entre variedades, en favor de la variedad mejor valorada, la castellana. Si bien en aquellos casos en los que se ha comparado el nivel de conocimiento sobre variación lingüística (estudiantes de primer grado frente a estudiantes de últimos años de grado) se ha podido observar una tendencia a establecer una igualdad entre variedades (Manjón-Cabeza Cruz, 2020). A pesar de este dato, los rasgos que más destacan los informantes son los de urbanidad y claridad del castellano frente a la percepción del habla andaluza como más rural y confusa. Estas valoraciones coinciden con los resultados de otros proyectos de investigación que también recogen rasgos como la modernidad y la urbanidad unidos a la valoración prestigiosa de aspectos de la pronunciación más cercanos al castellano (distinción /s/-/θ/) frente al andaluz (seseo) en ciudades como Málaga o Sevilla, a pesar de usarse una metodología similar, aunque no idéntica (Villena Ponsoda, 2000; Villena Ponsoda y Vida Castro, 2017-2018; Regan, 2022). Dentro de PRECAVES-XXI se ha abordado también el estudio de las percepciones de los hablantes de español no nativos. La investigación de Sosinski y Waluch de la Torre (2020) con estudiantes de español polacos arroja resultados muy parecidos. El estudio avala la incipiente formación de un estereotipo relacionado con el castellano hablado en Madrid como variedad más prestigiosa, aunque se subraya también el nivel de desconocimiento de la población investigada sobre la geografía lingüística del español. Así, los encuestados manifiestan dificultades para reconocer la variedad andaluza y, cuando la reconocen, no la consideran prestigiosa. Estos resultados coinciden con los de Crismán-Pérez (2017), quien realizó un estudio basado en las actitudes y creencias de estudiantes universitarios hablantes no nativos de español (chinos, rusos, estadounidenses y ucranianos) hacia la modalidad lingüística andaluza.

Otro modelo de investigación, de corte más cualitativo, emprendido por el grupo de investigación *El español hablado de Andalucía* (EHA), adscrito a la Universidad de Sevilla, pone el contrapunto a los estudios de naturaleza perceptiva o psicosocial (Morillo-Velarde, 2022). En *Nuevo retrato lingüístico de Andalucía*, editado y coordinado por Narbona y Méndez-García de Paredes (2022), el equipo de autores realiza un valioso estado de la cuestión que abunda en la naturaleza fundamentalmente oral del español-andaluz, como modalidad lingüística del español que se caracteriza más por lo común (plano léxico y gramatical) con respecto a otras variedades que por lo singular o específico (variación fónica). De acuerdo con Rey Quesada (2022: 120), "los hablantes de español de la Península compartimos un modelo lingüístico de corrección idiomática al que, generalmente, queremos acercarnos cuando hablamos en situaciones de formalidad", sin que tal acomodación situacional implique deslealtad o pérdida de identidad. Así, el hablante andaluz instruido demuestra un mayor repertorio de registros, lo que le permite implementar estrategias de acomodación en función de la situación comunicativa. En situaciones de mayor distancia o formalidad, se tiende a la nivelación. Por tanto, la tendencia a la homogeneidad "no es una cuestión de espacios geográficos, sino de hablantes" (Narbona, 2022: 38). Dado que el profesorado de español como L2, corresponde a un perfil social-profesional con conocimientos lingüísticos avanzados, la investigación sobre el comportamiento lingüístico hacia las variedades y subvariedades del español no carece de interés, ya que el profesorado representa un grupo social-profesional con influencia en el desarrollo de las actitudes lingüísticas de su alumnado hacia el andaluz.

En este capítulo se recogen los resultados parciales obtenidos de un cuestionario dedicado al estudio de la percepción que tienen los profesores de español como L2 de los centros acreditados por el Instituto Cervantes respecto al español hablado en Andalucía. Dado que los estudios dedicados al sector profesional de la enseñanza del español como L2 continúan siendo escasos, este trabajo persigue un doble objetivo: por un lado, el análisis de las percepciones del profesorado de español respecto a las hablas andaluzas frente a otras variedades del español europeo (canario y castellano) y, por otro, disponer de información actualizada sobre el estado de la planificación lingüística en los centros con respecto a la modalidad andaluza, ya que las escuelas de español representan un espacio social con influencia y conocimientos especializados sobre la variación lingüística del español y sus normas cultas.

3. Investigación sobre actitudes lingüísticas del profesorado de español

Las actitudes lingüísticas del profesorado de español como L2 en Andalucía con respecto al español-andaluz y su presencia en los planes de enseñanza, las programaciones y planificación de clase están sujetas también a la influencia de los libros de texto y a las directrices generales impulsadas desde documentos oficiales de planificación lingüística como son el *Marco común europeo de referencia* (MCER, 2002) y el *Plan curricular del Instituto Cervantes* (PCIC, 2006). De acuerdo con Andión (2017), aún no son pocos los libros de texto que tienden a proyectar una imagen lectocentrista de la lengua española, pese a que las instituciones académicas y documentos como el *MCER* y el *PCIC* mantienen una visión panhispánica y plurinormativa.

A pesar de los modelos de lengua contenidos en los libros de texto, el profesorado de español como L2/LE es en sí mismo un modelo lingüístico para el alumnado a través del discurso que aporta al aula. El estudio de Chaves Cadaval (2020), centrado en averiguar qué modalidad de español enseña en la práctica el profesorado andaluz de español como lengua extranjera (ELE), concluyó que una gran parte de los encuestados mostraba preferencias por el uso de la modalidad meridional dentro de la clase de ELE, aunque reconocían ajustarse a cambios de registro cuando el contexto de la enseñanza así lo requería. En otro estudio reciente, Contreras Izquierdo (2023), cuya población estuvo compuesta por profesores de ELE de diferentes espacios geográficos de la comunidad hispanohablante, muestra que el profesorado de nacionalidad española manifiesta una conciencia más clara de que existen variedades prestigiosas (la centro-norte peninsular) y desprestigiadas (principalmente la andaluza) frente a sus homólogos hispanoamericanos, que suelen mantener una actitud de cierta democracia lingüística en tanto que su visión de las variedades del español es menos jerárquica.

3.1. Objetivos

Como el español hablado en Andalucía se caracteriza por su heterogeneidad interna (Narbona, 2022), el estudio sobre la percepción de las hablas andaluzas del profesorado de español como L2 en centros andaluces acreditados por el Instituto Cervantes trata de responder a cuestiones relacionadas con el prestigio o desprestigio de la modalidad lingüística andaluza, el grado de identificación del profesorado con las muestras de andaluz contenidas en los libros de texto y la presencia o no de fundamentación teórica sobre el español de Andalucía en los planes de enseñanza de estos centros.

No se trata de promover ningún andalucismo ni de ninguna defensa del andaluz, pues no sentimos que el español hablado en Andalucía peligre; el español-andaluz continúa muy vivo en el hábitat de la conversación informal y tampoco resulta extraño percibir su acento en ambientes más formales. No obstante, la lingüística aplicada a la enseñanza del español no puede permanecer ajena a un enfoque sociolingüístico, precisamente, para identificar cómo se articula la homogeneidad dentro de la diversidad del español-andaluz.

Si el modelo del buen hablar no depende tanto del lugar geográfico como de la voluntad y formación del hablante, este estudio sobre la percepción de las hablas andaluzas en el profesorado de español como L2 en centros acreditados de Andalucía parte de las siguientes hipótesis de trabajo.

HI1: El profesorado de español percibe el prestigio de la modalidad lingüística andaluza al igual que el de otras variedades lingüísticas.
HI2: El profesorado de español percibe la modalidad castellana de manera más positiva que la modalidad lingüística andaluza.
HI3: Los centros acreditados de Andalucía contemplan acciones de planificación lingüística respecto al español hablado en Andalucía.

3.2. Metodología

El procedimiento empleado es de naturaleza mixta. Para el estudio empírico de las actitudes se ha utilizado un cuestionario adaptado de la técnica de pares falsos (*matched-guise*) llevada a cabo por el proyecto PRECAVES XXI (Cestero Mancera y Paredes García, 2015, 2018). El objetivo de investigación de PRECAVES XXI se dirige al estudio de las actitudes y creencias de los hablantes hacia las variedades cultas del español (castellana, andaluza y canaria junto con las cinco variedades americanas). El empleo de la técnica de pares falsos, de naturaleza psicosocial y mentalista, parte del hecho de que las lenguas son realidades objetivas, constituidas por elementos plenamente identificables (gramática, léxico, pronunciación, etc.), al igual que son realidades subjetivas y, por tanto, percibidas por el hablante, por lo que están sujetas a su valoración social. Así, las actitudes, entendidas como las conductas de aceptación o rechazo hacia un hecho lingüístico sobre la base de distintas creencias (cognitivas y afectivas), se ponen de manifiesto a partir de las reacciones que suscita en los informantes la exposición a una serie de estímulos lingüísticos (grabaciones de voces masculinas y femeninas pertenecientes a diferentes variedades del español y subvariedades del andaluz). Frente al modelo conductista que solo tomaba en cuenta la valoración directa de los informantes, el modelo mentalista propone dar cabida también al estudio inferencial de sus valoraciones indirectas. El cuestionario para las actitudes del profesorado de español como L2 en Andalucía (ACPEA) se ha centrado en el estudio de las valoraciones directas e indirectas hacia las hablas andaluzas representadas en los centros acreditados objeto de estudio y en las variedades castellana y canaria.

Además del análisis cuantitativo de las valoraciones directas e indirectas, el estudio empírico se ha complementado con el análisis cualitativo de las respuestas abiertas que realizaron los informantes en relación con el reconocimiento de las variedades y subvariedades lingüísticas, la identificación del profesorado con las muestras de habla andaluza incluidas en los libros de texto, la elaboración de material propio y el diseño de los planes de enseñanza de sus respectivos centros.

La exploración de las actitudes lingüísticas mediante técnicas como la de pares falsos ha demostrado ser de utilidad para valorar y decidir cuestiones relacionadas con el modelo lingüístico en los sistemas educativos (Moreno Fernández, 1994). En la lingüística aplicada a la enseñanza de una segunda lengua o lengua extranjera, uno de los niveles que conciernen a las decisiones que afectan a la enseñanza es el sociolingüístico. Este nivel de reflexión está relacionado con la toma de decisiones acerca de qué español enseñar, cuándo y cuánto (Corder, 1973). La investigación sobre las actitudes y creencias del profesorado de español como L2 en Andalucía y la planificación de la enseñanza es un territorio aún poco desarrollado, debido a que la preocupación por estos temas es relativamente reciente (Contreras Izquierdo, 2023) y ahí reside el interés por conocer la actitud del docente de español como L2 hacia las hablas andaluzas, el castellano y el canario, así como su influencia en el desarrollo de los planes de enseñanza de los centros acreditados por el Instituto Cervantes en Andalucía.

3.2.1. Perfil de la población

La muestra objeto de estudio está constituida por 43 profesores en activo, que ejercen la enseñanza del español como segunda lengua en centros acreditados.

El hecho de seleccionar solo profesorado perteneciente a centros acreditados se debe a que el Sistema de Acreditación de Centros del Instituto Cervantes (SACIC) dispone de un sistema referencial que incluye requisitos, criterios e indicadores de análisis cuyo cumplimiento han de demostrar los centros para la obtención del sello de calidad.

Tabla 1: Muestra de población para el estudio de las actitudes y creencias del profesorado de español L2 en Andalucía

N= 43		Recuento	% de N subtablas
1. Sexo	Hombre	13	30,2 %
	Mujer	30	69,8 %
2. Edad	Entre cuarenta y cinco y sesenta	24	55,8 %
	Entre treinta y cuarenta y cinco	15	34,9 %
	Menor de treinta	4	9,3 %
3. Indique si es de Andalucía o, en caso contrario, cuánto tiempo lleva viviendo aquí.	11-15 años	1	2,3 %
	16-20 años	1	2,3 %
	6-10 años	2	4,7 %
	Más	3	7,0 %
	Soy de Andalucía	36	83,7 %
4. Carrera estudiada	Filología Hispánica o equivalente	21	48,8 %
	Filología Hispánica o equivalente, Otra filología	2	4,7 %
	Humanidades	9	20,9 %
	Otra filología	7	16,3 %
	Otra.	4	9,3 %
5. Estudios especializados ELE	No	3	7,0 %
	Sí	40	93,0 %

Solo en Andalucía hay 49 centros acreditados. La evaluación de SACIC obliga a estos centros a cumplir ciertos requisitos como formar equipos docentes estables y consolidados o estimular la formación continua del profesorado. La muestra de la población en este estudio se caracteriza por los años de experiencia en el ámbito de la enseñanza del español, el predominio del género femenino y la alta competencia docente adquirida en cursos de especialización.

3.2.2. *Instrumento de investigación*: Cuestionario actitudes lingüísticas del profesorado de español como L2 en Andalucía (ACPEA)

El instrumento de investigación de las actitudes lingüísticas del profesorado de español como L2 en Andalucía (ACPEA) es una adaptación del cuestionario del proyecto PRECAVES XXI para el cumplimiento del objetivo principal de este estudio: la percepción del profesorado de español hacia la heterogeneidad interna del andaluz (Narbona, 2022). En PRECAVES XXI, los informantes tuvieron que valorar las grabaciones de voces (masculinas y femeninas) pertenecientes a diferentes variedades cultas del español (centro y norte de España, sur de España, Canarias, México y Centroamérica, Caribe, Andes, Chile y Río de la Plata). En ACPEA los informantes tuvieron que valorar las grabaciones de voces (masculinas y femeninas) de hablantes cultos pertenecientes a diferentes hablas de la variedad andaluza (Sevilla, Cádiz, Málaga y Granada) y a las variedades castellana y canaria.

El cuestionario se compone de tres bloques. En el primer bloque, el estudio se centra en recabar datos para establecer el perfil sociodemográfico de la muestra (origen, años de residencia en Andalucía, estudios, especialización y otros datos que no se han incluido en este estudio como frecuencia de viajes, consumo de medios de comunicación, etc.). El segundo bloque se ocupa de las evaluaciones directas e indirectas (diez preguntas en total, unas de respuesta cerrada y otras de respuesta abierta), que realizan los informantes, como si fueran jueces, sobre las hablas andaluzas y las variedades castellana y canaria contenidas en las grabaciones. Las voces que formaron parte del estudio corresponden a hablantes cultos de las diferentes variedades (castellana y canaria) y hablas andaluzas (Sevilla, Cádiz, Málaga y Granada). Cada variedad fue representada por dos tipos de texto: uno oral improvisado (discurso espontáneo) y otro de lectura en voz alta (discurso elaborado) sobre un mismo contenido temático. En esta parte del cuestionario la valoración se realiza mediante una escala de 1 a 6 distribuida en pares dicotómicos o de diferencial semántico de tipo cognitivo (áspera/suave, monótona/variada, rural/urbana, lenta/rápida, confusa/clara) y pares dicotómicos de tipo afectivo (desagradable/agradable, complicada/sencilla, distante/ cercana, dura/blanda, aburrida/divertida, fea/bonita). Mediante este procedimiento, se obtiene la evaluación directa de los informantes. En cuanto a la evaluación indirecta, los ítems del cuestionario se centran en la valoración sobre la persona que habla a partir de preguntas cerradas relacionadas con su estatus laboral (nivel de ingresos) y educativo (nivel de estudios). Estas cuestiones permiten realizar un análisis inferencial acerca del prestigio concedido a las voces contenidas en las grabaciones y posibilitan, por tanto, elicitar aspectos de las actitudes que se encuentran más instaladas en el inconsciente del colectivo. Finalmente, el tercer bloque de preguntas se centra en la actividad docente del profesorado en su centro de trabajo (niveles de español en los que enseña, según el MCER), si modifica o no su modo de hablar en el aula y en qué niveles, si se identifica o no con las muestras de habla andaluza contenida en los libros de texto, si informa de aspectos de la pronunciación andaluza en las aulas (seseo, ceceo, heheo, distinción /s/-/ʃ/ u otros aspectos como la aspiración, etc.), si elabora o no material propio y si, finalmente, el plan de enseñanza de su centro recoge en algún apartado un análisis del entorno lingüístico que rodea al centro y, por tanto, una reflexión sobre el español hablado en Andalucía.

3.3. Análisis de datos

El cuestionario fue diseñado en la aplicación *Google Forms*. Para la recolección de datos, se siguió un procedimiento de selección aleatorio, enviando por correo electrónico a través de SACIC un mensaje a los jefes de estudio de los diferentes centros en el que se solicitaba la colaboración del profesorado de español en plantilla durante el mes de junio de 2023. Se han obtenido hasta ahora 48 respuestas, de las que 43 han sido consideradas válidas. La muestra puede estimarse como adecuada para los fines de esta investigación y el análisis preliminar de las características del grupo profesional seleccionado, ya que los centros acreditados en Andalucía suelen contar en su mayoría con un reducido número de profesores de plantilla y una amplia plantilla flotante, que no es evaluada por SACIC.

Para efectuar el análisis de los resultados, se elaboró una matriz de datos en Excel, en la que se codificaron las variables. Posteriormente, los datos codificados se exportaron al paquete estadístico IBM SPSS (versión 22) para poder realizar análisis descriptivos (frecuencia, media y distribución porcentual).

3.3.1. Análisis de resultados

Antes de comenzar con el análisis de los resultados y embocar el estudio de las hipótesis planteadas, se recabó información sobre el grado de identificación de las hablas andaluzas objeto de estudio, del castellano y del canario.

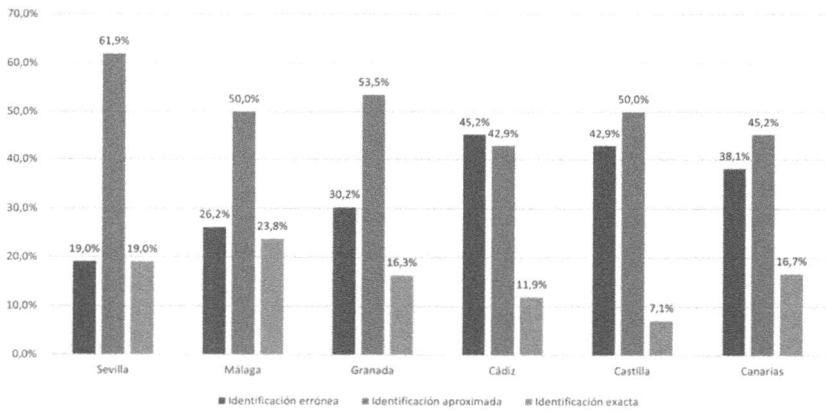

Figura 1: Reconocimiento de las hablas andaluzas, del castellano y del canario.

Los resultados expresados en la Figura 1 revelan el grado de dificultad a la hora de reconocer e identificar las voces según la procedencia del hablante, observando que no existe relación entre la procedencia del hablante y la identificación de la misma por parte de los sujetos objeto de estudio (χ^2_{10} = 12.775, p = .236), lo cual es natural. En el caso de las hablas andaluzas, las provincias no son "circunscripciones idiomáticas perfiladas" (Narbona, 2022: 28). Tratándose de voces de hablantes cultos, la tabla refleja el elevado grado de nivelación y de homogeneidad de las muestras orales. Pese a que el profesorado de español como L2 posee formación en cuestiones relacionadas con asignaturas como dialectología y sociolingüística, el porcentaje de desaciertos es alto. En lo que respecta a las variedades canaria y castellana, se destaca que en muchos casos se hayan confundido con las hablas andaluzas occidentales y el habla de Granada, respectivamente. No obstante, si atendemos a la identificación aproximada, los porcentajes de acierto más elevados corresponden a la identificación del habla de Sevilla, el habla de Granada y el castellano, en ese orden.

En lo que concierne a la primera hipótesis, las medias obtenidas en las valoraciones directas permiten conocer el grado de prestigio que perciben los informantes de las distintas variedades, a partir de sus creencias más conscientes y más abiertamente expresadas.

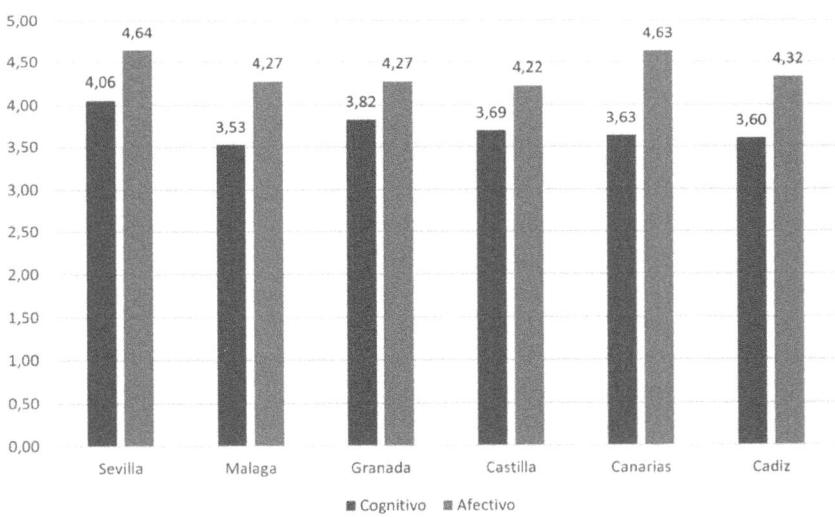

Figura 2: Valoraciones directas: dimensión cognitiva y afectiva.

Los datos recogidos en la Figura 2 muestran un estado de igualdad o democracia lingüística (Chiquito y Quesada, 2014) entre castellano, canario y hablas andaluzas, en general. De hecho, todas superan el punto medio de valoración en la escala, con lo cual se puede afirmar que todas son valoradas positivamente. Este dato significa *a priori* la confirmación de la primera hipótesis: el profesorado de español como L2 en Andalucía identifica el prestigio de la modalidad lingüística andaluza en un estatus de igualdad con respecto a otras variedades. Ahora bien, es relevante que la variedad que mejores valoraciones cognitivas obtiene sea el habla de Sevilla, seguida del habla de

Granada y de la variedad castellana. Este resultado dibuja la imagen de la Andalucía occidental y la Andalucía oriental como dos centros de prestigio en un espacio de más o menos igualdad con el castellano, así como la tendencia del profesorado de español a reconocer en primer lugar la variedad que siente como propia. No obstante, es posible que el resultado esté relacionado con el segmento de edad de la mayoría de los participantes (45-60, 55,8 %). En lo que respecta a las valoraciones afectivas, las valoraciones más altas son para el habla de Sevilla y la variedad canaria, en estos casos los informantes destacan la dulzura del habla canaria, la melodía y variedad del habla de Sevilla frente a la peor puntuación obtenida por la variedad castellana. Este dato, sin embargo, resulta menos sorprendente. La percepción de la variedad musical de la prosodia meridional frente a la monotonía de la variedad centro-norte peninsular es un hecho ya reflejado en los estudios de fonética desde hace tiempo (Navarro Tomás, 1939; Quilis, Cantarero y Esguega, 1993).

En lo que respecta a la segunda hipótesis de trabajo, un estudio más detallado de los constructos *dimensión cognitiva* y *dimensión afectiva*, indica que, si se toma como modelo de comparación la tradicional visión de Sevilla frente a Madrid y se analizan las medias obtenidas en los rasgos que componen estos constructos, el resultado demuestra que la modalidad lingüística andaluza se percibe como algo más rural y más confusa que la variedad castellana.

Este dato recogido en la Figura 3 también se refleja en los comentarios libres recogidos por el cuestionario. Así, cuando se comparan los resultados, se puede colegir que en el ideario del profesorado de español como L2 se aprecian esos matices que parecen dibujar un estatus para la variedad castellana más cercano al estándar normativo, con lo que se podría afirmar que el profesorado percibe la variedad castellana como modelo más próximo al ideal de mayor prestigio.

En cuanto a las valoraciones directas que conforman el constructo de la dimensión afectiva expresadas en la Figura 2, la comparación de las variedades pone de manifiesto que la modalidad lingüística andaluza es percibida como más agradable y más divertida que la variedad castellana, lo cual continúa remitiendo a la naturaleza prosódica de la modalidad lingüística andaluza frente al castellano. El hecho de que se perciba como más cercana interpela, sin embargo, a situaciones de comunicación con un menor grado de formalidad, lo que estaría relacionado con una pronunciación más relajada y menos tensionada.

PERCEPCIÓN DE LAS HABLAS ANDALUZAS

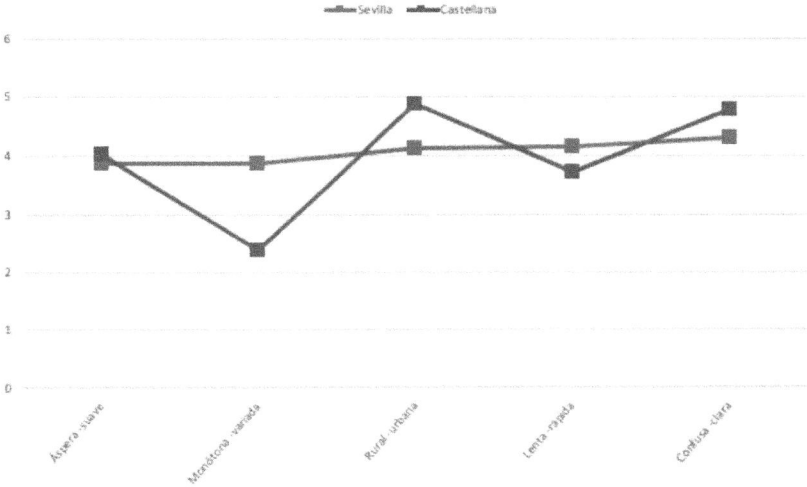

Figura 3: Rasgos de la dimensión cognitiva.

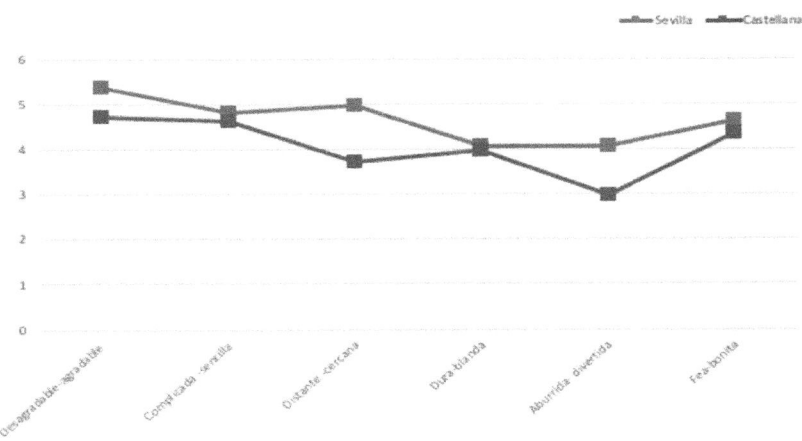

Figura 4: Rasgos de la dimensión afectiva.

En consonancia con las valoraciones anteriormente expuestas, en la Figura 4 se refleja el resultado del análisis de las valoraciones indirectas realizadas por los informantes. Estas valoraciones permiten obtener información complementaria sobre la base de percepciones de naturaleza más inconsciente. Esto último posibilita una aproximación a ideas posiblemente preestablecidas en el imaginario del colectivo. De ahí que la valoración indirecta de las variedades también aporte información relevante para la confirmación de la segunda hipótesis.

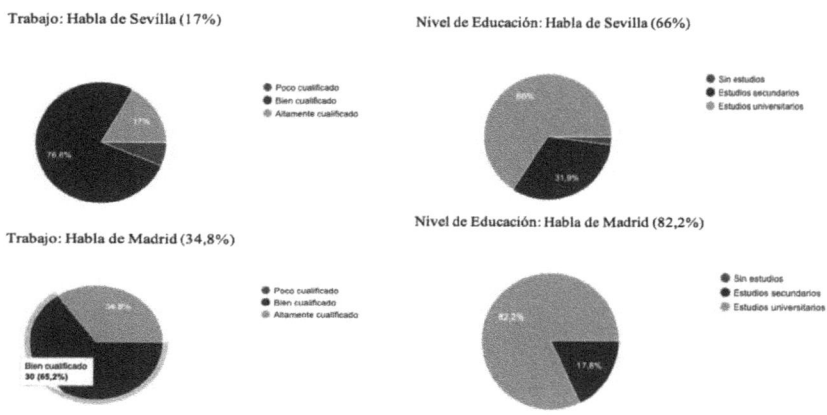

Figura 5: Valoraciones indirectas: trabajo y educación.

Las valoraciones indirectas de los informantes recogidas en la Figura 5, referidas a cómo se perciben las condiciones de trabajo y el nivel de educación a partir del input lingüístico (voces de las grabaciones), arrojan los siguientes datos: en el caso del habla de Sevilla, solo el 17 % de los informantes percibe al hablante sevillano como poseedor de un trabajo altamente cualificado frente al 34,8 % que obtiene el hablante de Madrid. Asimismo, en el ámbito de la educación, el 66 % de la población considera que el hablante sevillano posee estudios universitarios, frente al 82 % que otorga estudios universitarios al hablante de Madrid. Como dato anecdótico, las voces pertenecen a dos profesores doctores, es decir, dos personas con el mismo estatus académico.

Este último resultado, coincide con los análisis presentados en las Figuras 1 y 2 y confirman la segunda hipótesis de este estudio: el profesorado de español como L2, de manera encubierta, percibe un mayor estatus de prestigio en la variedad castellana, lo cual está en consonancia con la imagen diglósica de las aulas de español de los centros acreditados de Andalucía, unos espacios de aprendizaje en los que conviven dos variedades con desigual consideración o nivel de prestigio: la norma castellana como variedad lingüística preferente en los libros de texto y medios de comunicación y la(s) norma(s) andaluza(s) como variedad con prestigio a nivel regional presente en el entorno del centro y en el discurso oral del profesorado.

La última hipótesis de trabajo establecida en este estudio parte de que en los centros acreditados de Andalucía se incluyen contenidos de lengua relacionados con el español hablado en Andalucía en los planes de enseñanza. El cuestionario también solicitaba a los informantes que considerasen su identificación con las muestras de habla andaluza recogidas en los libros de texto. Los resultados que se presentan en la Figura 6 indican un grado de desafección general hacia las muestras orales de la variedad andaluza contenidas en los libros de texto.

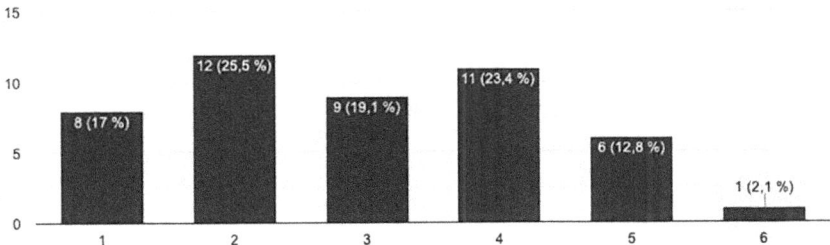

Figura 6: Identificación con las muestras de habla andaluza en los libros de texto.

En esta misma línea, el cuestionario solicitaba al profesorado de español como L2 que se especificaran los materiales que suelen emplear para trabajar con muestras de hablas andaluzas en las aulas de español. Como se puede observar en la Figura 7, el profesorado continúa expresando su desafección hacia las muestras de habla andaluza contenidas en los libros de texto e indican que sus fuentes para la preparación de clases son, mayoritariamente, materiales elaborados por ellos mismos o bien material descargado de Internet.

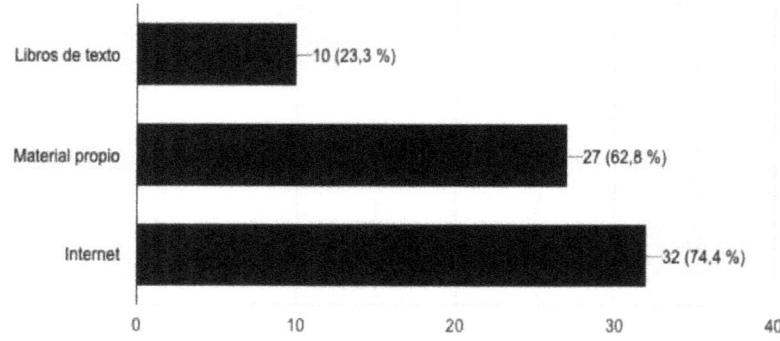

Figura 7: Muestras de lengua: hablas andaluzas.

Por último, el cuestionario recoge información sobre la presencia de la modalidad lingüística andaluza en los planes de enseñanza. Como se muestra en la Figura 8, la hipótesis de partida no se confirma.

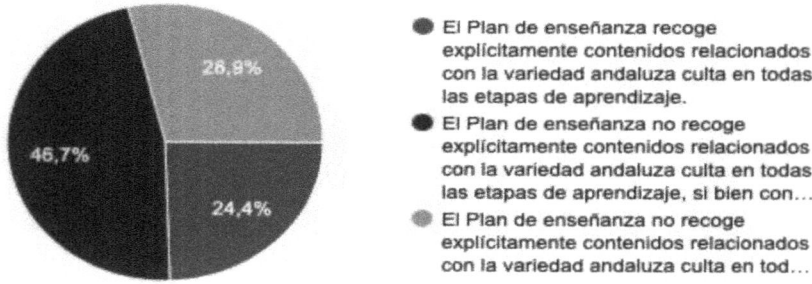

Figura 8: Planificación lingüística del centro.

Solo el 24,4 % de los informantes afirma que el plan de enseñanza de su centro recoge de manera explícita la atención a la modalidad lingüística andaluza. La mayoría del profesorado, un 46,7 +%, reconoce la no inclusión explícita de contenidos de lengua relacionados con el español hablado en Andalucía, aunque afirma que debería hacerse; mientras que un 28,9% reconoce que ni siquiera es relevante su inclusión.

4. Discusión

El objetivo de este estudio era conocer las actitudes que mantiene el profesorado de español como L2, en centros andaluces y acreditados por el Instituto Cervantes, hacia las hablas andaluzas, la variedad canaria y el castellano. La investigación se centró también en conocer la presencia de la modalidad lingüística andaluza en la planificación lingüística del centro. A partir de estos objetivos, se formularon las hipótesis de trabajo de acuerdo con los hallazgos aportados por estudios previos, los resultados obtenidos mantienen así un diálogo con otros trabajos similares dentro del ámbito de la sociolingüística.

HI1: El profesorado de español percibe el prestigio de la modalidad lingüística andaluza al igual que el de otras variedades lingüísticas.
En lo referente a las valoraciones directas, la confirmación de la primera hipótesis coincide con los resultados de otras investigaciones similares como los trabajos de Moreno Fernández (2004); Méndez Guerrero (2018, 2021a, 2021b, 2023) y Cestero Mantero y Paredes García (2018, 2021) donde los informantes madrileños y mallorquines mostraron preferencia por la variedad propia, la castellana. Contrariamente, en los resultados de los trabajos realizados en Andalucía por Manjón-Cabeza (2020) Santana Marrero (2018, 2020); Santos Díaz y Ávila Muñoz (2021) los informantes andaluces mostraron también un mayor reconocimiento de la variedad castellana, la que no es propia, como la variedad de prestigio por delante de las hablas andaluzas y de la canaria. Los hallazgos de nuestro estudio, sin embargo, reflejan que las creencias del profesorado de español como L2 en centros acreditados de Andalucía se sitúan en un plano de igualdad de consideración hacia todas las muestras de habla, dato que suele ser coincidente con otros estudios cuando se considera la edad y los años de formación de los informantes en la medida en que prevalece la valoración positiva de todas las variedades (Cestero Mancera y Paredes García, 2015, 2021, Manjón Cabeza, 2020 y Contreras Izquierdo, 2023).

Además de la situación de igualdad, que refleja una tendencia hacia la homogeneización de la variación lingüística en tanto en cuanto las voces evaluadas pertenecían a hablantes cultos (Narbona, 2022), en este estudio se destaca la valoración positiva del habla de Sevilla, seguida del habla de Granada y del castellano. Estas valoraciones parecen indicar la división de la variedad andaluza en dos subvariedades (Andalucía occidental y

Andalucía oriental). Este resultado remite a aquellos estudios en los que se reconoce una realidad pluricéntrica del español hablado en Andalucía (Julián Mariscal, 2022). La edad mayoritaria de los informantes (45 a 60 años) y la formación especializada podrían ser las variables que expliquen estos resultados.

HI2: El profesorado de español percibe la modalidad castellana de manera más positiva que las hablas andaluzas
Las valoraciones directas se matizan cuando se analizan las percepciones del habla de Sevilla y de la variedad castellana desde los rasgos que componen los constructos *dimensión cognitiva* y *dimensión afectiva*. Desde el plano cognitivo, la modalidad andaluza se ha percibido como más rural y menos clara que la voz castellana, una evidencia también recogida en estudios similares (Santana Marrero, 2018, 2020; Manjón Cabeza, 2020; Santos Díaz y Ávila Muñoz, 2021; Cestero y Paredes García, 2021). Este dato podría interpretarse como el reconocimiento, de manera encubierta, del mayor prestigio de la variedad castellana frente al habla andaluza y el establecimiento de una situación de diglosia. No obstante, es un resultado que remite también a la situación de comunicación dentro del aula de español. En las respuestas abiertas del cuestionario se recoge que el 93 % del profesorado reconoce modificar su pronunciación en los niveles iniciales (A1), es decir, cuando el alumnado apenas tiene competencia adquirida en español. La modificación de los sonidos (véase, la oposición singular/plural "-s", "-es", los participios en -ado/-ido), propia de la formalidad del contexto de enseñanza en sí, comporta que el profesorado de español tienda a modificar su habla en pos de una mayor claridad para el hablante no nativo. De acuerdo con DelRey (2022), todos los hablantes de español de la Península compartimos un modelo lingüístico de corrección idiomática al que, generalmente, queremos acercarnos cuando hablamos en situaciones de formalidad. Junto a estos cambios en la pronunciación de algunos sonidos, los informantes manifiestan modificar también el léxico y otros rasgos suprasegmentales como la entonación, el volumen o el ritmo, cuestión que es habitual en otros ámbitos geográficos distintos de Andalucía y que se produce como manifestación natural de lo que se conoce como discurso oral del profesorado de L2/LE o *teacher talk* (Arnold-Morgan y Fonseca-Mora, 2007).

HI3: Los centros acreditados de Andalucía contemplan acciones de planificación lingüística respecto al andaluz

De la situación diglósica descrita anteriormente por los informantes cabía esperar una fundamentación teórica sobre el español-andaluz en la planificación lingüística de los centros acreditados por el Instituto Cervantes en Andalucía. La planificación de la enseñanza es una actividad de ordenación académica vital para la elaboración de programas y planes de clase en estos centros. Estas acciones suelen tomar como referencia los repertorios lingüísticos ofrecidos por los libros de texto y las directrices generales descritas en documentos oficiales de planificación lingüística como son el *Marco común europeo de referencia* (MCER, 2002) y el *Plan curricular del Instituto Cervantes* (PCIC, 2006). Según Andión Herrero (2017), pese a que las instituciones académicas y documentos como el *MCER* y el *PCIC* mantienen una visión panhispánica y plurinormativa aún no son pocos los libros de texto que tienden a proyectar una imagen lectocentrista de la lengua española. Es posible que esta visión se corresponda con la desafección general del profesorado hacia las muestras de español-andaluz recogidas en los libros de texto.

5. Conclusión

Las conclusiones generales de este estudio se basan en resultados parciales, pues corresponden a un perfil muy específico: profesorado de español como L2 en centros acreditados de Andalucía. Las valoraciones directas de la modalidad lingüística andaluza en particular, representada en la voz de hablantes de diferente procedencia dentro de la región, pero con un mismo estatus profesional y académico, junto con las voces de la variedad castellana y la canaria se perciben por el profesorado de español como L2 en los centros acreditados de Andalucía como modelos de prestigio. No obstante, aunque se aprecian actitudes lingüísticas más positivas hacia el habla de Sevilla y Granada, se termina identificando un mayor estatus social del castellano al ser la urbanidad y la claridad sus propiedades más destacables frente al habla de Sevilla, considerada en algún grado más rural y más confusa. En cuanto a las valoraciones indirectas, aquellas que afloran de manera más inconsciente, confirman el mayor prestigio de la variedad castellana al vincularse con un mayor estatus económico y educativo.

La situación formal de comunicación, propia del contexto de enseñanza de una segunda lengua, ofrece también la imagen de un mayor estatus para la variedad castellana, más próxima al modelo de corrección del prototipo del español que adopta el profesorado en la modificación de la pronunciación de algunos sonidos en los niveles iniciales y que vuelve a relajar a medida que el alumnado va adquiriendo más competencia en español. Además del discurso aportado al aula, donde el profesorado actúa como modelo lingüístico, los libros de texto ocupan un lugar importante en el conocimiento de la unidad y de la diversidad del español. La carencia de realismo de muchos de los libros explica, tal vez, la desafección del profesorado hacia la modalidad lingüística andaluza recogida en los materiales didácticos.

Todo lo anterior invita a una mayor actividad en lo concerniente al desarrollo de planes de enseñanza en los que se recojan la esencial unidad y diversidad del español hablado en Andalucía como parte del análisis lingüístico del entorno del centro, ya que el contexto incide también en él, al dotarle de unas peculiaridades que han de tener cabida en la clase de español. En la actualidad, como ya afirmaba Corder (1973) al darle un lugar a la sociolingüística dentro de la lingüística aplicada a la enseñanza de segundas lenguas, "los repertorios deben construirse sobre variedades reales utilizadas en situaciones reales y contextos reales. Cuanto más alejados estén de la realidad, menos probabilidades hay de que su aplicación en la enseñanza sea eficaz" (Moreno-Fernández, 1994: 116). Las clases de español en Andalucía no pueden ignorar el bagaje social y cultural de los usos lingüísticos más próximos a los centros.

N.B. Foncubierta Muriel es el autor de los apartados 2, 3 y 4; Díaz Rosales, de los apartados 1 y 5.

Bibliografía

Alvar, M. (1988). ¿Existe un dialecto andaluz? *Nueva Revista de Filología Hispánica*, 36(1), 9-22.

Alvar, M., Llorente, A. y Salvador, G. (1991 [1961-1973]). *Atlas lingüístico y etnográfico de Andalucía*. Arco/Libros.

Alvar Ezquerra, M. (2002). *Tesoro léxico de las hablas andaluzas*. Arco/Libro.

Andión Herrero, M. (2017). Etnocentrismo lingüístico vs. Plurinormativismo. Consideraciones sobre la variación y variedades del español LE/L2.

En E. Balmaseda Maesto, F. García Andreva y M. Martínez López (coord.), *Panhispanismo y variedades en la enseñanza del español L2-LE* (pp. 131-140). Asociación para la Enseñanza del Español como Lengua Extranjera.

Arnold-Morgan, L., y Fonseca-Mora, M. C. (2007). Affect in teacher talk. En B. Tomlinson (Ed.), *Language Acquisition* (pp. 107-121). Continuum.

Bastardín Candón, T. (2020). Creencias y actitudes lingüísticas sobre las hablas andaluzas en la prensa de mediados del siglo XIX. *Boletín de Filología*, 55(2), 285-310. https://boletinfilologia.uchile.cl/index.php/BDF/article/view/60616.

Cano Aguilar, R. (2022). La historia ilumina el presente del andaluz. En A. Narbona Jiménez y E. Méndez García de Paredes (Ed. y Coord.), *Nuevo retrato lingüístico de Andalucía* (pp. 45-67). Universidad Internacional de Andalucía.

Cantarero, M., Esgueva Martínez, M. A., y Quilis, A. (1993). El grupo fónico ye l grupo de entonación en el español hablado. *Revista de Filología Española*, 73-(1-2), 55-64.

Cestero, A. M., y Paredes García, F. (2018). Creencias y actitudes hacia las variedades cultas del español actual: el proyecto PRECAVES XXI. *Boletín de Filología*, LIII(2), 11-43. https://boletinfilologia.uchile.cl/index.php/BDF/article/view/51940.

Cestero Mancera, A. M., y Paredes García, F. (2021). Sevilla frente a Madrid: percepción de las variedades castellana y andaluza por jóvenes universitarios del centro-norte de España según el proyecto PRECAVES XXI. *Philologia Hispalensis*, 35(1), 51-74. DOI: https://dx.doi.org/10.12795/PH.2021.v35.i01.03.

Chaves Cadaval, D. I. C. (2020). *La modalidad lingüística andaluza y la enseñanza ELE* [tesis doctoral, Universidad de Tubinga].

Chiquito, A. B., y Quesada Pacheco, M. Á. (Eds.). *Actitudes lingüísticas de los hispanohablantes hacia el idioma español y sus variantes*. University of Bergen/The Research Council of Norway.

Consejo de Europa (2001). *Common European Framework for Languages: Learning, Teaching, Assesment*. Council for Cultural Cooperation, Education Committeee, Language Policy Division.

Consejo de Europa (2020). *Marco común europeo de referencia para las lenguas: aprendizaje, enseñanza, evaluación. Volumen complementario*. Servicio de publicaciones del Consejo de Europa.

Contreras Izquierdo, N. M. (2023). Actitudes de profesorado de ELE/L2 hacia las variedades lingüísticas del español: identidad y prestigio. *Boletín de Filología*, LVIII(1), 275-307. https://boletinfilologia.uchile.cl/index.php/BDF/article/view/71283.

Corder, S. P. (1973). *Introducing Applied Linguistics*. Penguin.

Crismán-Pérez, Rafael (2017). El papel de la modalidad lingüística y variedades en la enseñanza de ELE. En E. Balmaseda Maestu, F. García Andreva y M. Martínez López (Ed.), *Panhispanismo y variedades en la enseñanza del español L2-LE* (pp. 263-272). Asociación para la Enseñanza del Español como Lengua Extranjera/Fundación San Millán de la Cogolla.

González Sánchez, M. (2016). *Análisis metodológico de manuales de español para extranjeros: últimas aportaciones y perspectivas de futuro*. UNED.

Hernández Cabrera, C. E., y Samper Hernández, M. (2018). Creencias y actitudes de los jóvenes universitarios canarios hacia las variedades cultas del español. *Boletín de Filología*, 53(2) (monográfico "Percepción de las variedades cultas del español: creencias y actitudes de jóvenes universitarios hispanohablantes"), 179-208.

Instituto Cervantes (2006). *Plan curricular del Instituto Cervantes. Niveles de referencia para el español*. Instituto Cervantes/Biblioteca Nueva.

Julián Mariscal, O. (2022). ¿Es viable una estandarización del andaluz? En A. Narbona y E. Méndez García de Paredes (Ed. y Coord.), *Nuevo retrato lingüístico de Andalucía* (pp. 241-269). Universidad Internacional de Andalucía.

López Morales, H. (1989). *Sociolingüística*. Gredos.

Manjón-Cabeza Cruz, A. (2020). Valores de futuros profesores de español hacia las variedades cultas de su lengua. Datos de Granada. *ELUA*, 34, pp. 131-152. DOI: https://doi.org/10.14198/ELUA2020.34.6.

Méndez-Guerrero, B. (2018). Creencias y actitudes de los jóvenes universitarios mallorquines hacia las variedades cultas del español. *Boletín de Filología*, 53(2), 87-114.

Méndez-Guerrero, B. (2021a) A propósito de las actitudes de los jóvenes mallorquines hacia el castellano y el andaluz: datos sobre la valoración indirecta (Proyecto PRECAVES XXI). *Oralia. Análisis del Discurso Oral*, 24(1), 97-122.

Méndez-Guerrero, B. (2021b). Percepciones lingüísticas de los jóvenes universitarios mallorquines hacia el andaluz. *Philologia Hispalenses*, 35(1), 143-169.

Méndez-Guerrero, B. (2023). Actitudes y creencias hacia las variedades del español de España: castellano, andaluz y canario. *Verba*, 50, 1-18. DOI: https://doi.org/10.15304/verbs.50.7873.

Mondéjar, J. (1986). Las hablas andaluzas. En M. Barrera Blasco (Coord.), *Andalucía* (pp. 289-307). Editoriales Andaluzas Unidas.

Moreno-Fernández, F. (1994). Aportes de la sociolingüística a la enseñanza de lenguas. *REALE*, 1, 107-135.

Moreno-Fernández, F. (2001). Prototipos y prestigio en los modelos de español. *Carabela*, 50 (monográfico "Modelos de uso de la Lengua Española"), 5-20.

Moreno Fernández, F., y Moreno Fernández, J. (2004). Percepción de las variedades lingüísticas de España por parte de hablantes de Madrid. *Lingüística Española Actual*, 26(1), 5-38.

Moreno-Fernández, F. (2005). Nuevos instrumentos en la planificación lingüísticos del español: ortografías, gramáticas, diccionarios… y más. En P. Benítez Pérez (Coord.), *Actas del II Simposio internacional* José Carlos Lisboa *de didáctica del español como lengua extranjera* (pp. 15-34). Instituto Cervantes de Río de Janeiro.

Moreno-Fernández, F. (2020). El español en América. En D. Redepe, M. León-Castro Gómez (Ed.), *Patrones sociolingüísticos del español hablada en la ciudad de Sevilla* (pp. 7-9). Peter Lang.

Morillo-Velarde Pérez, R. (2022). Las "percepciones" del andaluz. En A. Narbona Jiménez y E. Méndez García de Paredes (Ed. y Coord.), *Nuevo retrato lingüístico de Andalucía* (pp. 305-337). Universidad Internacional de Andalucía.

Narbona Jiménez, A. (2022). Encuadres para un nuevo retrato lingüístico de Andalucía. En A. Narbona Jiménez y E. Méndez García de Paredes (Ed. y Coord.), *Nuevo retrato lingüístico de Andalucía* (pp. 17-43). Universidad Internacional de Andalucía.

Narbona Jiménez, A., y Méndez-García de Paredes, E. (Ed. y Coord.) (2022). *Nuevo retrato lingüístico de Andalucía*. Universidad Internacional de Andalucía. DOI: https://doi.org/10.56451/10334/6586.

Navarro Tomás, T. (1939). El grupo fónico como unidad melódica. *Revista de Filología Hispánica*, 1, 3-19.

Regan, B. (2022). La percepción social del seseo sevillano y sus implicaciones para la norma sevillana, *Linred*, XIX (sección monográfica: "Estudios de variación lingüística: homenaje a Juan Andrés Villena Ponsoda), 1-27. DOI: https://doi.org/10.37536/linred.2022.XIX.1866.

Rey Quesada, S. del (2022). Qué fi(s)nolis. Percepción de variantes y lealtad lingüística en Andalucía. En En A. Narbona Jiménez y E. Méndez García de Paredes (Ed. y Coord.), *Nuevo retrato lingüístico de Andalucía* (pp. 95-124). Universidad Internacional de Andalucía.

Santana Marrero, J. (2016). Seseo y ceceo y distinción en el sociolecto alto de la ciudad de Sevilla: nuevos datos a partir de los materiales de PRESEEA. *Boletín de Filología*, 51(2), 255-280.

Santana Marrero, J. (2018a). Creencias y actitudes de jóvenes universitarios sevillanos hacia las variedades normativas del español de España: andaluza, canaria y castellana. *Soprag*, 6(1), 71-97. DOI: https://doi.org/10.1515/soprag-2018-0003.

Santana Marrero, J. (2018b). Creencias y actitudes de los jóvenes sevillanos hacia las variedades cultas del español. *Boletín de Filología*, 53(2) (monográfico "Percepción de las variedades cultas del español: creencias y actitudes de jóvenes universitarios hispanohablantes"), 115-144.

Santana Marrero, J. (2020). Percepción de las variedades andaluza y castellana de los jóvenes sevillanos: un análisis contrastivo. *Onomázein*, 50, 71-89. DOI: https: 10.7764/onomazein.50.05.

Santos Díaz, I., y Ávila Muñoz, A. (2021). Creencias y actitudes lingüísticas de los unviersitarios malagueños hacia la variedad andaluza. *Philologia Hispalensis*, 35(1), 171-191. https://dx.doi.org/10.12795/PH.2021.v35.i01.08.

Sosiński, M., y Waluch de la Torre, E. (2021). Creencias y actitudes de los jóvenes universitarios de la Universidad de Varsovia hacia la variedad andaluza del español. *Philologia Hispalensis*, 35(1), 193-214. DOI: https://dx.doi.org/10.12795/PH.2021.v35.i01.0.

Villena Ponsoda, J. A. (2001). Identidad y variación lingüística. Prestigio nacional y lealtad vernacular en el español hablado en Andalucía. En G. Bossong, F. Báez de Aguilar González (Eds.), *Identidades lingüística en la España autonómica. Actas de las Jornadas Hispánicas de la Sociedad Suiza de Estudios Hispánicos* (pp. 107-149). Iberoamericana Vervuert.

Villena Ponsoda J. A., y M. Vida Castro (2017-2018). Variación, identidad y coherencia en el español meridional: sobre la indexicalidad de las variables convergentes del español de Málaga. *Linred: Lingüística en la Red*, 15 (sección monográfica: "Procesos de variación y cambio en el español de España. Estudios sobre el corpus PRESEEA), 1-32.

Un enclave portugués en la orilla onubense del Guadiana: Informaciones del *ALEA* e investigación *in situ*[1]

Ignacio López de Aberasturi Arregui
Proyecto FRONTESPO, Universidad de Alcalá de Henares

RESUMEN
La no coincidencia entre los límites lingüístico y político de los dos estados peninsulares se materializa en la presencia a lo largo de la Raya de diversos enclaves bilingües (Olivenza, Cedillo, Barrancos, mirandés, "a fala del valle de Eljas"). Pues bien, del más meridional de esos enclaves, el que va desde Paymogo hasta el litoral onubense, ya dio cuenta el *ALEA*, sea de un modo directo (referencias y alusiones recogidos de boca de los informantes de la zona) o indirecto (mayor densidad de lusismos léxicos en el español allí hablado). Se trata de un área bilingüe (español de Andalucía occidental / portugués meridional) que centra actualmente nuestra investigación y registro ante el precario estado que presenta hoy en términos sociolingüísticos.

Palabras clave: Frontera hispano-portuguesa, Huelva, sociolingüística, bilingüismo, *ALEA*.

1. Un enclave bilingüe en el tramo más meridional del Guadiana

No cabe duda de que en el abordaje de cualquier temática científica no es posible disociar el objeto concreto de estudio por un lado, del tratamiento que tradicionalmente ha tenido por los investigadores que de él se han ocupado, por otro. Así, la conocida disparidad geográfica entre las fronteras lingüísticas y el límite político de los dos estados peninsulares que se materializa en la presencia en la *Raya* hispano-portuguesa de diversos enclaves bilingües (Olivenza, Cedillo…) o de variedades mixtas (Barrancos) no es tampoco una excepción a aquella "constante". En efecto, el mayor y más temprano interés de los lingüistas portugueses que el mostrado por sus colegas españoles

---

[1] Este artículo se encuadra dentro del proyecto Atlas Pluridimensional de la Frontera España-Portugal, que ha recibido financiación del Ministerio de Ciencia e Innovación, la Agencia Estatal de Investigación y del Fondo Europeo de Desarrollo Regional (PID2022-137290NB-I00, financiado por MCIN/AEI /10.13039/501100011033 / FEDER, UE) y que está dirigido por el Dr. Xosé Afonso Álvarez Pérez (Universidad de Alcalá).

hacia estas situaciones de lenguas en contacto podría tener su explicación en algunas circunstancias:

a) el "exotismo" de unos *falares fronteiriços* en un país cuyo idioma guarda una conocida uniformidad geográfica, y donde la realidad socioeconómica y cultural de la *Raya* ha estado acaso menos olvidada en la conciencia general que en España,
b) el hecho de ser las únicas localidades lusas en que pueden observarse algunos fenómenos derivados de un bilingüismo generalizado,
c) el magisterio del profesor Leite de Vasconcelos, que desde muy temprano se ocupó de unas hablas[2] que, en su visión dialectológica de Portugal, no tenían, en absoluto, un mero valor anecdótico.

A partir de ahí se ha ido conformando todo un extenso elenco de investigaciones *rayanas*[3] que han puesto de manifiesto cómo en la frontera situada al norte del Duero la interpenetración de lenguas y dialectos es (o mejor, era) particularmente intensa: aldeas zamoranas de habla gallegoportuguesa, frente a las localidades portuguesas de Miranda do Douro o Sendim donde aún perviven dialectos de estructura leonesa secularmente influidos por el portugués trasmontano. Y aunque al sur del Duero la frontera lingüística coincide, en términos generales, con la línea política históricamente determinada por los correspondientes procesos de conquista y repoblación portugués y leonés, son razones históricas y sociales (cambios de soberanía, contrabando, asentamientos poblacionales, romerías, matrimonios mixtos…) las que explicarían la presencia de enclaves bilingües en Salamanca (La Alamedilla) y a lo largo de la franja fronteriza extremeña (Carrasco González, 2021: 17-68) desde el valle de Eljas hasta la comarca de Olivenza, donde aún hoy se habla español junto a una modalidad alentejana de portugués, aunque mantenida ya solo entre las cohortes de mayor edad. Paralelamente, en los vecinos *concelhos* alentejanos de Juromenha, Elvas, Campo Maior y Ouguela se practica (o se practicaba hasta mediados de los años 70) un bilingüismo portugués-español

---

[2] Desde su trabajo sobre las "Lingoas raianas de Tras-os-Montes" (1886) hasta su último estudio sobre el barranqueño, publicado ya póstumamente en 1955.
[3] Entre otras visiones de conjunto: Vázquez y Mendes da Luz, 1987, vol. I: 72-78; Zamora Vicente, 1970, en los capítulos dedicados al leonés y al extremeño; Navas, 1998; Carrasco y Viudas, 1996; Elizaincín, 1992; Corbella y Fajardo, 2017, etc.

con distintos grados y extensión social en cada una de ellas (Matias, 1984: 208). Asimismo, y al igual que a ambos lados de toda la franja fronteriza, se puede comprobar el conocimiento de numerosas voces de la lengua vecina[4] así como su uso habitual con cierta intencionalidad: "se recorrem, em certos casos, a expressões e vocábulos espanhóis, fazem-no conscientemente, com função estilística (em sentido jocoso, por exemplo)" (Matias, 1984: 203). Y más al sur, en el Baixo Alentejo, frente a Encinasola (Huelva), la localidad portuguesa de Barrancos constituye un curiosísimo enclave de lenguas en contacto, en el que se puede oír hablar en portugués, en español extremeño-andaluz y en el dialecto local, el *barranquenho / barranqueño*, una variedad de portugués alentejano con rasgos meridionales españoles (Navas, 1992 y 2017).

Esto era lo que básicamente se sabía de los enclaves bilingües de la Raya. Y es de ellos de los que se suele dar cuenta en visiones de conjunto y estados de la cuestión sobre el tema, tales como la de Walter (1997: 230)[5], o la de Ossenkop (2018), donde se traza un panorama en el que el enclave más meridional es siempre el de Barrancos. De hecho, Eduardo Barrenechea, cronista de la Revolución de los claveles y coautor de un ameno relato de sus andanzas por la Raya (Pintado y Barrenechea, 1972), afirmaba años más tarde lo siguiente:

> Quien haya recorrido *la raya de Portugal* a lo largo de los 1231 kilómetros de frontera común con España ha podido constatar que el portugués penetra por muy distintos puntos en pequeños pueblos y perdidas aldeas de toda nuestra *frontera de corcho*, desde el Miño [...] hasta las propias tierras de Badajoz, por la comarca de Olivenza. **Sólo Huelva se "salva" de la penetración lusitana**[6] (Barrenechea, 1982).

Sin embargo, lejos de constituir un hecho esporádico o casual, también la provincia de Huelva cuenta con una extensa área geográfica en donde hemos podido todavía registrar el uso del portugués hablado por parte de labradores y marineros de procedencia portuguesa. Se trata de una zona rural que va

---

[4] González Salgado ha esbozado unas líneas maestras para el estudio de los numerosos portuguesismos (fonéticos y léxicos) usuales en las hablas dialectales del occidente español, para lo que sin duda resultará muy útil la finalización del *Tesoro léxico de la frontera hispano-portuguesa* (proyecto *FRONTESPO*), "obra en la que se están recopilando las palabras compartidas por los dos lados de la frontera tomadas de una extensa bibliografía" (González Salgado, 2017: 123).

[5] Cuyo mapa de los enclaves rayanos reproduce Medina López (2002: 30, mapa III).

[6] El subrayado es nuestro.

desde Paymogo hasta la costa incluyendo el *Campo Arriba* de Lepe, así como los núcleos marineros del poniente onubense (véanse, más adelante, los mapas 6 y 7). Evidentemente, no se trata de que el idioma luso "penetre" sin más en la provincia de Huelva, sino de que fueron los antepasados de esos onubenses los que, como veremos, se asentaron desde hace más de un siglo en las casas y tierras que fueron arrendando, y los que buscaron mejores condiciones de vida en las duras faenas de la mar estableciéndose en las barriadas de pescadores que hay entre Ayamonte y El Portil, siempre en la provincia de Huelva. Y con sus enseres trajeron también su idioma, mantenido hasta nuestros días como elemento identificador de su condición de portugueses. Pues bien, respecto de este extremo sur de la Raya, hace ya tiempo que venimos informando (López de Aberasturi Arregui, 2016, 2021, 2023; López de Aberasturi Arregui y Rodríguez Lorenzo, 2022) de la mencionada zona del poniente onubense donde todavía se puede observar ese uso del portugués hablado en los ámbitos familiar y vecinal (además del español local, reservado para su interrelación social en las cabeceras municipales así como en las capitales de Huelva, Sevilla, etc.) por parte de agricultores, pastores y marineros de edad avanzada y procedencia portuguesa más o menos remota. Se trata, por un lado, de un área rural que se extiende desde los campos de Paymogo hasta el litoral, a lo largo del Andévalo occidental (numerosas alquerías, aldeas y casas de campo de los municipios de Puebla de Guzmán, El Granado, Villanueva de los Castillejos, El Almendro, Sanlúcar de Guadiana o San Silvestre de Guzmán), así como de Villablanca, Ayamonte, Isla Cristina y Lepe y, por otro lado, las barriadas de pescadores del litoral, desde Ayamonte (Barriada de Canela, Punta del Moral) e Isla Cristina (Punta del Caimán) hasta La Antilla (Barrio de Pescadores), El Rompido o El Portil, donde aún viven y faenan marineros de lengua materna portuguesa cuyos padres o abuelos vinieron desde el oriente algarvio a asentarse allí a principios del siglo XX. Para la mejor exposición del área que cubre ese enclave bilingüe, así como de su evolución en las últimas décadas, hemos reunido en dos mapas (6 y 7), elaborados con la herramienta Google My Maps[7], todos los datos, informaciones y referencias (de tipo histórico, dialectológico, antropológico, etc.) a nuestro alcance acerca del carácter

---

[7] *Situación lingüística de la orilla izquierda del Guadiana (años 90-2023)*, (https://www.google.com/maps/d/viewer?mid=1I3CTcAvwH9zZcb-Qn3IzoVuWmvM) y cuya inserción en la página web de FRONTESPO se llevará a cabo próximamente.

lusófono de esa zona, dando especial relevancia, obviamente, a los materiales obtenidos durante nuestra investigación (agosto de 1992) sobre la situación de lenguas en contacto en el ámbito rural del municipio ayamontino (López de Aberasturi Arregui, 2016) y a los procedentes de las grabaciones en audio y vídeo que, junto a los profesores M.ª Victoria Navas Sánchez-Élez y David Rodríguez Lorenzo, llevamos a cabo durante las campañas de marzo y abril de 2016, julio de 2018 y mayo de 2022, ya en el marco de las investigaciones del proyecto FRONTESPO[8].

De cualquier modo, no ha de resultar extraño que un área bilingüe de esta entidad haya pasado desapercibida en los estudios dialectológicos, pues al mencionado carácter periférico de la Raya se añade el hecho de que, en su tramo más meridional, la banda española se halla muy despoblada, contando solo con la localidad de Ayamonte como núcleo de cierta entidad[9]. Además, como han recordado los antropólogos Cáceres Feria y Corbacho Gandullo, es solo en los últimos años cuando se ha empezado a prestar atención al estudio del componente humano y cultural del mundo marinero de Andalucía (Cáceres y Corbacho, 2013: 58), un entorno socio-laboral, por otra parte, frecuentemente cerrado sobre sí mismo.

---

[8] El proyecto FRONTESPO (http://www.frontespo.org), liderado por el prof. Xosé Afonso Álvarez Pérez, de la Universidad de Alcalá, está integrado por 20 lingüistas españoles y portugueses y está llevando a cabo desde 2015 la documentación lingüística exhaustiva de la franja fronteriza entre España y Portugal. El trabajo de campo se ha desarrollado en diversas etapas discontinuas entre julio de 2015 y julio de 2022. A día de hoy, se han realizado 270 entrevistas en 107 localidades, con un total de 352 horas de grabación, la gran mayoría en vídeo. Las entrevistas se van publicando paulatinamente (más de 100 horas hasta el momento) en el sitio web (http://www.frontespo.org/es/corpus) y en el repositorio especializado E-Ciencia Datos del Consorcio Madroño (https://edatos.consorciomadrono.es/dataverse/FRONTESPO), que aspira a la perdurabilidad en el tiempo. Para una descripción más detallada del proyecto, véanse González Salgado, 2021 y Álvarez Pérez, 2022; siendo también útil, para este propósito, el sitio web www.frontespo.org cuya sección de Resultados lista los trabajos derivados de esta iniciativa, que superan ya el centenar, entre publicaciones y congresos.

[9] Es más, en la propia localidad la zona denominada *Ribera del Guadiana* o *Río Arriba*, perteneciente al partido municipal de Ayamonte, constituye una realidad casi desconocida incluso para los poetas y eruditos locales, que muy raramente se refieren a ella en sus publicaciones.

2. El enclave en la Historia

Siguiendo un orden cronológico, esas noticias sobre la lusofonía entre gentes asentadas en la banda española del Guadiana se iniciarían allá por el siglo XVI[10] (1537), cuando, frente a las ya tradicionales desavenencias (por pastos, derechos de pesca…) entre los pueblos cofronterizos en las llamadas *tierras de contienda* y en ambas orillas del río, los vecinos de Alcoutim declaraban, sin embargo, su buena vecindad con los de Sanlúcar de Guadiana, dado "que elles e os de San Luquar sam amigos e bem querentes parentes huns dos otros por que os mais dos que vyveo em San Luquar sam portugues e daquy sam naturaes" (Martín Benito, 2019: 78). Asimismo, sabemos que la fundación de las villas andevaleñas de Villablanca (1531) y San Silvestre de Guzmán (1595) se hace con gentes avecindadas en el Marquesado de Ayamonte y con un notable contingente algarvio (de Faro, Tavira, Odeleite) (González Cruz, 1998: 58).

En consonancia con la Unión Dinástica de los dos reinos peninsulares se observa una notable presencia lusa en Sevilla, Jerez de la Frontera y Ayamonte, abandonando esta última localidad "su esquinamiento geográfico, y la nueva centralidad inaugurada respecto a su costa se convertía en el germen de no pocas oportunidades mercantiles" (Lara, 1999: 44)[11]. En este contexto es significativa la observación que Rodrigo Caro hacía a principios del XVII sobre el uso del portugués en la aldea de El Gallego (destruida en 1642, durante la Guerra de Restauración, en cuyo lugar se levanta hoy la población de Rosal de la Frontera):

> Es la villa del Gallego oy de poca vezindad, y aldea de la villa de Aroche: pertenece al Arçobispado de Sevilla, y como tal la visité yo año de 1621. Está edificada en el mismo termino de Castilla y Portugal; pero sus habitadores todos hablan la

---

[10] Eso en lo que respecta al tercio occidental de Huelva; pero la presencia de portugueses se constata ya en la Baja Andalucía desde fines del XV, como los dos centenares de marineros lusos que embarcan en navíos de la Carrera de Indias entre 1492 y 1588 (López Martínez, 2011: 44) o la colonia portuguesa de El Puerto de Santa María durante el s. XVI: pescadores pertenecientes a la cofradía de mareantes de Tavira, y comerciantes algarvios que proveían desde allí las plazas lusas en el norte de Marruecos (Sancho Mayi, 1940).

[11] Ciudad que, no lo olvidemos, había sido tomada a los moros en 1239 por el rey Sancho II de Portugal, donándola después a la Orden de Santiago.

Lengua Portuguesa, y el Cura que les administra los Sacramentos, es portugués ordinariamente (Caro, 1634: 268).

Y del valor político y simbólico que se adjudicaba ya en el s. XVII a esta realidad rayana de lenguas en contacto sería un buen indicador el hecho de que el Duque de Braganza (el futuro Juan IV), considerara Barrancos como "un lugar estratégico para hacer incursiones en España y, sobre todo, le irritaba que sus vecinos hablaran un dialecto que fundía los idiomas español y portugués, el barranqueño" (Sancha, 2008: 72). Y es que en esa centuria los contactos y los conflictos debieron ser igualmente intensos, como pone de manifiesto que el 21,8% de los hombres casados en Ayamonte durante la primera mitad del siglo fueran portugueses (Sánchez Lora, 1987: 287).

La mencionada contienda hizo que la población lusa en el entorno rural del occidente andaluz no recobrara unos índices importantes hasta la siguiente centuria. Efectivamente, los estudiosos han puesto de manifiesto cómo en el s. XVIII la alta demanda de trabajo de los latifundios bajoandaluces durante las faenas de siega, recolección de aceituna y vendimia obligaba a recurrir a trabajadores "de comarcas más alejadas e, incluso de otras regiones, como Galicia, Zamora…, e incluso países como Portugal" (López Martínez, 2011: 50). Respecto del área rayana, resulta bien sintomática la forma con que se elabora una de las respuestas correspondientes a Ayamonte para el proyectado *Diccionario Geográfico de España* de Tomás López y en la que se informa de que el municipio "subiendo el río Guadiana […] tiene a sus orillas siete haciendas pequeñas con sus casas, y a su frente en el otro reino <u>otros tantos montiños o aldehuelas de portugueses</u>, con diez o doce casillas cada una" (Feu, 2005: 188): con nuestro subrayado llamamos la atención de cómo, a juicio de quien responde, la realidad social de esta orilla española del Guadiana "se repite" en la orilla vecina, esto es, *montiños* de portugueses, o dicho de otra manera, aldeas de habla portuguesa. Asimismo, en lo que respecta al litoral onubense, los asentamientos estacionales de catalanes con sus nuevas artes de pesca (*bou*) y sus técnicas de salazón y espicha dieron paso al establecimiento de pescadores en los arenales que median entre Ayamonte y Huelva (Isla Canela, Punta del Caimán, El Portil, El Rompido, La Antilla…) y que el terremoto de Lisboa (1755) destruyó, obligando a "buscar nuevos fondeaderos, dando lugar al establecimiento definitivo, que terminó convirtiéndose en Isla Higuerita y, posteriormente, en Isla Cristina" (López Martínez, 2011: 106), de modo que, en opinión de su primer cronista, "no es extraño que en pocos años se reuniese en este punto de los pueblos cercanos y de Portugal tanta gente que bastase a formar una población regular" (Miravent, 1982: 21), siendo aún en 1779 muy relevante el aporte poblacional luso, como puso de manifiesto el visitador episcopal de la diócesis de Sevilla (González Cruz, 1998: 68). Sobre estos contactos entre marineros de ambos países, la geógrafa portuguesa Carminda Cavaco, citando un trabajo anterior de Lacerda Lobo, señala que "em 1783 fugiram para as costas do Sul da Espanha mais de 800 pescadores portugueses e que em 1790 trabalhavam nas xávegas de Aiamonte, de S. Lúcar de Barrameda e de Puerto de Santa María cerca de 2.500" (Cavaco, 1972: 46).

Ya en el XIX, respecto de la emigración de trabajadores portugueses hacia la provincia onubense, a las tradicionales motivaciones de la pesca y la siega se suma ahora la extracción minera a lo largo de la llamada Faja Pirítica (Andévalo y Sierra). En efecto, desde mediados de siglo y, en especial, desde la adquisición de las minas de Río Tinto por un consorcio británico (1873), se constata una fuerte presencia de portugueses[12] que responden a un perfil "de emigrante que se dirige a la cuenca minera joven y soltero [...] y con la intención de regresar a sus tierras de origen[13] una vez que hayan conseguido algunos ahorros para poder crear su propia familia" (López Martínez, 2011: 88). En cuanto a las faenas agrícolas, el incremento en el tamaño de las explotaciones bajoandaluzas de secano (cereal, viña, olivar)[14] conllevará una demanda de asalariados que llegarán de Galicia[15], Almería o Portugal. Prueba de la magnitud que alcanzó esta inmigración de cuadrillas de segadores algarvios y alentejanos (*ratinhos*) es el episodio en el que un alto diplomático portugués se vio forzado a negociar en la huelga que aquéllos

---

[12] En especial, en Almonaster, Calañas, Alosno...
[13] El vecino Algarve hasta en el 88% de los casos, y especialmente, el concelho de Loulé y la freguesía de Santa Bárbara de Nexe. A este respecto, se han puesto de manifiesto algunos hechos como el crecimiento demográfico, muy superior a la media portuguesa, que protagoniza el Algarve (y sobre todo Loulé) en la segunda mitad del XIX y comienzos del XX; así como el extremado minifundismo del campo algarvio, o el exceso de mano de obra en la industria conservera de dicha región (López Martínez, 2011: 93, 127, 133 y 136).
[14] Asimismo, muchos también se emplearán en la corta de esparto y palma, y en la Sierra de Aracena y la Sierra Norte de Sevilla en la cría de ganado vacuno y de cerda, así como en la saca de corcho y en el carboneo (Florencio y López, 1997: 64).
[15] Esta procedencia fue la mayoritaria entre los enfermos ingresados en el hospital de S. Pedro de Carmona durante los ss. XVII y XVIII (Florencio y López, 2000: 78).

protagonizaron en 1883 en Jerez[16]. De hecho, en la década de 1890, cuando se proyectó la línea ferroviaria de Ayamonte a Gibraleón, se estimaba que cada año podría ser utilizada en dos ocasiones por unos 5500 portugueses que faenaban en la siega y/o la minería andaluzas[17]. Por su parte, en el litoral onubense se revierte ahora la dirección migratoria: si hasta el s. XVIII y comienzos del XIX eran los españoles los que se establecían en la costa algarvia (Olhão, Monte Gordo)[18], serán pescadores de esa zona los que en la segunda mitad del XIX y comienzos del XX los que emigrarán (estacional o permanentemente junto con sus familias) a los puertos de Ayamonte, Isla Cristina y Huelva, así como a las playas desiertas de esta costa (los llamados *playeros*). Así, la mayoría de los 1600 trabajadores dedicados a la pesca de la sardina a principios del XIX en Isla Cristina (así como en las salinas y en las fábricas conserveras ya a fines de siglo) eran portugueses, y su paulatino establecimiento definitivo con sus familias allí y en Ayamonte fue favorecido por la fuerte demanda de mano de obra femenina en las *charangas* y conserveras locales, mejor remunerada que en las tareas del campo o el servicio doméstico (López Martínez, 2011: 104-121).

Y en otro orden de cosas, el aprovechamiento de la proximidad a la frontera tomará forma, durante la Década Ominosa (1823-1833), de apresurado exilio político a Portugal por parte de muchos liberales ayamontinos

---

[16] (Bernaldo de Quirós, 1986: 174; Kaplan, 1977: 173). Este último autor cifra en 5.000 los temporeros portugueses en Jerez hacia 1871 (p. 40) (zona que había conocido ya un importante aporte portugués en su repoblación medieval, llegando a conformar el 3% de los primeros pobladores de Jerez, agrupados en el barrio del *Algarve*), y estimándose entre 5500 y 7000 los que trabajaban en 1883 en toda la campiña sevillana (López Martínez, 2011: 99). Como veremos, se ha de poner en conexión esta penetración de temporeros lusos hacia el este andaluz con la presencia de numerosos portuguesismos léxicos pertenecientes al ámbito designativo de la siega (y no, curiosamente, de las tareas de la trilla o la limpieza del grano) en el habla rural de localidades de Granada o Almería.

[17] El salvoconducto elaborado para estos temporeros para pasar por la frontera de Ayamonte rezaba así: "Va para el Reino de España a fin de emplearse en el servicio de la agricultura y proveer los medios de subsistencia" (López Martínez, 2011: 99).

[18] Hecho que motivaría la fundación de Vila Real de Santo António por el marqués de Pombal, a fin de salvaguardar los intereses del estado luso en la explotación pesquera de ese litoral.

(Moreno Flores, 2018: 53); y, en sentido contrario, también propiciará la masiva afluencia de público portugués a espectáculos de toros en Ayamonte, tan distintos por otra parte de los de Portugal (Canterla, 2012: 181). Sin embargo, las epidemias sanitarias tendrán también en el XIX un impacto especial en todos estos movimientos poblacionales. Así, la oleada de cólera morbo de 1833-1834, traída desde Portugal por cuadrillas de segadores daría origen a una reiterada serie de mutuos recelos entre ambos países y cordones sanitarios como el de 1884-1885 en el que las autoridades portuguesas confinaron durante meses en Ayamonte a cientos de segadores que retornaban a su país, o el de 1885, cuando 2000 pescadores lusos fueron aislados en barracas levantadas *ad hoc* en las playas de Isla Canela (López Martínez, 2010, 23)[19]. Pero la realidad de la Raya es ambivalente: esta vecindad y los intereses de algún sector social local convertirían (solo ocasionalmente) a los portugueses en "hermanos" por encima de los intereses estatales "como así sucedió en los años cincuenta del siglo XIX, momento en el que el Ayuntamiento de Ayamonte solicita la creación del carné rayano" (Valcuende del Río, 2018: 31), aunque no se conoce que tan inédita propuesta tuviera consecuencia alguna.

Una de las observaciones más interesantes sobre el área se la debemos a Pascual Madoz, quien solía ilustrar en su *Diccionario Geográfico* (1845-1850) la descripción de los lugares con algunos datos "dialectológicos", aseguraba que "en general, los habitantes son de buenas costumbres; y en Villablanca, Sanlúcar y San Silvestre, usan de un lenguage misto, portugués y español" (Madoz, 1845-1850: s. v. *Ayamonte*, 58). En esta noticia se evidencia la notable relevancia social y geográfica que debió adquirir la situación de lenguas en contacto originada por la implantación y pervivencia del portugués en (por lo menos) esos tres pueblos andevaleños, situación que nos es descrita con unos términos ("un lenguage misto, portugués y español") que, en realidad, tanto podrían referirse al uso alternativo y diferenciado de los dos idiomas, como a la existencia de una variedad fronteriza o de carácter mixto. Desde

---

[19] Es en este contexto en el que se inserta la información que aporta Carminda Cavaco sobre un lazareto construido a mediados del XIX en Vila Real de Santo António para acoger a más de 600 segadores retornados "das ceifas de Espanha" (Cavaco, 1972: 42), a la vez que confirma la magnitud de aquellas migraciones de *ratinhos* hacia los campos de Andalucía.

un prisma sociológico conocemos, gracias al *Padrón de Vecindario de 1882*, el origen mayoritario de los 269 portugueses empadronados en Ayamonte: las localidades del oriente algarvio, especialmente Azinhal, junto al río; así como su distinta repartición socio-laboral en el municipio: criadas domésticas en el centro, jornaleros en el Campo de la Isla de Canela y criados y pastores en las huertas. En dicho padrón son varias las casas y huertas (denominadas *barcias*) de esta zona de Río Arriba que se citan como receptoras de jornaleros lusos: "Casa de Checa, Tenencia de D. Prasedes, la Parra ou Horta de Franco, Barcia Redonda e Estacada são microtopónimos representativos desses núcleos de concentração de mão-de-obra agrícola" (Garcia, 1989: 149). Pues bien, como veremos más adelante, en algunas de esas casas sigue manteniéndose el portugués hablado a día de hoy.

Ya durante el s. XX, otra migración que adquirirá especial intensidad desde la I Guerra Mundial es la que implicaba tradicionalmente a mineros alentejanos en la cuenca minera onubense (López Martínez, 2011: 70-93; Costa, 2002). Asimismo, de principios de siglo data un ensayo geográfico de Magalhães Basto (1923) en que el autor recogió muchas y muy atinadas informaciones de tipo lingüístico sobre varias comarcas a ambos lados de la Raya (y que no siempre han sido aprovechadas en investigaciones dialectales posteriores), tales como la del asentamiento en la banda española de muchos portugueses que "tendo arrendado fazendas em Espanha, lá vivem dum modo permanente" (op. cit., 115) en un área que abarca la ribera española del Guadiana: "a partir de Pomarão a zona fronteiriça espanhola é quási só habitada por portugueses, que para ali emigraram, arrendando ou comprando fazendas e nelas se fixando" (op. cit., 63-64). Esto es, se trata, de nuevo, de la mencionada zona que abarca los municipios de El Granado, Sanlúcar de Guadiana, San Silvestre de Guzmán, Villablanca, Ayamonte... En cuanto a las migraciones de temporeros portugueses, mientras que algunas se mantenían incluso durante los años de nuestra contienda civil: "Em 1937, a pesar da Guerra Civil que em Espanha ainda prosseguia, pediu o Alcalde de Cartaia ao Governador Militar de Sevilha que autorizasse que uns 600 portugueses fossem para aquela localidade para fazerem a campanha do figo" (Anica, 2009: 38-39), lo cierto es que aquellas llegadas masivas de segadores fueron decayendo desde 1939. Por otra parte, en todos estos puertos la parla marinera en que se comunicaban todavía en los años 50 los pescadores comarcanos de ambos países, que faenaban frecuentemente en las mismas *jábegas*, era descrita como "une mélange pittoresque des deux langues" (Trotel, 1956: 6)[20]. Estudios dialectales posteriores pusieron de manifiesto el bilingüismo parcial de algunos hablantes de Odeleite, Alcoutim o Sanlúcar de Guadiana (Maia, 1975-1978: 126), así como de los caseríos leperos de la zona denominada *Campo Arriba* y entre los pescadores de La Antilla (Lepe) (Mendoza Abreu, 1985[21]: 21). Y es que el conocimiento de este bilingüismo siempre ha formado parte de un saber colectivo recogido en ocasiones en publicaciones locales, como la revista ayamontina *Cre(s)cida*: "son gentes poco acostumbradas a que lleguen forasteros a su puerta. Hablan una lengua extraña, mitad español y mitad portugués. Estamos en Casas de la Parra y según nos dicen, *Sanlúcar fica um pouco lejos; ainda muito*" (González, 1989: 40).

El origen, pues, de las más recientes afluencias lusas en el tercio occidental onubense hay que buscarlo en los asentamientos de labradores portugueses y sus familias entre finales del XIX y las dos primeras décadas del XX[22], según nos informaron los bilingües encuestados en los lugares y casas del enclave[23]; aunque todo indica que el establecimiento en su mitad norte sería algo posterior, acaso de entre los años 20 y 40 del pasado siglo (Hernández y Castaño, 1996: 145). Y, a su vez, esos asentamientos se habrían producido a partir de las tradicionales migraciones de temporeros portugueses en diversos ámbitos y ocupaciones laborales (el cultivo del arroz, la vendimia, el corte de palma y esparto, la minería, la pesca o la industria conservera) (López Martínez, 2011: caps. 2 y 3), entre las que destaca la de las cuadrillas de segadores (*ratiños*) que año tras año recorrían Andalucía, y cuyo paso por Ayamonte en su camino hacia los campos de Jerez de la Frontera (Florencio y López Martínez, 2000, p. 76-84) y Utrera (y aún más hacia el oriente) era todavía recordado por algunos de nuestros informantes naturales de allí.

---

[20] En este sentido, es reseñable también el tradicional bilingüismo entre los *cuicos*, los pescadores de la localidad algarvia de Monte Gordo (Ratinho, 1959); así como los abundantes españolismos del habla marinera del Sotavento algarvio: (*cabos) cerradores, corche* y, paralelamente, los lusismos en el español hablado en el litoral onubense: *longuerón, mechillón, malleiro, burgalao...* (Mendoza Abreu, 1999).

[21] Estudio publicado en 1985 pero ultimado en 1977.

[22] En consonancia histórica, seguramente, con las dificultades que vivió el sur portugués durante la crisis agraria que siguió a la proclamación de la República en 1910.

[23] Algunos con nombre de clara raigambre lusa como *Barcia Longa, Barcia Redonda, La Borralla, Casa Pallota, Matabichos, El Valiño, La Ortita, Matacavalos, Alto de las Junquiñas, Las Escaleriñas*, o que reproducen otros de aquella orilla (topónimos-espejo): *Monte Gordo*.

Y así, estas dinámicas socio-laborales fueron convirtiendo el tercio occidental de Huelva en un espacio de expansión poblacional portuguesa en distintos momentos históricos. En cuanto a su procedencia, tema recurrente en nuestras encuestas, podríamos definir muchos de aquellos asentamientos como migraciones de vecindad, de "corto alcance": las zonas bajoaletejanas (Mértola, Aldeia Nova de São Bento) y algarvias (Almada de Ouro, Alcaria) solían ser las más cercanas a los lugares onubenses en que se establecieron[24]. Y a este hecho habrá de responder, sin duda, la particular ubicación geográfica de algunos dialectalismos portugueses de tipo léxico en andaluz occidental: gracias al *ALEA* sabemos que en el norte de Huelva, de Sevilla e incluso de Córdoba se recogen alentejanismos como *jiro* 'haza grande' (< *geira* 'antigua medida agraria') o *mosico* 'mendrugo de pan'; mientras que algarvismos como *mascotar* 'apalear cereales' se localizan en la frontera onubense que va desde Sanlúcar de Guadiana hasta la costa (López de Aberasturi Arregui, 1986: 195).

3. El enclave en el *ALEA*

Obviamente, como era de esperar, algo de todo esto habría de aparecer ya durante las entrevistas que los autores del *ALEA* llevaron a cabo en los años 50 en los puntos de encuesta seleccionados en la provincia de Huelva[25]. Así, en "Portuguesismos en andaluz", trabajo publicado diez años antes (1963) de la edición de los seis volúmenes del atlas (1973), el profesor M. Alvar se ocupó de los lusismos inventariados de entre todas las respuestas obtenidas en dichas encuestas tratándolos, para su determinación como tales, según criterios de fonética histórica (*gallo* 'gajo') y/o de tipo léxico (*cavaco* 'astilla') y distribuidos según su densidad de aparición: ocasionales (hasta en 3 puntos) o aclimatados (en más de 3 puntos).

---

[24] De hecho, en Paymogo, donde *La Raya* se conoce como *La Ribera* (del Chanza), es creencia extendida que algunos de los apodos locales evocarían el origen de muchos jornaleros llegados en el tiempo de la siega: *Oliveños* (de Oliva de la Frontera, Badajoz), *Marillejas* (de la localidad portuguesa de Amaraleja, al norte de Barrancos), *Foliñas* (Foliñas es un área rural de su término, al oeste de Paymogo) o *Portos* (de la región de Oporto?), aunque el aporte poblacional de Oliva de la Frontera parece responder a un asentamiento más regulado y algo anterior a la Guerra Civil.

[25] En las respuestas obtenidas por el *ALPI* en los puntos de encuesta de Paymogo (518), Alosno (519) y Villablanca (521), y que hemos podido consultar, no se halla ninguna referencia directa o indirecta a este enclave bilingüe.

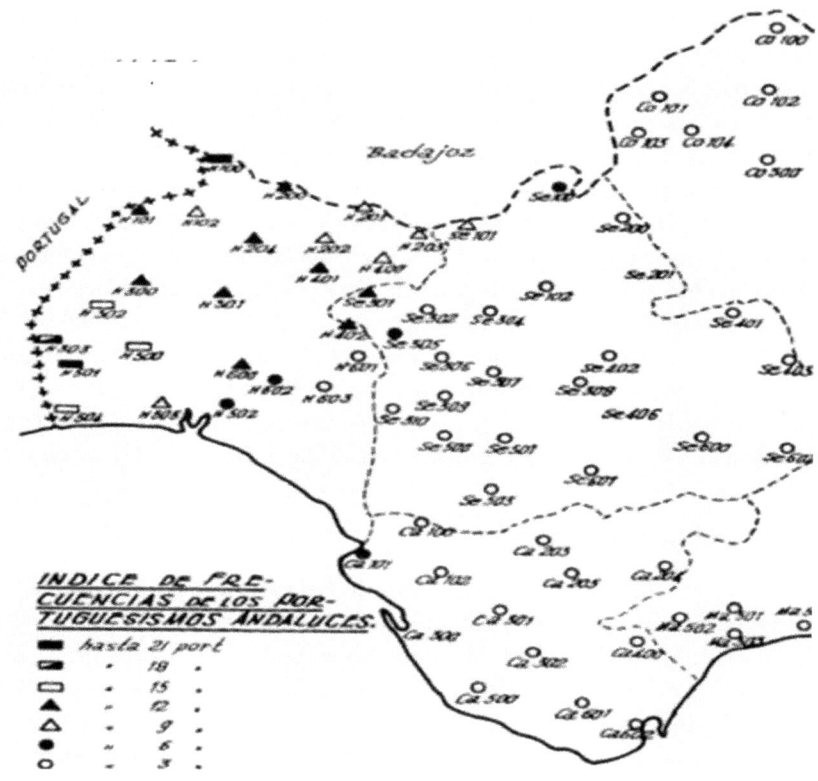

Mapa 1. (de Alvar, M., "Portuguesismos en andaluz", 1963).

Pues bien, en el mapa 7 del mencionado artículo que aquí reproducimos (Mapa 1) la diferente frecuencia que presentaban los 60 portuguesismos, así considerados en los puntos de encuesta, ofrecía una mayor intensidad en la localidad de Encinasola (H 100)[26] y en la andevaleña San Silvestre de Guzmán (H 501), en donde "prácticamente no existe nadie en la localidad […] que no tenga algún ascendiente portugués" (Alvar, 1963: 316), seguidas de Sanlúcar

---

[26] Aunque el autor asegura que allí no residía "ningún portugués" (op. cit.: 315, nota), se halla muy próxima al pueblo portugués de Barrancos.

de Guadiana (H 303)[27], de la que se nos informa que "en su término municipal hay una aldea que habla portugués" (loc. cit.) y que no ha de ser otra que El Romerano (*O Romerão*, en el habla local). Importante, pero algo menor, es el número de lusismos que se registraron en Puebla de Guzmán (H 302) de la que dice el autor que "tiene alguna inmigración portuguesa, del Algarve. Hay relaciones con Portugal: sobre todo, para trabajar en las minas" (op. cit.: 315), en San Bartolomé de la Torre (H 500), que "posee, desde antiguo, una inmigración portuguesa cuantitativamente no despreciable. Se han producido matrimonios mixtos" (loc. cit.), y en Ayamonte (H 504), que "tiene una abundantísima inmigración portuguesa, hasta el extremo de serlo el 60% de la población rural" (loc. cit.). Observemos que el área de mayor densidad de préstamos lusos es muy similar a aquellas otras zonas referidas en los trabajos mencionados de Madoz y de Magalhães Basto.

Área que se volvió a confirmar en un trabajo nuestro (López de Aberasturi Arregui, 1986) sobre un corpus de 48 préstamos lusos recogidos entre los materiales del vol. I del atlas andaluz, aquellos referentes a un universo temático de tan fuerte arraigo al terreno, como son la agricultura tradicional, el carboneo, la elaboración del vino, pan y aceite o la saca de corcho.

En efecto, en el Mapa 2, en donde se representan los distintos índices de frecuencia de aquellos portuguesismos en los puntos de encuesta, se observa, de un modo similar al estudio de Alvar, una mayor densidad en el rincón suroeste de la provincia: en primer lugar, en el léxico del rayano Sanlúcar de Guadiana, seguido de Ayamonte, San Silvestre de Guzmán y San Bartolomé de la Torre, así como de Beas (H 600). Asimismo, la pertenencia de muchos de esos lusismos al ámbito designativo de la siega (y no al de las tareas de la trilla o la limpieza del grano: *esmancharse* 'vaciarse o deshacerse un haz'; *pavea* 'manojo de mies, gavilla'; *montullo* 'manojo de trigo'; *biquera* 'dediles del segador'; *en ventrellón* 'trigo a punto de espigar'; *meda, coroza, rilero* 'tresnal'…), así como la inusual y extraordinaria difusión hacia el centro y levante de la región de alguna de esas voces (*en ventrullo* y *pavea* llegan hasta Granada y Almería) debían estar en relación con la secular migración de temporeros portugueses antes mencionada.

---

[27] El profesor Salvador, que fue el encuestador en los puntos del rincón suroeste de Huelva informó en otro trabajo del uso, aunque esporádico allí, del adverbio *ainda* 'todavía' (Salvador, 1967: 261).

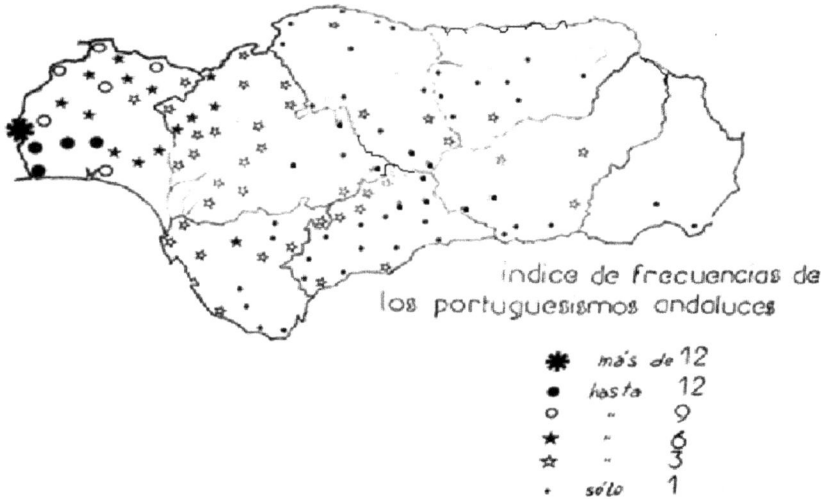

Mapa 2. (de López de Aberasturi Arregui, I., *Introducción al estudio de los occidentalismos (leonesismos y portuguesismos) en andaluz*, 1986).

Pero también se puede rastrear entre las respuestas y observaciones del atlas algunas referencias directas a este asentamiento de agricultores lusos en la zona. Así, en el mapa 60 (vol. I), entre los distintos modos de trilla de cereales se registra el arcaico método de trillar tan sólo con las patas de los animales (grupos de vacas o *coblas* de caballerías), sin instrumento alguno. Cabe pensar, como hace Fernández-Sevilla, "que sea un resto de viejos procedimientos que respondan a un estadio general y común de agricultura primitiva"[28] que pervive en zonas arcaizantes de Andalucía, entre las que se encuentran los 12 puntos del norte y oeste de Huelva en que se conoce el método (Mapa 3). Pues bien, junto a ese "sabor vetusto" del pisado sin trillo, surgen otras connotaciones asociadas, tales como el menor poder de los labradores que lo realizan (Encinasola H 100), su elección por parte de quien dispone de muchas caballerías (Los Corrales Se 602)[29], o bien, su origen portugués, como

---

[28] Fernández-Sevilla, 1975: 196.

[29] "...lo que parece indicar que este procedimiento se prefiere al otro [el de trillar con trillo], ello viene en apoyo de las palabras de A. de Herrera antes citadas: otra es muy mejor, como usan donde hay abundancia de bestias..." (Fernández-Sevilla, 1975: 197).

en Ayamonte (H 504): "los portugueses establecidos en la comarca trillan con vacas"[30].

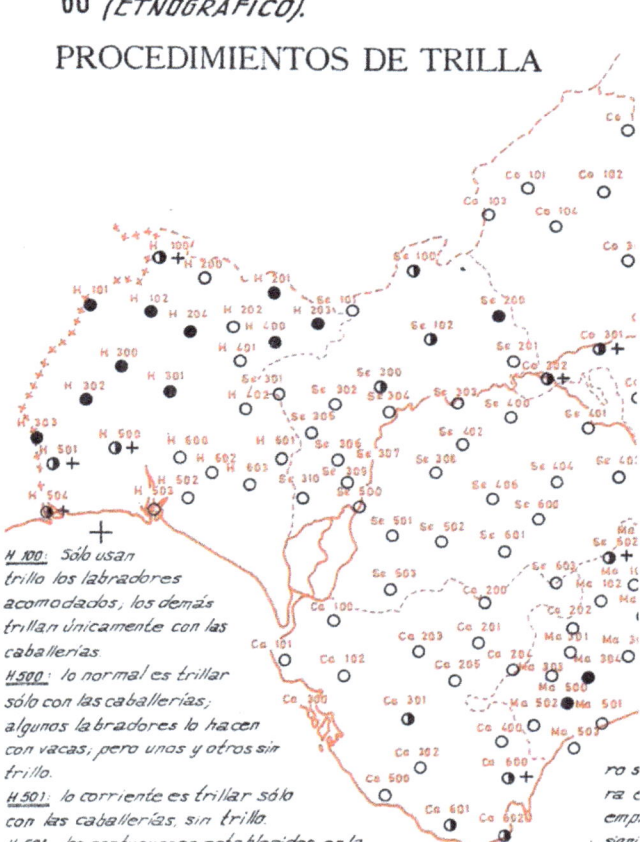

Mapa 3. (de *ALEA*, vol. I).

---

[30] La elección del ganado vacuno para este menester se registra también en San Bartolomé de la Torre (H 500).

Asimismo, en el mapa que recoge los nombres del mayal con el que se desgranaban los cereales (vol. I, m. 114) se consignan muchos datos que hablan del carácter netamente portugués que tiene este viejo utensilio en el suroeste de Huelva (véase en Mapa 4). Esto se evidencia, en primer lugar, en la propia denominación (*potro*) que recibe en San Bartolomé de la Torre (H 500), San Silvestre de Guzmán (H 501) y Ayamonte (H 504)[31] y que se halla en relación con voces portuguesas de claro carácter dialectal: Odeleite *prite*, *priticu* 'parte mais curta do mangual que bate no centeio'[32] ; trasmontano *potro*[33]... En segundo lugar, en las notas particulares de dicho mapa aparece la forma *palo de mascotar* para dicho instrumento en Sanlúcar de Guadiana (H 303), así como la voz *mascotar* con el valor de 'apalear frutos o centeno' en San Silvestre de Guzmán (H 501) y San Bartolomé de la Torre (H 500). Se trata de una forma importada del portugués del Algarve[34], en donde *mascotar* o *mastocar* es la denominación más general para dicha acción. Por último, y en lo que atañe a nuestro enclave, en Ayamonte (H 504) y San Bartolomé de la Torre (H 500) se informa que dicho apero "sólo lo usan los portugueses establecidos en la comarca", lo que conforma a la voz *potro* como un préstamo *obligatorio*, esto es, importado junto con el objeto que designa y cuyo uso se desconoce entre la población "autóctona" del ámbito rural de dicho rincón suroeste.

En el mapa 878 (vol. IV) que inventaría los significantes andaluces para 'elevación del terreno' se registra de manera mayoritaria *cerro* en toda la región, con la sola excepción de 8 puntos del tercio sur onubense, donde se prefiere *cabezo* (Mapa 5). Pues bien, el sujeto entrevistado en el punto San Silvestre de Guzmán (H 501) donde son usuales las formas *cumbre* y *cabezo*, puntualizó que "los portugueses son los que dicen *cerro*", lo que evidencia, de paso, una conciencia geolingüística de muy corto alcance por parte de dicho informante.

---

[31] Así como en Lepe, donde también se le denomina *mangual*, otro portuguesismo: Mendoza Abreu, 1985: 185.

[32] Cruz, 1991: 320. Téngase en cuenta que en el falar algarvio es frecuente el cambio *-o* final > *-e*.

[33] Carvalho, 1953: 321.

[34] "o verbo, como era de esperar, não se encontra, restringido ao Algarve, tendo eu tido ocasião de o registar directamente no Minho e em Tras-os-Montes" (op. cit.: 175).

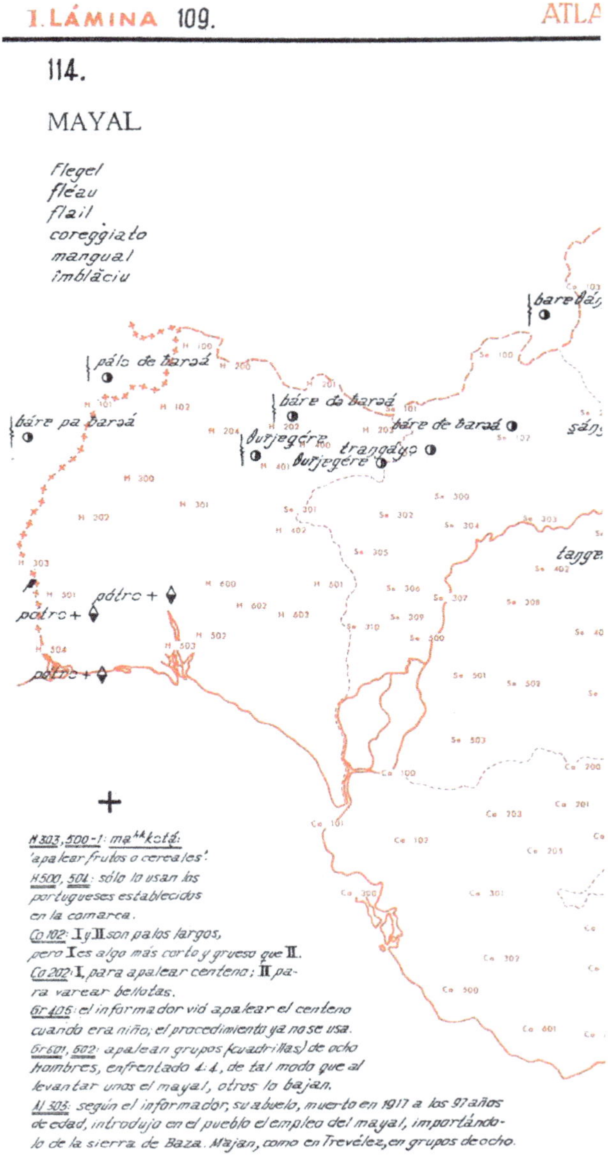

I. LÁMINA 109.   ATLA

114.

MAYAL

Flegel
fléau
flail
coreggiato
mangual
imblàciu

Mapa 4. (de *ALEA*, vol. I).

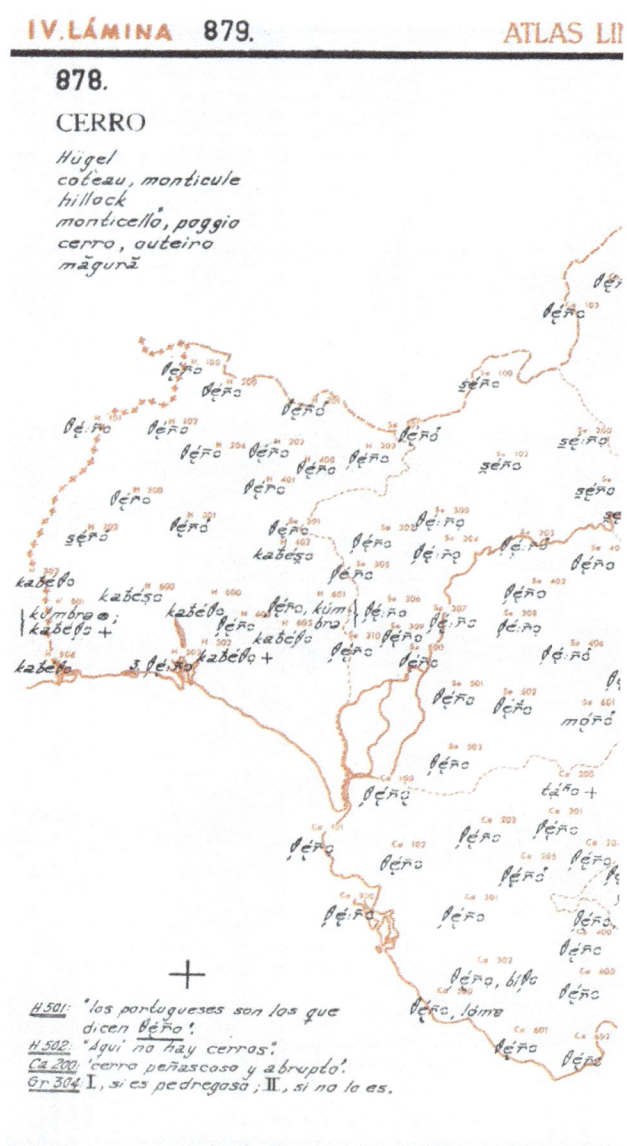

Mapa 5. (de *ALEA*, vol IV).

Y un último dato recogido en el atlas que ejemplifica una doble asociación sociocultural, la de los pueblos de este enclave con los portugueses (sea con los del país vecino o con los asentados a esta parte del río), y la que vincula a personas de ese origen con determinados oficios: en Sanlúcar de Guadiana, al preguntar por el nombre del aladrero (vol. IV, m. 935) el informante respondió *maestro de los araos*, para después especificar que "no hay, pero viene algún portugu*és de vez en cuando*". Curiosamente, otro *maestro de los araos* portugués (este con su especial mezcla idiomática) aparece también evocado en un libro de estampas ayamontinas de inspiración juanramoniana:

> La pobrísima carpintería del "maestro de los araos" en la calle de Las Flores, tenía más estrellas que cualquier moderno restaurante. Todas se filtraban por entre las viejas tablas del techo y cantaban una sinfonía de luz a la que el viejo maestro ponía una letra de chapurreado portugués (Pérez Castillo, 1989: cap. LXXXVIII).

4. Investigaciones sobre el terreno

Como ya dijimos, a fin de apreciar la peculiar dinámica que ha experimentado ese mantenimiento del portugués hablado en el enclave durante los últimos veinte años, exponemos en el Mapa 6 los lugares lusófonos diferenciándolos según dos criterios: el primero atiende al grado de certificación efectiva del uso del portugués y el segundo a la datación cronológica de la información sobre dicho uso. Así, aparecen con los símbolos en color verde claro las aldeas, casas, cortijos y lugares de los que sabíamos de su lusofonía hasta el año 2000, diferenciando además entre los que fueron tan solo objeto de referencias históricas, escritas, o bien de testimonios orales e indirectos de los residentes en la zona (💧) y aquellos otros núcleos en los que nosotros mismos pudimos comprobar de manera efectiva (y grabar) en 1992 ese uso hablado del portugués (⭐). Del mismo modo, en el Mapa 7 se representa con símbolos en verde oscuro todos los datos y ubicaciones obtenidos durante las encuestas del proyecto FRONTESPO (2016, 2018 y 2022), convenientemente diferenciados mediante lágrima (💧) o estrella (⭐) según el grado de verificación antes expuesto.

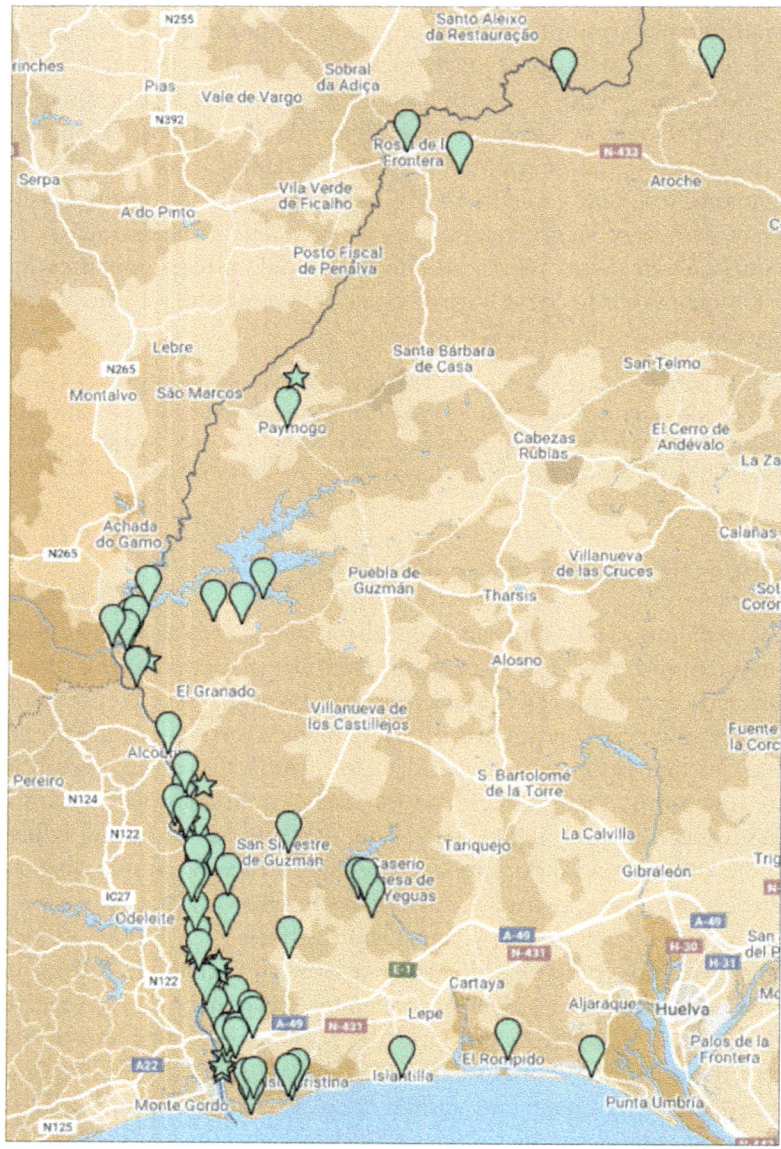

Mapa 6. Lugares cuya lusofonía (referida o verificada) se mantenía hasta finales del s. XX (Mapa de elaboración propia).

Como se aprecia en el mapa, los lugares lusófonos de los que tuvimos noticia o comprobamos sobre el terreno hasta el 2000 constituyen el legado idiomático del asentamiento tradicional de aquellos labradores y pastores lusos en huertas (allí denominadas *barcias*[35]) y caseríos dispersos y alejados de las cabeceras municipales (casas de Majaditas y Pagos de Sierra en el término de Paymogo; las fincas de Alquería de la Vaca en el de Puebla de Guzmán; Puerto de La Laja, Cuarteles de Gil y Santa Catalina en el de El Granado; Valdeliebres, Puerto Carbón o El Romerano en el de Sanlúcar de Guadiana; las casas de Fuente Santa, Los Céceres y Matanegra [en el mapa, a la orilla del Guadiana] en el de San Silvestre de Guzmán; la de Simientes Pardas en el de Villablanca; las de Santa Clara, El Dique, El Rocín, La Algarrobera, La Zaballa, La Leona y otras huertas de Ayamonte; las de *Campo Arriba* [al sur del embalse del Piedras] en el municipio de Lepe, etc., a donde las generaciones más jóvenes acudían de forma habitual (escuela, compras, Administración) y en donde, en muchos casos, terminaron asentándose muchas de esas familias. La zona que abarcaría históricamente esa pervivencia familiar y doméstica del portugués es la misma en la que aún se registran elementos folklóricos de origen luso, tales como la creencia en los *lobisomes* (Valcuende del Río, 2000: 123-126), el ciclo festivo que jalonan las celebraciones en honor a San Antonio de Padua, las fiestas en torno a los *mastros* o *pirulitos* el día de San Juan (o de San Pedro), los *corridiños* con acompañamiento de acordeón y jamba, la tradicional sopa *açorda* y toda la gastronomía del cilantro (*culantro* en Paymogo, forma cruzada con el port. *coentro*), etc. Un área, en definitiva, de contornos difusos, a caballo entre varias comarcas y con entornos agrícola y pesquero, algunos de cuyos elementos definidores podrían ser el poblamiento disperso en el extrarradio de los términos municipales, el intenso éxodo rural que experimentó desde

---

[35] Se trata de una forma vinculada a una familia léxica (portugués *várzia, vargem, varzem* 'campo inundable y cultivado', gallego *barcia* 'id': DCECH, s.v. *varga*) que presenta muchas variantes en la toponimia rayana (*Barcia, Varzim, La Varze*) y en antropónimos onubenses (*Barcia, Bárcenas*).

los años 60 hacia las grandes capitales y las respectivas cabeceras municipales, las huertas de la Ribera del Chanza y del Guadiana, el tradicional contrabando, las explotaciones mineras en la zona de Las Herrerías y la línea férrea hasta Puerto de La Laja, donde se empleaban más de 400 trabajadores en la carga de mineral en barcos de altura, y, en un ámbito más restringido, el comercio entre ambas orillas propiciado por los pescadores de río con sede en Mértola[36], la afluencia de gentes de ambas orillas en busca de los remedios del curandero Antonio, "el Español", en la localidad de El Granado, etc. Y viene también a coincidir con las zonas lusófonas descritas por Madoz y Magalhães Basto, así como con el área de mayor densidad de lusismos léxicos (Alvar, 1963 y López de Aberasturi Arregui, 1986): el rincón suroeste de la provincia. Obviamente, los dos códigos (español y portugués) en que se expresan los allí residentes presentan un fuerte color dialectal (andaluz, algarvio, alentejano) y se halla muy interferenciado por la otra lengua en presencia.

En este mapa, que recoge ya las informaciones y las encuestas directas realizadas en el marco del proyecto FRONTESPO, se observa una abrupta reducción de los lugares lusófonos en estos últimos 30 años. De los 75 núcleos bilingües registrados antes de 2000 pasamos a tan solo 33 registrados (por ahora) en lo que llevamos de siglo. En la mayoría de las ocasiones ello es debido al fallecimiento de los últimos residentes allí, y en otras, al desplazamiento de su residencia a otros lugares, especialmente a las respectivas cabeceras municipales (Ayamonte, Villablanca, Puebla de Guzmán, El Granado, Paymogo, etc.). Obviamente, sería erróneo interpretar este cambio como una propagación de ese bilingüismo "desde los campos a los pueblos", dada la escasísima trascendencia social que adquiere el asentamiento "urbano" de esos pocos bilingües, reubicados además en algún

---

[36] A pesar de la conocida escasa afición por el pescado fluvial por parte de los españoles de la zona.

ENCLAVE PORTUGUÉS EN LA ORILLA ONUBENSE DEL GUADIANA

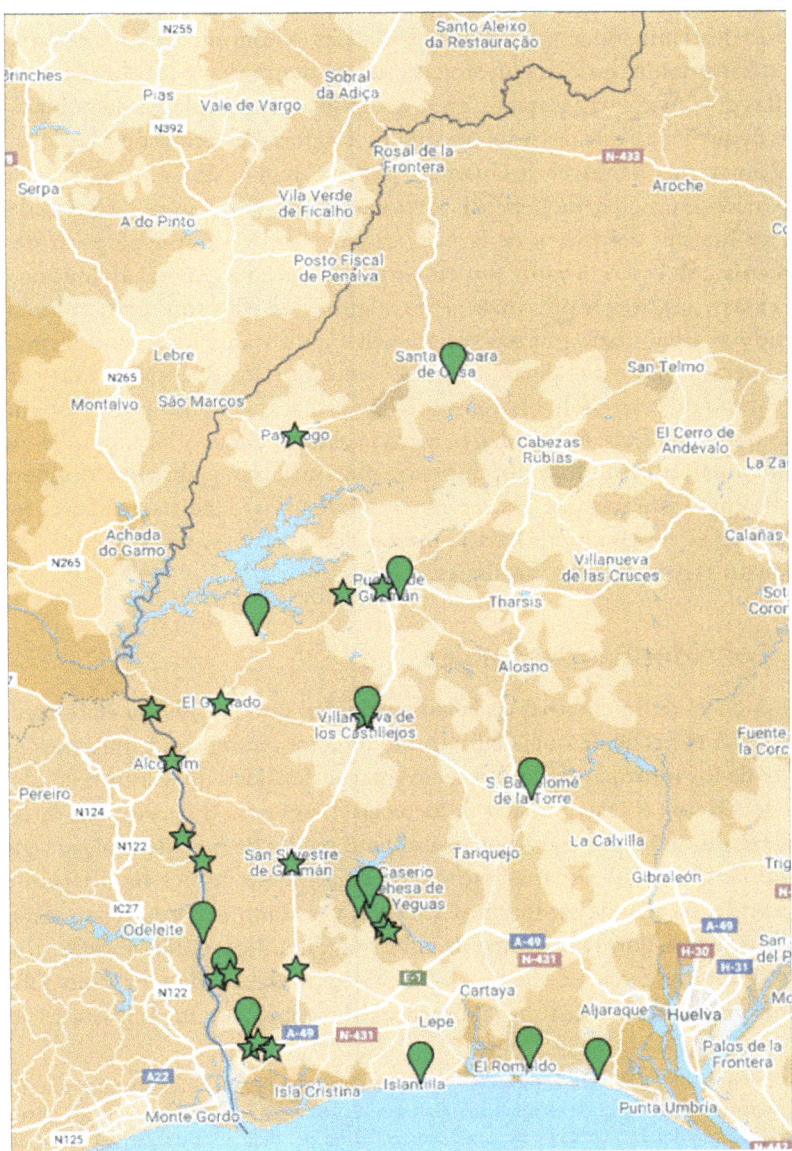

Mapa 7. Lugares cuya lusofonía (referida o verificada) se mantiene durante el s. XXI (Mapa de elaboración propia).

barrio determinado, como el de La Villa[37], en Ayamonte. Aparte de esto, si "históricamente" las casas lusófonas estaban densamente localizadas en las orillas del Guadiana (Mapa 6), en la actualidad, las entidades de población más pequeñas en que resiste el portugués se aglomeran en torno a la aldea de El Romerano, (Sanlúcar de Guadiana), a las alquerías de Campo Arriba (en el partido municipal de Lepe, al norte de la A-49), a la casa de La Estacada[38], y a las huertas del Estero de la Nao (al norte de Ayamonte), a pesar de la cercanía a su casco urbano. Sin embargo, a pesar del general abandono de las casas y las *barcias* próximas al río, algunas de ellas son temporalmente atendidas y habitadas por sus antiguos dueños durante los fines de semana y en verano. En otras palabras, no es tanto que los dueños de esas casas de campo dejaran de hablar en portugués, sustituyéndolo por el español, sino que, más bien, lo que dejaban era la casa, la *barcia* y su modo de vida tradicional, afincándose en entornos más urbanos y abrumadoramente monolingües en español. Y ya en ese nuevo marco, reducirían cada vez más el uso de su lengua materna a la interacción verbal en su domicilio y tan solo con algunos de sus familiares.

5. Consideraciones finales

Sin duda es representativo de la exhaustividad que presidió la elaboración del *ALEA* el hecho de que, de un modo directo (referencias y alusiones por parte de los informantes) o indirecto (mayor densidad de lusismos en algunas comarcas), el atlas andaluz ya "detectara" en su día la pervivencia de este enclave bilingüe que seguimos investigando a día de hoy, de este *portugués de las barcias* del Guadiana. Río que, secularmente, nunca han dejado de trascender oleadas de campesinos, mineros y pescadores desde el país vecino a la busca de mejores horizontes de vida. Esas dinámicas socio-laborales irían convirtiendo el tercio occidental de Huelva en un espacio de expansión poblacional portuguesa en distintos momentos históricos. Aunque la investigación

---

[37] "El barrio de La Villa es campesino", era una idea repetida en Ayamonte por nuestros informantes (López de Aberasturi Arregui, 2016: 137) y los de la investigación de Valcuende del Río (1996) y se establece de forma paralela a los apelativos populares del tipo *zapatúos* y *villorros* (de La Villa) frente a *garrapatúos* (del barrio de La Ribera).

[38] La extensa familia de los Martins (o *Martín*, o *Martiño*) siguen todavía hoy articulando con lazos de parentesco varios de los núcleos habitados en la zona.

sigue todavía abierta, nos atrevemos ya a plantear una propuesta. Aunque el último de aquellos asentamientos tendría su raíz en el colapso agrario de Portugal en torno a 1910, en la huida de llamada a filas durante la 1ª Guerra Mundial y en la *crise das subsistências* que le siguió, la zona y la frecuencia de aquellas arribadas demográficas a lo largo de los siglos nos fuerzan a considerar si ese portugués hablado en el enclave no habría coadyuvado también en el origen histórico y en la pervivencia sociolingüística de rasgos fónicos del español de la provincia de Huelva, como el mantenimiento del fonema palatal /ll/ en localidades de su litoral y del Andévalo (Hidalgo, 1977) o de la gestación del seseo que caracteriza a esta última comarca, y tan alejado del otro seseo sevillano-cordobés…

Bibliografía

ALEA (1961-1973). Alvar, M. (con la colaboración de A. Llorente y G. Salvador). *Atlas Lingüístico y Etnográfico de Andalucía*, 6 vols., Granada, CSIC.

ALPI (1962). Navarro Tomas, T., *Atlas Lingüístico de la Península Ibérica*, vol. I (Fonética), Madrid, CSIC. Asimismo, www.*ALPI*.

Alvar, M. (1963). Portuguesismos en andaluz, en *Weltoffene Romanistik Festschrift Alwin Khun*. Innsbruck, 309-324.

Álvarez Pérez, X. A. (2022). Nuevas perspectivas de investigación sobre las hablas en la frontera entre España y Portugal. En I. Molina Martos y P. García Mouton (eds.) *Geolingüística en la Península Ibérica*, Madrid, CSIC, 201-219.

Anica, A. Casimiro (2009). Obstruções e facilidades das autoridades portuguesas nas saídas sazonais dos trabalhadores algarvios para as terras raianas andaluzas, 1850-1940, *Actas de las XIII Jornadas de Historia de Ayamonte*, Ayamonte, Área de Cultura, 31-43.

Barrenechea, E. (1982). Cuando el portugués penetra en España., *El País*, 6 de Abril de 1982. <https://elpais.com/diario/1982/04/06/espana/ 386892005_850215.html>.

Basto, A. de Magalhães (1923). A fronteira hispano-portuguesa (Ensaio de geografia política), *O Instituto*, Coimbra, 70, nº 2, 57-69, 103-117 y 211-225.

Bernaldo De Quirós, C. (1986). *Colonización y subversión en la Andalucía de los ss. XVIII-XIX*, Sevilla, Editoras Andaluzas Unidas.

Cáceres Feria, R. y Gandullo, M. A. (2013). Una propuesta para el análisis de la articulación social del litoral andaluz a través de la pesca, *Revista Andaluza de Antropología*, 4, 55-78. Publicado on-line: file:///C:/Users/Portatil/Downloads/caceresycorbacho%20(11).pdf

Canterla, J. F. (2012). Dos siglos de la Fiesta taurina en Ayamonte (1700-1900), *XVI Jornadas de Historia de Ayamonte*, Ayuntamiento de Ayamonte, Ayamonte, 177-187.

Caro, R. (1634). *Antiguedades y principado de la Ilustríssima ciudad de Sevilla y Chorografía de su convento iurídico, o antigua Chancillería*, Sevilla, Andrés Grande.

Carrasco González, J. M. (2021). *Dialectología fronteriza de Extremadura. Descripción e historia de las variedades lingüísticas en la frontera extremeña.* Berlín: Peter Lang.

Carrasco González, J. M. y Viudas, A. (eds.) (1996). *Actas del Congreso Internacional Luso-Español de Lengua y Cultura en la Frontera*, Cáceres, Universidad de Extremadura, 3 vols.

Carvalho, J. G. Herculano de (1953). Coisas e Palavras. Alguns problemas etnográficos e linguísticos relacionados com os primitivos sistemas de debulha na Península Ibérica, Separata de *Biblos*, Coimbra, Imprensa da Universidade, vol. XXIX.

Cavaco, C. (1972). Migrações internacionais de trabalhadores do Sotavento do Algarve, *Finisterra. Revista Portuguesa de Geografía*. 7, 13, 41-83.

Corbella, D. y Fajardo, A. (eds.). *Español y portugués en contacto. Préstamos léxicos e interferencias*, Berlin-Boston, Gruyter.

Costa, R. (2002). *A emigração de algarvíos para Gibraltar e Sudoeste de Andaluzía, 1834-1910*, Lisboa, Estar Editorial.

DCECH: Corominas, J. y Pascual, J. A. (1991). *Diccionario crítico etimológico castellano e hispánico*, Madrid, Gredos, 6 vols.

Elizaincín, A. (1992). *Dialectos en contacto: español y portugués en España y América*, Montevideo, Arca Editorial.

Fernández-Sevilla, J. (1975). *Formas y estructuras en el léxico agrícola andaluz*, Madrid, CSIC.

Feu Muro, A. (2005). *Ayamonte a través del tiempo*, Sevilla, Guadalquivir Ed.

Florencio Puntas, A. y López Martínez, A. L. (2000). Las migraciones estacionales agrarias en Andalucía anteriores al siglo XX, *Boletín de la Asociación de Demografía Histórica*, XVIII, 71-100.

Garcia, J. C. (1989). Os portugueses de Ayamonte em 1882: criadas, jornaleiros e pastores, *Finisterra*, 24, 141-150.

González, D. J. (1989). La ruta del Guadiana, revista *Cre(s)cida*, Ayamonte, número de agosto, 39-41.

González Cruz, D. (1998). Explotación del territorio y política repobladora en el Marquesado de Ayamonte durante la Edad Moderna, en E. R. Arroyo Berrones (coord.), *II Jornadas de Historia de Ayamonte*, 53-82.

González Salgado, J. A. (2017). El léxico portugués en las hablas dialectales de las comarcas rayanas españolas. En D. Corbella y A. Fajardo (eds.), *Español y portugués en contacto. Préstamos léxicos e interferencias*, Berlin-Boston, Gruyter, 105-127.

González Salgado, J. A. (2021). Líneas de trabajo y principales resultados del Proyecto de investigación FRONTESPO, en Mª. F. Gonçalves y Mª. V. Navas Sánchez-Élez (eds.), *O barranquenho como língua de contacto no contexto românico*, Lisboa, Colibri, 137-164.

Hernández León, E. y Castaño Madroñal, A. (1996). Una frontera, un espacio social cambiante: 'La Raya de Portugal', *Demófilo*, 20, 139-153.

Hidalgo Caballero, M. (1977). Pervivencia actual de la LL en el suroeste de España, *RFE*, 59, 119-143.

Kaplan, T. (1977). *Orígenes sociales del anarquismo en Andalucía. Capitalismo agrario y lucha de clases en la provincia de Cádiz (1868-1903)*, Barcelona, Crítica.

Lara, M. J. de (1999). Procesos urbanos y vida material en dos poblaciones paralelas, en E. Arroyo Berrones (coord.), *I Jornadas de Historia de Ayamonte*, Ayuntamiento de Ayamonte, (2ª ed.), 37-58.

López Martínez, A. L. (2010). El cólera morbo de 1885 y sus repercusiones sobre la emigración portuguesa en Isla Cristina, en *II Jornadas de Historia de Isla Cristina*, Asociación Cultural "El Laúd", Isla Cristina, 11-30.

López Martínez, A. L. (2011). *Cruzar la Raya. Portugueses en la Baja Andalucía*, Sevilla, Centro de Estudios Andaluces.

López De Aberasturi Arregui, I. (1986). *Introducción al estudio de los occidentalismos (leonesismos y portuguesismos) en andaluz*, Memoria de Licenciatura presentada en la Universidad de Granada, 1986 (publicada en microfichas, 1992).

López De Aberasturi Arregui, I. (2016). *Dinámica sociolingüística y lenguas en contacto en la comunidad de habla de Ayamonte*. Tesis doctoral presentada en la Universidad de Granada. Acceso en http://hdl.handle.net/10481/46830

López De Aberasturi Arregui, I. (2021). Mantenimiento del portugués hablado en el ámbito rural de Ayamonte y del Andévalo occidental, *XXIV Jornadas de Historia de Ayamonte*, Ayamonte, Ayuntamiento de Ayamonte, 97-122.

López De Aberasturi Arregui, I. (2023). El portugués hablado en la orilla onubense del Guadiana. Diacronía y sincronía, en E. Hernández León (ed.), *Cultura de frontera, memoria y patrimonio cultural. De la Raya Hispano/Portuguesa y otras fronteras*, Granada, Comares, 187-200.

López De Aberasturi Arregui, I, y Rodríguez Lorenzo, D. (2022). Mantenimiento del portugués hablado en la ribera onubense del Guadiana, *eHumanista: IVITRA*, 22, 367-387.

Madoz, P. (1845-1850). *Diccionario Geográfico-Estadístico-Histórico de España y sus Posesiones de Ultramar*, 16 vols., Madrid, Est. Literario-Tipográfico de P. Madoz y L. Sagasti.

Maia, C. de Azevedo (1975-1978). Os falares do Algarve (Innovação e conservação), *RPF*, 17, 37-205.

Martín Benito, J. I. (2019). Conflictos de términos en la Raya hispano-portuguesa en el siglo XVI, *Brigecio*, 29, 75-112.

Matias, M. F. de Rezende (1984). Bilinguismo e níveis sociolingüísticos numa região luso-espanhola (Concelhos de Alandroal, Campo Maior, Elvas e Olivença), *Revista Portuguesa de Filología*, 18-19, 117-366.

Medina López, J. (2002). *Lenguas en contacto*, Madrid, Arco Libros.

Mendoza Abreu, J. M. (1985). *Contribución al habla rural y marinera de Lepe (Huelva)*, Huelva, Diputación Provincial de Huelva.

Mendoza Abreu, J. M. (1999). Algunos portuguesismos en el suroeste onubense, en P. Carbonero, M. Casado Velarde y P. Gómez Manzano (eds.), *Lengua y Discurso. Estudios dedicados al profesor Vidal Lamíquiz*, Madrid, Arco-Libros, 659-669.

Miravent, J. (1981) [1824], *Memoria sobre la fundación y progresos de la Real Isla de la Higuerita*, Huelva, Diputación Provincial de Huelva, (reproducción de la obra escrita en 1824).

Moreno Flores Mª A. (2018). Represión, control y exilio en Ayamonte (1823-1833), *XXII Jornadas de Historia de Ayamonte*, 33-52.

Navas Sánchez-Élez, Mª. V. (1992). El barranqueño: un modelo de lenguas en contacto, *Revista de Filología Románica*, 9, 225-246.

Navas Sánchez-Élez, Mª. V. (1998). La frontera lingüística hispano-portuguesa: aproximación bibliográfica, *Madrygal*, 1, 83-89.

Navas Sánchez-Élez, Mª. V. (2017). *O barranquenho. Língua, Cultura e Tradição*, Lisboa, Colibri.

Ossenkop, Ch. (2018). Les frontières linguistiques dans l'est de la Péninsule Ibérique. En Christina Ossenkop y Otto Winkelmenn (eds.), *Manuel des frontières linguistiques dans la Romania*, Berlin/Boston, De Gruyter, 177-220.

Pintado, A. y Barrenechea, E. (1972). *La Raya de Portugal. La frontera del subdesarrollo*, Madrid, Edicusa, Cuadernos para el Diálogo.

Pérez Castillo, R. (1989). *Al vuelo de la cal*, Huelva, Diputación Provincial de Huelva.

Ratinho, Mª. F. Mariano (1959). *Monte Gordo. Estudo etnográfico e linguístico*, Memoria de Licenciatura (inédita) presentada en la Universidad de Lisboa.

Salvador, G. (1967). Lusismos, en *Enciclopedia Lingüística Hispánica*, 2, 239-261.

Sánchez Lora, J. L. (1987). *Demografía y análisis histórico: Ayamonte 1600-1860*, Huelva, Diputación Provincial de Huelva.

Cruz, M. L. Segura da (1991). *O falar de Odeleite*, Lisboa, INIC.

Trotel, M. P. (1956). *Vocabulaire maritime de l'est de l'Algarve et de l'ouest de l'Andalousie*, Paris. Mémoire (inédita) pour le diplôme d'études supérieures, Faculté des Lettres de l'Université de Paris.

Valcuende Del Río, J. M. (1996). Los símbolos de un pueblo: el Padre Jesús y la construcción de la comunidad; la Virgen de las Angustias y la creación de la frontera, *Demófilo*, 19, 145-162.

Valcuende Del Río, J. M. (2000). *Érase una vez... una isla. Recuperación Histórica y Tradición Oral en Canela y Punta del Moral*, Ayamonte, Ayuntamiento de Ayamonte y Consejería de la Presidencia de la Junta de Andalucía.

Valcuende Del Río, J. M. (2018). Cambios y permanencias: reflexiones en torno a la significación de 750 años de frontera en Ayamonte, *XXII Jornadas de Historia de la muy noble y leal ciudad de Ayamonte*, Ayuntamiento de Ayamonte, Ayamonte, 21-32.

Vázquez Cuesta, P. y Mendes Da Luz, M. A. (1987). *Gramática portuguesa*, 2 vols. Madrid, Gredos.

Walter, H. (1997). *La aventura de lenguas en Occidente. Su origen, su historia y su geografía*, Madrid, Espasa.

Zamora Vicente, A. (1970). *Dialectología española*, Madrid, Gredos.

Datos sobre el español hablado en Córdoba capital: El caso de la /s/ implosiva y de la /d/ intervocálica (Nivel de instrucción alto)

Maria de Luca
Universidad de Córdoba

RESUMEN
Este trabajo propone abrir el camino al estudio del habla de Córdoba capital a través de un estudio sociolingüístico cuyos objetivos son analizar la percepción que tienen los hablantes cordobeses de su propia habla y verificar si se efectúan cambios de estilo al pasar de una situación comunicativa a otra. Los resultados alcanzados están correlacionados tanto con los factores sociales, como con la conciencia lingüística de los entrevistados y quieren poner un enfoque no solo sobre la manera de pronunciar los dos rasgos analizados (/s/ implosiva y /d/ intervocálica), sino también sobre el acento andaluz como clave de representación cultural de esta zona de España.

Palabras clave: Sociolingüística, Córdoba, hablas andaluzas, fonética.

1. Introducción

El análisis de las hablas andaluzas siempre ha sido objeto de mucho interés por parte de los lingüistas, sobre todo por el tipo de producciones fonéticas que poseen estas hablas. No obstante, a pesar de su peculiaridad y características —como ya se verá más adelante—, hasta ahora se ha estudiado muy poco el habla de Córdoba capital. Es por esta razón que la investigación que se irá presentando se fija en el análisis de dicha variedad lingüística, gracias a un estudio sociolingüístico, llevado a cabo con el método de las entrevistas y con el que se quieren analizar las realizaciones de dos rasgos fonéticos dentro del habla —la /s/ en posición implosiva y la /d/ en posición intervocálica— además de la estima y sensibilidad de los hablantes hacia el idioma. Antes de seguir, cabe destacar un factor fundamental: se trata de un estudio piloto que ha abierto el paso a un estudio más amplio y detallado que se está realizando todavía. Pese a ello, hasta ahora ya se han empezado a notar algunos factores fundamentales para la descripción del habla cordobesa.

2. Estudios previos

Cuando se entra en el ámbito de la fonética andaluza, diferentes estudios han tratado las realizaciones que se verifican en este conjunto de hablas, además de las diferencias que se registran al pasar de una zona a otra del territorio; pero si nos fijamos en el caso de Córdoba capital, tanto en los atlas, como en las monografías etc. casi no hay informaciones. Si tomamos como ejemplo el *ALEA* (Alvar, 1978), muchos son los mapas en los que se puede notar como la recopilación de muestras de la zona de Córdoba es inferior respecto a otras provincias, cuales Sevilla, Granada o Málaga, lo que lleva a una falta de detalles e informaciones sobre las realizaciones fonéticas en esta zona. Este puede ser el caso de las realizaciones seseantes, ciceantes o de distinción de los hablantes (mapa 1705, tomo VI), en el que al haber pocas muestras, probablemente solo se ha dado el caso de hablantes que realizaban la distinción entre /s/ y /Θ/, cuando en realidad en Córdoba el seseo es uno de los indicios más relevantes de la realización del habla y predomina en gran porcentaje frente a los casos de distinción o de ceceo (Uruburu, 1994, p. 11).

No obstante, empezando por su tesis doctoral de 1988 y luego pasando por sus trabajos sucesivos, Agustín Uruburu Bidaurrázaga ha abierto el camino para el estudio del habla cordobesa, aunque desafortunadamente, sus trabajos luego se han quedado como un caso aislado ya que desde entonces no ha habido más investigaciones parecidas. Sin embargo, tal como afirmó Zamora Vicente en su libro sobre el habla de Mérida esta clase de estudios tienen valor de testigo de una época de la lingüística española (1982:4), lo que viene a significar, claramente, que el idioma cambia en el tiempo sobre todo conforme van cambiando sus usuarios, entonces el trabajo de Uruburu solo puede servir como base para lo que se irá estudiando ahora y para llevar a cabo posibles comparaciones entre el habla tal como era en su época y el habla de hoy en día.

3. Rasgos analizados

Al analizar el sistema consonántico andaluz[1] es inevitable notar no solo la gran cantidad de variaciones fonéticas que se verifican, sino también su alto nivel de heterogeneidad, ya que al pasar de una zona a otra los cambios en la

---

[1] En este caso no se ha mencionado el sistema vocálico, ya que el estudio lleva a cabo el análisis de dos rasgos consonánticos. Pero, cabe subrayar el hecho de que las vocales castellanas se ven alteradas en su uso en el territorio andaluz, sobre todo porque como consecuencia de la pérdida de determinadas consonantes en posición implosiva, se llega a una mayor abertura en su pronunciación (Jiménez Fernández, 1999, p. 17).

pronunciación son evidentes. Aunque podría parecer que la pronunciación de los andaluces se caracteriza de rasgos típicos de esta zona de España, la verdad es que son poquísimo los fenómenos que solo son de Andalucía, porque casi todos se encuentran también en otras modalidades del español, la diferencia reside en la concentración y altura social del uso de determinados rasgos fónicos (Narbona Jiménez et al., 2011). En este caso específico se han estudiado dos rasgos, uno más típico de las hablas andaluzas y otro común también a otras hablas del castellano, que respectivamente son: la /s/ en posición implosiva y de la /d/ en posición intervocálica.

3.1. La /s/ implosiva

Como se ha dicho anteriormente, este es un rasgo muy caracterizador de las hablas andaluzas – ya que se realiza, aunque de manera heterogénea, en todo el territorio andaluz – y consiste en la aspiración o pérdida de la /s/ en posición implosiva. Este fenómeno es sin duda uno de los que causa más debates y análisis y más complejo de como podría pensarse, de hecho, Jiménez Fernández (1999:35) lo define como un claro caso de polimorfismo, ya que además de mantenimiento, aspiración o pérdida, también hay que considerar la influencia del contexto en el que se encuentra la /s/, porque las consonantes o vocales que la preceden o acompañan modifican el sonido llevando a producciones muy diferentes entre ellas. Antes de aclarar las diferentes realizaciones en cada contexto, hay que subrayar un factor muy importante: cuando la /s/ implosiva se encuentra al final de palabra, normalmente tiene la función gramatical de marca de plural o de segunda persona singular de los verbos, entonces su pérdida tiene repercusiones en las vocales que deben de representar la misma función para no causar ambigüedades, lo que lleva al fenómeno de compensación conocido como *apertura vocálica*. Pero los cambios no se limitan a esto, porque si la /s/ final va seguida por otra palabra que empieza por vocal, se pueden dar como resultados tanto una aspiración o debilitamiento como la conservación de la consonante y en este caso se adapta la pronunciación, dependiendo de la zona, al estilo de los hablantes, porque se puede caer en pronunciaciones seseantes o ciceantes. Más peculiar es la realización de /s/ seguida por otra consonante. Si el sonido que sigue es una consonante sorda, entonces las tendencias generales llevan a una aspiración sorda, a la reduplicación del sonido consonántico por asimilación de la aspiración o a una síncopa con precia asimilación total; por otro lado, si la consonante que sigue es sonora, aunque haya procesos muy similares, también se puede verificar un ensordecimiento (González Montero, 1993). En este caso específico las realizaciones que se quieren analizar de los hablantes de Córdoba son:

A. La producción de la fricativa [s];
B. La aspiración del sonido;
C. La elisión [Ø].

3.2. La /d/ intervocálica

Un fenómeno que se suele verificar tanto en las hablas andaluzas, como en las demás hablas hispánicas es el debilitamiento o pérdida de determinadas consonantes en posición intervocálica. Desde luego, la consonante que se ve más afectada es la /d/ y este fenómeno está alcanzando un considerable grado de penetración social sobre todo en las terminaciones en -ado, al punto que -ao es estadísticamente la pronunciación más frecuente en todo el español hablado hoy en día (Narbona Jiménez et al., 2011) y es casi totalmente aceptada socialmente. La diferencia con el resto de España reside en el hecho de que, en andaluz, la pérdida de la /d/ no solo ocurre en la terminación -ado, sino también en otras y además se considera peculiar por la manera en que este fenómeno afecta a las vocales. En su estudio sobre el español culto en Granada, Moya Corral y García Wiedemann (2010: 96) toman en consideración tres variantes en el proceso de pérdida de la /d/ intervocálica, variantes que suponen tres grados del proceso de desgaste de dicha consonante: realización plena, relajada y elisión. Sin embargo, son fundamentales para su realización el contexto en el que se presenta la /d/ y la categoría gramatical de la palabra. Como ya se ha dicho, los casos en los que se nota más la pérdida de la /d/ es con la terminación en -ado, de hecho, la elisión se verifica con un patrón casi fijo tanto en los participios como en los sustantivos y lo mismo suele pasar con las terminaciones en -ido, -edo, aunque con porcentajes levemente menores. Por otro lado, con los totalizadores *nada* y *todo* la pérdida es frecuentísima. En este estudio, lo que se propone analizar son las dos siguientes realizaciones de este rasgo:

A. El mantenimiento y realización de la aproximante [ð];
B. La elisión [Ø].

4. Objetivos, metodología y corpus

Teniendo en cuenta lo que se ha dicho al principio de este artículo, dos son los objetivos que se propone perseguir en la investigación: por un lado, se han analizado las realizaciones de los fonemas elegidos para el estudio en diferentes situaciones comunicativas, con el fin de verificar si hay algún cambio de estilo en el idioma y que tipo de realización se favorece en cada situación comunicativa, para entender si hay un patrón fijo o no; por otro lado lo que se quiere entender, a través de las preguntas de la primera parte de cada entrevista, es el actitud de los entrevistados respecto a su propia habla.

Para poder llevar a cabo la investigación se ha utilizado la siguiente metodología: en una primera fase del trabajo se han elegido los rasgos para el análisis y se han estudiado sus características; secundariamente se han empezado las entrevistas para la recopilación de datos y gracias a la transcripción del material obtenido se han podido analizar las producciones fonéticas de los hablantes, así que, finalmente, tras asignarle a cada rasgo un valor numérico, se han creado las gráficas con los porcentajes de ocurrencia de las producciones fonéticas.

Todas las entrevistas tienen el mismo esquema tripartito (anexo 1), para que los informantes puedan tener la posibilidad de hablar en tres situaciones comunicativas diferentes. En la primera parte se ha desarrollado una entrevista semiestructurada, útil no solo para recoger datos lingüísticos, sino también sociales, ya que se le han hecho preguntas sobre el habla cordobesa y de la opinión que tienen del idioma. En este caso, al presentar un tema a cada entrevistado, se ha intentado crear una conversación que fluyera – lo más posible – de manera espontánea, para poder verificar eventuales diferencias de pronunciación respecto a la segunda y a la tercera parte de las entrevistas, en las que respectivamente los informantes han tenido que leer un breve texto y una lista de palabras.

El corpus (Figura 1) que se ha elegido no es muy amplio, ya que todavía esta es una fase preliminar del estudio; hay un total de ocho informantes, todos de Córdoba capital y todos con un nivel de instrucción alto, ya que seis de ellos son estudiantes de grado y los otros dos son profesores universitarios, que han sido divididos por sexo y edad.

Sexo	Hombres: 3
	Mujeres: 5
Edad	Grupo 1: 20 - 25 años (4 mujeres y 2 hombres)
	Grupo 2: 35 – 40 años (1 hombre y 1 mujer)

Figura 1: división del corpus de la investigación.

5. Comentarios previos a los resultados

Claramente, antes de empezar la investigación se han hecho varias hipótesis sobre los posibles resultados que se habrían obtenido al terminar las entrevistas. Teniendo en cuenta el tipo de cuestionario, se había imaginado un cambio de estilo gradual, con lo que se venía a crear un *continuum* de variaciones en las pronunciaciones, al pasar de la entrevista semiestructurada a la lectura de la lista de palabras, ya que poco a poco los hablantes habrían empezado a ser más conscientes del porqué del estudio, hasta llegar a entender que se quería analizar la modalidad en la que se expresaban, favoreciendo así una pronunciación más cercana a la norma castellana. Al mismo tiempo se había pensado en un mayor control en el habla por parte de los hablantes porque sabían que se estaba grabando la entrevista y, de hecho, en estudios parecidos, muchas veces, ha jugado un papel muy importante el fenómeno que se define *paradoja del observador* (Labov, 1972): el investigador trata observar la lengua en su uso más espontáneo, pero los hablantes conocen la razón de la entrevista y entonces empujan hacía un estilo más formal. Para evitar la paradoja hay que hacer que los entrevistados se sientan cómodos, al punto que – dentro de lo posible – hablen de una forma espontánea, sin considerar al investigador como tal, sino como una persona cualquiera con la que está entreteniendo una conversación. De todas formas, cabe tener en cuenta que por muy espontánea que sea el habla que se graba en las entrevistas, no termina de ser un "habla de laboratorio", lo que significa que nunca será el reflejo perfecto de la realidad.

6. Resultados lingüísticos (A)

Por cada rasgo, según como se ha aclarado en la metodología, se ha creado una gráfica con los porcentajes de ocurrencia de las varias realizaciones

DATOS SOBRE EL ESPAÑOL HABLADO EN CÓRDOBA CAPITAL

fonéticas que se han verificado por parte de los hablantes. En ambas gráficas (fig. 3 y 4) se pueden ver tres columnas por cada hablante, una por cada situación comunicativa de las entrevistas (en orden de izquierda a derecha: entrevista semiestructurada, lectura del texto y lectura de la lista de palabras). Para poder crear las gráficas, después de transcribir las grabaciones, se han ido individuando los rasgos y se ha analizado el tipo de realización que se ha verificado, para que luego se le haya podido asignar un valor numérico y calcular los porcentajes que aparecen en la figura 2 y de esta forma queda claro el tipo de realización que han preferido utilizar los informantes durante las varias partes de las entrevistas.

Entrevista semiestructurada

	[s]	Aspiración	Elisión		Aproximante [ð]	Elisión
HABLANTE A	0,99%	64,87%	34,14%	HABLANTE A	5,90%	94,10%
HABLANTE C	11,11%	53,10%	35,80%	HABLANTE C	57,14%	42,86%
HABLANTE F	0%	76,74%	23,26%	HABLANTE F	16,66%	83,34%
HABLANTE G	4,55%	56,06%	39,39%	HABLANTE G	0%	100%
HABLANTE I	0%	93,75%	6,25%	HABLANTE I	0%	100%
HABLANTE L	7,70%	73,26%	19,04%	HABLANTE L	27,27%	72,73%
HABLANTE P	0%	40%	60%	HABLANTE P	0%	100%
HABLANTE T	0%	72,73%	27,27%	HABLANTE T	0%	100%

Lectura del texto

	[s]	Aspiración	Elisión		Aproximante [ð]	Elisión
HABLANTE A	0%	22,22%	77,78%	HABLANTE A	83,33%	16,67%
HABLANTE C	11,11%	22,22%	66,67%	HABLANTE C	83,33%	16,67%
HABLANTE F	12,5%	12,5%	75%	HABLANTE F	66,7%	33,3%
HABLANTE G	0%	25%	75%	HABLANTE G	66,67%	33,33%
HABLANTE I	12,5%	50%	37,5%	HABLANTE I	83,33%	16,67%
HABLANTE L	12,5%	37,5%	50%	HABLANTE L	66,67%	33,33%
HABLANTE P	11,10%	44,45%	44,45%	HABLANTE P	66,67%	33,33%
HABLANTE T	0%	50%	50%	HABLANTE T	66,67%	33,33%

Lectura de la lista de palabras

	[s]	Aspiración	Elisión		Aproximante [ð]	Elisión
HABLANTE A	0%	53,85%	46,15%	HABLANTE A	100%	0%
HABLANTE C	0%	58,85%	45,15%	HABLANTE C	50%	50%
HABLANTE F	0%	53,85%	46,15%	HABLANTE F	100%	0%
HABLANTE G	38,46%	38,46%	23,08%	HABLANTE G	100%	0%
HABLANTE I	7,70%	53,85%	38,45%	HABLANTE I	50%	50%
HABLANTE L	30,77%	46,15%	23,08%	HABLANTE L	100%	0%
HABLANTE P	0%	53,85%	46,15%	HABLANTE P	0%	100%
HABLANTE T	8,33%	66,67%	25%	HABLANTE T	25%	75%

Figura 2: porcentajes para las gráficas.

Ya en estas tablas se puede empezar a notar lo que luego se aclarará con las gráficas: en ambos casos no hay un patrón fijo por lo que concierne la realización de los rasgos y esto demuestra una vez más el carácter heterogéneo de este tipo de habla. Normalmente, al estudiar otras hablas, – aunque no exista una "norma" fija – se puede suponer qué tipo de realización favorecerán los hablantes en determinados contextos. Por otro lado, en este caso lo que se llega a imaginar es un uso andaluz más que castellano, sin poder saber precisamente si los hablantes empujarán hacia una aspiración o una elisión o cualquier otro tipo de producción fonética relacionada a los fenómenos que se han analizado.

6.1. El caso de la /s/ implosiva

Los resultados de este rasgo son muy heterogéneos entre ellos, lo que comprueba la peculiaridad de este rasgo y sus múltiples realizaciones. En la imagen (fig. 3) se puede notar que en ningún caso los entrevistados usan un patrón fijo a la hora de hablar, además nunca se ha verificado un cambio de estilo gradual. Según se ve, en la mayoría de las situaciones, muy pocas veces se ha producido la fricativa según la norma castellana, pero sí se han verificado porcentajes muy altos de aspiración y elisión, tanto en el estilo conversacional como en la lectura de la lista de palabras. Solo en dos casos —hablante G y hablante L— ha habido un mayor control en la pronunciación, cuando los hablantes han pasado a la tercera parte de las entrevistas.

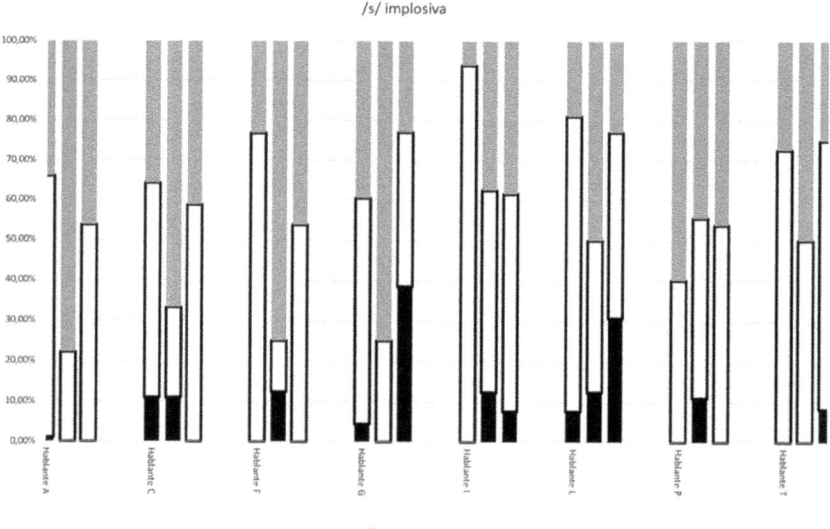

Figura 3: gráfica /s/ implosiva.

6.2. El caso de la /d/ intervocálica

Pasando ahora al siguiente rasgo, se puede notar en la gráfica (fig. 4) que los resultados han sido muy diferentes si comparados con el caso de la /s/

implosiva. En la pronunciación de este rasgo tampoco existe un patrón fijo de producción fonética, pero lo que sí se nota es que hay porcentajes más altos de mantenimiento de la aproximante y entonces de una pronunciación más cercana a la norma. Por ejemplo, en cuatro casos —hablantes A, F, G, L— en la parte de la lectura del texto, en ningún momento se han verificado elisiones.

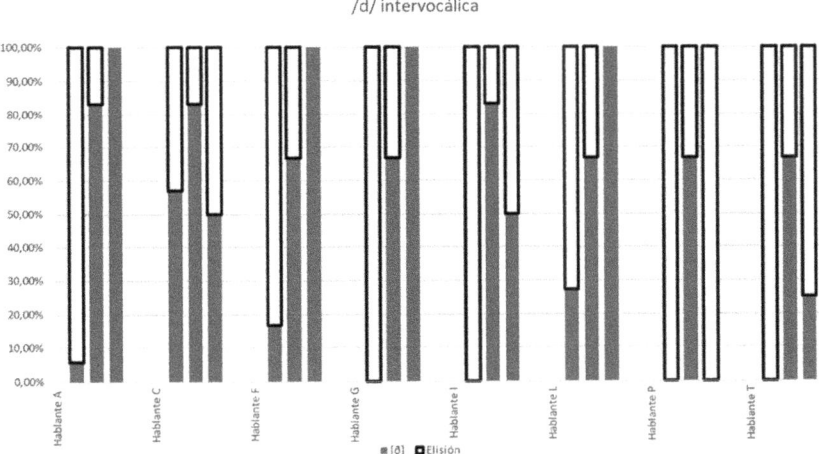

Figura 4: gráfica /d/ intervocálica.

7. Resultados socioculturales (B)

Como es cierto, el idioma sufre variaciones principalmente dependiendo de la manera en que es utilizado por sus hablantes. Entonces, saliendo del ámbito más estrictamente lingüístico, si nos fijamos en la perspectiva sociocultural del estudio, se puede – probablemente – encontrar el porqué de los resultados lingüísticos previamente analizados.

Uno de los informantes dice: "Al principio cuando llegué a la universidad […] me daba mucha vergüenza que se notase mucho mi acento, pero conforme han pasado los años me estoy convirtiendo en una férrea defensora del acento andaluz. Creo que en esta zona de España las construcciones sintácticas son mucho más puras y correctas que en otros lugares […] a pesar de los cambios, de las variaciones y todo esto. Y por otro lado no deja de ser un aspecto cultural de mi identidad, que no quiero maquillar."

Estas palabras representan esa conciencia lingüística que se puede notar en todas las entrevistas. La valoración del habla por parte de los informantes es generalmente positiva, en ningún caso han dicho que hablan peor que en otras partes de España. En algunos casos han afirmado que su habla es mejor que otras del castellano, mientras en otros casos han dicho que simplemente es una variedad lingüística del castellano y hay que aceptarla tal como es. Es fundamental tener en cuenta que todos los informantes saben cuáles son las formas correctas de pronunciación (haciendo referencia a la norma castellana) pero al mismo tiempo ellos eligen utilizar una pronunciación más típicamente cordobesa. Este fenómeno depende de muchos factores, como por ejemplo la estigmatización que ha tenido el andaluz durante muchos siglos, porque se consideraba como habla de campesinos y más en general de personas incultas o vagas, pero la verdad es que los hablantes empujan hacia una reivindicación del andaluz porque reconocen que es un habla que se hace cargo de representar su cultura rica de historia en la que se identifican.

Todo esto viene a desmontar las hipótesis previas a la investigación, porque está claro que los datos que se han recogido demuestran que los hablantes poco se han preocupado de "cuidar" el estilo a la hora de hablar, ya que, dentro de los límites que se presentan al hacer entrevistas de este tipo, su habla siempre ha sido muy espontánea.

8. Conclusiones

Tal como se ha dicho al principio del artículo, este ha sido un estudio piloto que ha dado paso a un trabajo más amplio y detallado que todavía se está desarrollando. Sin embargo, queda claro que abrirse a la posibilidad de estudiar el habla de Córdoba capital es fundamental para añadir más informaciones al gran conjunto de investigaciones que ya existen sobre las demás hablas andaluzas. No obstante, lo que se ha hecho hasta ahora le ha dado relieve a un factor muy importante, que es el carácter no estrictamente lingüístico de la investigación, porque es dentro de los resultados socioculturales que se encuentra la justificación del comportamiento lingüístico de los hablantes. La lingüística teórica nos ha dado la base para poder conocer todos los detalles de una lengua, pero un estudio de este tipo es la prueba de la importancia que tienen los hablantes al analizar tanto un idioma como un habla, porque en ningún caso la lengua debería de considerarse prescindiendo de sus usuarios directos, que son los que contribuyen a modificarla y que realmente la caracterizan como tal.

Bibliografía

Alvar, M. (1973). *Atlas Lingüístico y Etnográfico de Andalucía*. Tomo VI. Universidad de Granada.

Alvar, M. (dir.) (1996). *Manual de dialectología hispánica*. Ariel.

Blas Arroyo, J. L. (2004). *Sociolingüística del español: Desarrollos y perspectivas en el estudio de la lengua española en contexto social*. Cátedra.

Fernández de Molina Ortés, E. (2014). *El habla de Mérida*. Tesis doctoral. Universidad de Extremadura.

González Montero, J. A. (1993). La aspiración: fenómeno expansivo en español. Su importancia en andaluz. Nuevos casos. *Cauce. Revista Internacional de Filología, Comunicación y sus Didácticas*, 16, 31-66.

Jiménez Fernández, R. (1999). *El andaluz*. Arco Libros.

Jiménez Fernández, R. (2019). Elisión de la /d/ intervocálica en hablantes de nivel sociocultural bajo de Sevilla. *Lengua y Habla*, 23, 258-285.

Jiménez Fernández, R. (2023). Variación de la pronunciación de la /s/ implosiva: datos del nivel sociocultural alto en el corpus PRESEEA-Sevilla. *Boletín de filología*, Tomo LVIII, nº 2: 371-398.

Moya Corral, J. A., García Wiedemann, E. J. (2010). La elisión de /d/ intervocálica en el español culto de Granada: factores lingüísticos. *Pragmalingüística*, 17, 92-123.

Moreno Fernández, F. (1998). *Principios de sociolingüística y sociología del lenguaje*. Ariel.

Narbona Jiménez, A., Cano Aguilar, R. y Morillo Velarde-Pérez, R. (2011). *El español hablado en Andalucía*. Universidad de Sevilla.

Narbona Jiménez, A. (2013). *Conciencia y valoración del habla andaluza*. Universidad Internacional de Andalucía.

Quilis, A. (1993). *Tratado de fonología y fonética españolas*. Gredos.

Uruburu Bidaurrázaga, A. (1988). *Niveles sociolingüísticos del habla juvenil cordobesa*. Tesis doctoral. Universidad de Córdoba

Zamora Vicente, A. (1974). *Dialectología española*. Gredos.

ANEXO 1: Cuestionario para las entrevistas

1. Entrevista semiestructurada
¿Cómo definirías tu habla en pocas palabras?
¿Cómo crees que las personas de las otras regiones consideran el andaluz?
¿Cómo te sientes al hablar andaluz con personas que tienen un habla diferente?
¿Cuál es el rasgo que te permite identificar inmediatamente el andaluz?

2. Lectura del texto
En negrita se han marcado las palabras que se han utilizado para analizar los rasgos de la investigación.

La declaración de la Mezquita-Catedral de Córdoba por la UNESCO, en el año 1984, de bien Patrimonio de la Humanidad, y su inclusión en la lista de **merecedores** de tal privilegio, no hace **más** que evidenciar una realidad. Este monumento se ha **convertido** en símbolo de la ciudad de Córdoba, y de riquísimo **pasado**. Pero, sobre todo, es la seña de identidad de la ciudad en el mundo. De esta forma, el hecho de relacionar Córdoba con la actual Catedral es algo casi automático e inevitable. Casi **todo** el mundo, cuando oye la palabra Córdoba, lo primero que se le viene a la mente es su Mezquita. Y no sólo se trata de un motivo de orgullo para los **cordobeses**, sino que suscita admiración a los visitantes por la **espectacularidad** del impresionante conjunto, por la riquísima belleza de sus elementos y decoraciones. Lógicamente, el edificio no deja indiferente a nadie, sea de la creencia que sea, y, por supuesto, en el mundo musulmán suscita un gran respeto y veneración **mezclados**; sin duda, es la obra que mejor simboliza el genio creador de la civilización de la que surgieron Las Mil y una Noches, y su monumentalidad y belleza son parangonables a tal genio. Además, el hecho de que la antigua Mezquita lleve muchos **años** funcionando como Catedral cristiana, añade un valor importantísimo: **nos encontramos** ante uno de los monumentos de España de más larga historia. Esta «longevidad» del edificio hace aún más apasionante su estudio, aún más si tenemos en cuenta, que a pesar de estar actualmente en uso, no deja de proporcionar información, es un tema que no está **cerrado**.

Jesús Pijuán, *"La Mezquita: Patrimonio de la Humanidad"*, in www.artencordoba.com/mezquita-cordoba/.

3. Lectura de la lista de palabras

He comido	El marido
Los hijos	Unos viejos
Los dedos	Las casas
El obispo	Los trenes
Han hablado	Los ojos

Los rasgos dialectales andaluces en la publicidad televisiva y digital local

Javier Mora García
Universidad de Valladolid

RESUMEN

Los rasgos dialectales andaluces no han recibido tradicionalmente una aceptación para su uso en los medios de comunicación y su modalidad no ha sido considerada como suficientemente prestigiosa (León-Castro, 2016, p. 1598; Trujillo, 2020, pp. 50-51). Una de sus manifestaciones es la publicidad, sobre la que existen pocos estudios, como los de Lazpiur Santos (2020) o Leal Abad (2021). Por este motivo, sería interesante analizar las características fonéticas, morfológicas, sintácticas o semánticas que aparecen en la publicidad televisiva y digital de los canales locales andaluces. Gracias a este análisis, podemos observar cuáles son los que aparecen en estos contextos, su frecuencia de empleo y la explicación de su preferencia frente a la norma común, en el caso de que la haya. De este modo podremos determinar, finalmente, si se opta o no por el empleo de rasgos dialectales andaluces o no en la publicidad televisiva y digital local andaluza, ya que, en caso afirmativo, intentaremos determinar si son rasgos generales que representan a la totalidad de los hablantes andaluces o solo a un sector de la población.

Palabras clave: dialecto, andaluz, medios de comunicación, publicidad, lengua estándar.

1. Introducción

La publicidad es una de las actividades más importantes en la sociedad actual, ya que mueve cantidades ingentes de dinero y sobre la que se intenta realizar innovaciones de todo tipo con un único fin: conseguir modificar el estado de opinión del lector o espectador sobre un determinado producto o mensaje para que lo adquiera o se adhiera a él, respectivamente. Además, los territorios que cuentan, además de la lengua estándar, con dialectos tienen el añadido de incorporar al mensaje publicitario rasgos dialectales que sirven para desarrollar "significados adicionales a la mera funcionalidad práctica de la comunicación, incluso si tal recepción es involuntaria", ya que

> en la mente de los potenciales consumidores se activan de manera automática esquemas de conocimiento mediante los cuales se tienden a atribuir características (rasgos de personalidad, conductas, idiosincrasia, afinidades, virtudes, etc.) comúnmente asociadas a los hablantes incluidos en una determinada categoría (Leal Abad, 2021, p. 230).

Precisamente, esta simplificación de una realidad mucho más compleja es un objetivo que se persigue cuando se emplean las hablas dialectales, siendo las andaluzas "de las más utilizadas [...], hecho probablemente motivado por la acusada personalidad de su pronunciación, que favorece la rápida identificación" (Leal Abad, 2021, p. 230). No obstante, como sostienen Robles y Romero (2010), el empleo de estos rasgos dependerá tanto del producto que se esté publicitando como del público al que se dirige.

Existen diversos trabajos que abordan la publicidad en el ámbito hispánico desde diferentes perspectivas, pero principalmente se detienen en el enfoque retórico. Uno de los principales es el de Salvador Gutiérrez Ordóñez (1997), en el que se aplican propuestas pragmáticas a modelos determinados de anuncios en español. Sin embargo, como sostiene también Leal Abad (2021, p. 229), los trabajos que se centran en la variación dialectal en la publicidad son escasos todavía. Podemos señalar algunos estudios como el de Sarrías Álvarez (2019) para el dialecto canario, el de Lazpiur Santos (2020) para el dialecto andaluz en la publicidad comercial y política, o el de Leal Abad (2021), también para el andaluz, en este caso en cuñas radiofónicas. Como se puede apreciar, los estudios son más bien recientes y el foco lo han centrado los dialectos del sur.

Las conclusiones a las que llegan estos dos últimos investigadores sobre el empleo de este dialecto en estos contextos son muy similares, dado que sostienen que en registros formales se camuflan o se emplean los mínimos rasgos posibles del andaluz, pero en situaciones más informales se aprecian muchos de ellos, en muchas ocasiones relacionados con la baja cultura o con la idoneidad de su empleo en estas circunstancias, de ahí que la gran parte de sus hablantes no se sientan identificados con el habla que se refleja en ellos (Leal Abad 2022, p. 187) y que se busque una reivindicación de esta habla (Méndez García de Paredes, 2009, p. 306).

Estos son los motivos que explican el origen de este trabajo, puesto que hemos decidido seleccionar algunos de los anuncios actuales que se muestran en la publicidad televisiva y digital local andaluza para dilucidar si se sigue manteniendo esta tendencia o si, por el contrario, se ha producido algún cambio significativo que muestre un giro importante en el uso de este dialecto en dichos spots. También intentaremos explicar si cualquier hablante andaluz se puede ver reflejado o no en los rasgos que puedan contener estos anuncios. Para efectuar este estudio, hemos realizado una selección de anuncios y aquellos que presentan o pueden presentar estas características dialectales, se han analizado con Voice2Text y se han transcrito con los símbolos del Alfabeto Fonético Internacional (AFI) para extraer los rasgos más destacados de las muestras de habla escogidas. Solo se han modificado aquellos sonidos que no son propios del español normativo, sino característicos de las hablas andaluzas. No obstante, antes de proceder al estudio del corpus, revisaremos las características más importantes del andaluz y su extensión, tanto geográfica como social, que serán después determinantes en el análisis para saber su verdadera presencia en estos anuncios.

2. Rasgos del dialecto andaluz

La bibliografía que ha tratado los rasgos dialectales del andaluz es abundante. Son numerosos los investigadores que han abordado sus características (Bustos Tobar, 1980; Lapesa, 1982; Alvar, 1996; Mondéjar, 2001; Cano Aguilar, 2004; de las Heras Borrero, 2004; Narbona, 2013; López Mora, 2014; García Quirante, 2017), por lo que realizaremos un repaso sobre sus principales rasgos, que serán fundamentales para el posterior análisis del corpus seleccionado.

La variedad andaluza cuenta con testimonios desde el siglo XV, en el que se tienen testimonios indirectos sobre su existencia, como el del rabino Mosé Arragel de Guadalfajara (1920, p. 614), que refleja que en la primera mitad del siglo XV "en Castilla sean cognoscidos leoneses e sevillanos e gallegos" debido a su pronunciación. A partir de la centuria siguiente abundan los textos con muestras de este dialecto, pero todavía "no concretan aún esa diversidad" (López Mora 2014, p. 1), que se irán documentando y explicando con posterioridad.

Los principales rasgos son los fonéticos, que son recogidos y enumerados por López Mora (2014, pp. 3-5), entre los que se encuentran la diferente articulación de /s/, coronal o predorsal, distinta a la castellana; el fenómeno del seseo; la aspiración o pérdida de -s en posición final, que puede derivar también en asimilación o geminación; la aspiración de [x]; la modificación en la articulación de la vocal (la abertura) tras la caída de la [h] > -s en posición implosiva; el yeísmo, con realizaciones semirrehiladas: [y], y rehiladas: [ž]; y, en general, la relajación articulatoria.

Existen otras características fonéticas, como la pronunciación sibilante de [t͡ʃ] > [š] (parecida a la *sh* del inglés); la confusión de las líquidas /r/ y /l/ en posición final; la aspiración en palabras procedentes de F- inicial latina, como FACERE > [ḥaӨér]; o el ceceo, que no tienen el mismo prestigio que los rasgos citados anteriormente, dado que se consideran vulgares por los propios hablantes cultos andaluces.

La distribución de estas características no es idéntica en toda la comunidad autónoma, de ahí que los lingüistas hayan tratado de delimitar el territorio desde el punto de vista lingüístico. Así, la primera vez que se habla de la distinción entre Andalucía oriental y occidental, que "no solo afecta al léxico sino también a la fonética y a la morfosintaxis" (Ariza, 1992, p. 17). La distinción de ambas zonas parte de los estudios de Dámaso Alonso (1950) sobre la presencia de la apertura máxima de las vocales en la Andalucía oriental, al que habría que añadir la pérdida de la aspiración de la F- inicial latina y la realización de la fricativa velar como [x] frente a la aspirada [ḥ].

Otro rasgo distintivo, en este caso morfosintáctico, es la existencia o ausencia de la oposición entre *vosotros* y *ustedes*. En el andaluz oriental sí se mantiene, es decir, se emplea *vosotros* para el tuteo y *ustedes* como tratamiento de respeto. En cambio, en el andaluz occidental se emplea *ustedes* en lugar de *vosotros*, por lo que se pueden hallar ejemplos como *ustedes coméis* en lugar de *vosotros coméis*. A todas estas características, Ariza (1992, p. 17) añade la zona de mantenimiento de /s/ y /Ө/, ya que en el andaluz oriental hay pequeñas zonas de seseo o ceceo frente a la mayoría distinguidora de ambos fonemas, mientras que en el andaluz occidental son menores las zonas distinguidoras frente aquellas en las que se producen el seseo y el ceceo.

Estos rasgos permiten establecer una división territorial entre la Andalucía occidental y la Andalucía oriental: "Si generalizamos, podemos hacer la siguiente clasificación: Huelva —menos el norte—, Sevilla y Cádiz forman un bloque unitario, frente a Jaén, Granada y Almería; Córdoba y Málaga unas veces van con el este y otras con el oeste" (Alvar, 1992, p. 17). Esta disposición tiene su explicación histórica:

> Lo más destacable es que se trata de una línea vertical que engloba tanto zonas conquistadas en el siglo XIII como en el XV. La explicación es sencilla: parece lógico que la repoblación de Granada y Almería se hiciese con las gentes más cercanas de Jaén y Córdoba, lo que parece cierto, pero hay un dato histórico a mi modo de ver más importante: hasta el siglo XIX en Andalucía sólo existían dos chancillerías: la de Sevilla y la de Granada. Esta última abarcaba las actuales provincias de Jaén y de Almería; pensemos, pues, que durante tres siglos, hubo dos centros «administrativos» que pudieron servir de aglutinantes, de polos uniformadores para ambas zonas. (Alvar, 1992, pp. 17-18)

La afirmación de que Córdoba y Málaga presentan características tanto de la zona occidental como de la oriental se refleja en el léxico, ya que si revisamos el *Diccionario de la lengua española* (2014, s. v. *búcaro* y *emperador*), se aprecia que hay palabras como búcaro y emperador que Málaga comparte con el andaluz occidental (el primero con Cádiz, Huelva y Sevilla) o con el andaluz oriental (el segundo con Almería, Granada y Jaén).

Este repaso sobre los rasgos que presenta el andaluz y su no homogeneidad en todo en el territorio, que derivó en la consideración de la existencia del andaluz occidental y oriental, así como la diferente consideración sociocultural de algunos de ellos, sirven para reconocer las características presentes en el corpus seleccionado, analizarlas y determinar cuáles son los predominantes, lo que nos permitirá identificar el habla andaluza que se intenta difundir en la publicidad televisiva y local andaluza.

3. Corpus

Son muchos los spots publicitarios que se emiten no solo en la televisión nacional, sino también en la local, por lo que es necesario realizar una selección para que la descripción sea detallada y se puedan extraer conclusiones a raíz de este análisis. El más antiguo es del año 2019 y los más actuales son de este mismo 2023 para que el corpus sea lo más actual posible y los resultados que se obtengan reflejen la realidad del momento.

Los anuncios escogidos para el trabajo son de dos tipos dependiendo de su origen: públicos y privados.

Con respecto a los primeros, se han seleccionado anuncios publicitarios institucionales de la Junta de Andalucía como el diseñado contra las adicciones (Servicio Andaluz de Salud, 2020); el del Día Internacional de las Mujeres, que lleva por título *Lo mejor está por crecer* (Instituto Andaluz de la Mujer, 2021); el de la campaña de la Junta de Andalucía (2022) con motivo del 28F; el de los Premios a la Internalización de la empresa andaluza (Andalucía TRADE, 2023); o el de *Mujeres x Bandera* (Instituto Andaluz de la Mujer, 2023). Igualmente, se analizarán dos anuncios que no tienen voz en off, pero que muestran rasgos dialectales andaluces como el *Spot Circuito de Novilladas de Andalucía* (Fundación del Toro, 2023), o el *Spot Carnaval Fuentes de Andalucía* (Turismo Comarca de Écija, 2023).

En relación a los spots publicitarios privados, se ha escogido el anuncio de García Millán *El gazpacho de los expertos en gazpacho* (Son de Casting, 2020); el spot modificado digitalmente de Lola Flores (CruzampoTV, 2021); el anuncio de Supermercados El Jamón (2021); *No hay alegría pequeña* de Turismo y Deporte Andaluz (2021), pero que lleva a cabo la agencia Proximity España; el anuncio de Manu Sánchez defendiendo el acento andaluz (16 Escalones Producciones, 2021); el spot anunciador de la decimoquinta edición del Mercado Medieval y Navideño de Gines (Gines Televisión, 2022); el de *Écija en el corazón* (Écija Comarca Televisión, 2022); el de la Semana Santa de Alcaudete (MBAAUDiOFiLMS, 2022); y el de *Bajo tus pies, Andalucía* (Supermercados El Jamón, 2023).

Esta división no se ha realizado al azar, dado que, en primer lugar, se va a intentar determinar si los rasgos andaluces están presentes en la publicidad pública y privada y, en segundo lugar, en el caso de que se hallen, describir estas características y determinar si son rasgos generales, si son consideradas prestigiosas o vulgares y si son características de una zona concreta de Andalucía.

4. Análisis del corpus y resultados

Este epígrafe está dedicado al análisis de los anuncios que se han enumerado en el apartado anterior, para lo que se ofrecerá en cada uno de ellos una tabla con los rasgos andaluces presentes en ellos y con ejemplos, acompañados en la mayor parte de las ocasiones de una transcripción fonética con la intención de reflejar la pronunciación de los interlocutores. Estos datos serán fundamentales porque permitirán saber, en primer lugar, si se emplean muchos o pocos y, en segundo lugar, su recurrencia o su ausencia y sus posibles razones. El total de características lingüísticas que se recojan posibilitará determinar también si son propias de situaciones comunicativas formales o informales, para lo que será fundamental también analizar el contexto de los anuncios estudiados.

4.1. Anuncios públicos

Comenzamos con los anuncios institucionales, que, siguiendo la tendencia que ya reflejaron autores como Lazpiur Santos (2020, p. 38), se sigue optando por un acento neutro y sin características del dialecto andaluz. Es el caso del spot de la campaña de la Junta de Andalucía (2022) con motivo del 28F, el diseñado contra las adicciones (Servicio Andaluz de Salud, 2020), con el lema "desmárcate", cuya [s] se pronuncia como una fricativa alveolar sorda; el de los Premios a la Internalización de la empresa andaluza (Andalucía TRADE, 2023); y el de *Mujeres por Bandera* (Instituto Andaluz de la Mujer, 2023). Solo encontramos algún rasgo en el anuncio titulado *Lo mejor está por crecer* (Instituto Andaluz de la Mujer, 2021), en el que participan una niña y una mujer en las voces y solamente podemos apreciar dos en la tabla 1:

Tabla 1: Rasgos dialectales andaluces y ejemplos en *Lo mejor está por crecer*

Rasgos Dialectales	Ejemplos
Aspiración de [s] en posición implosiva	[maˈehtɾa] *maestra*, [ehˈta] *está*
Aspiración de [s] en posición final de palabra	[ˈalah] *alas*, [ˈgɾaθjah] *gracias*

Diferente situación hallamos en los otros dos anuncios que hemos seleccionado: el *Spot Circuito de Novilladas de Andalucía* (Fundación del Toro, 2023) y el *Spot Carnaval Fuentes de Andalucía* (Turismo Comarca de Écija, 2023). En el primero no hay voz en off, sino una canción que empieza en el segundo 54 del vídeo y que es una loa a la figura del torero, una bulería de Moisés Vargas que muestra rasgos del dialecto andaluz, como se refleja en la tabla 2:

Tabla 2: Rasgos dialectales andaluces y ejemplos en *Spot Circuito de Novilladas de Andalucía*

Rasgos Dialectales	Ejemplos
Aspiración de [s] en posición implosiva	[eʰ'ta] *está*, [eʰ'tan] *están*
Seseo	['plasa] en lugar de ['plaθa] *plaza*
Pérdida de [s] en posición final	['ba] *vas*, ['tu to'ɾea] *tú toreas*, [pu'ɲale] *puñales*
Pronunciación aspirada de [x]	[diβu'ʰando la 'ʰeṇte te 'ɣɾita] *dibujando la gente grita*

En el segundo anuncio, al igual que en el caso anterior, solamente se muestra una canción, en este caso una chirigota. En ella, aunque apenas dura 30 segundos, se pueden apreciar nuevamente características de este dialecto, que se recogen en la tabla 3:

Tabla 3: Rasgos dialectales andaluces y ejemplos en *Spot Carnaval Fuentes de Andalucía*

Rasgos Dialectales	Ejemplos
Pérdida de [s] en posición final	['gɾaθja] *gracias*, [pape'liʎo] *papelillos*, [li'βɾemo] *libremos*
Aspiración muy leve de [s] en posición final	[laʰ 'mã̠noʰ] *las manos*
Aspiración de [s] en posición implosiva (muy difícil de distinguir)	[amiʰ'tað] *amistad*
Debilitamiento de [r] en posición final	[r̝eɣɾe'saɾ] *regresar*
Pérdida de [ð] en posición intervocálica	[meɾ'kao] *mercado*, [pe'kao] *pecao*
Pronunciación sibilante de [t͡ʃ]	[ši'kiʎo] *chiquillo*

Como se puede apreciar, en estos dos spots se opta por mostrar los rasgos del dialecto andaluz a través de canciones, ya que, en caso contrario, puede que se hubiese optado por una voz que emplease un acento estándar, como en los primeros ejemplos.

4.2. Anuncios privados

En este apartado vamos a centrarnos en el estudio de los anuncios publicitarios privados. El primero que vamos a analizar es el que se titula *No hay alegría pequeña*, Turismo y Deporte Andaluz (2021). El protagonista del vídeo es Antonio Banderas, que, a pesar de que se sabe que es malagueño, en el spot publicitario muestra también un acento neutro. Sin embargo, la novedad se halla en la música de fondo, que es interpretada por la cantante malagueña Paula Domínguez, quien traslada al espectador directamente a la cultura andaluza con unas notas que recuerdan al flamenco. Sin embargo, en las escasas letras de la canción, que combina con el inglés, apenas se aprecian rasgos del dialecto andaluz, salvo la pérdida de [s] en posición final en dos ocasiones, como se aprecia en la tabla 4:

Tabla 4: Rasgos dialectales andaluces y ejemplos en *No hay alegría pequeña*

Rasgos Dialectales	Ejemplos
Pérdida de [s] en posición final	[ˈkealeˈɣria ˈma ˈɣraɳde] *qué alegría más grande*, [tuˈalma eˈβɾisa] *tu alma es brisa*

La carga del spot se centra en la imagen, con ejemplos de la cultura y de la belleza de los paisajes y monumentos que se pueden visitar en esta tierra. Por tanto, se opta por una solución intermedia, que es mostrar un acento neutro en la voz de Antonio Banderas, pero con ligeros rasgos andaluces en la música, como en los anuncios institucionales que se han analizado al comienzo de este epígrafe.

El siguiente spot examinado es el de García Millán, que se titula *El gazpacho de los expertos en gazpacho* (Son de Casting, 2020). Se trata de un producto típico andaluz, por lo que en el vídeo se acompaña de una voz con rasgos andaluces. Aunque el anuncio es breve (apenas 20 segundos), podemos apreciar algún que otro rasgo, que se recogen en la tabla 5:

Tabla 5: Rasgos dialectales andaluces y ejemplos en *El gazpacho de los expertos en gazpacho*

Rasgos Dialectales	Ejemplos
Aspiración de [s] en posición final	[piˈmjeɳtoʰ] *pimientos*, [toˈmateʰ] *tomates*, [peˈpinoʰ] *pepinos*
Aspiración de [ks] en posición implosiva	[teʰˈtuɾa] *textura*, [ˈeʰtɾa] *extra*
Relajación de [θ] en interior de palabra, que llega incluso a su pérdida	[gaˈpatʃo] *gazpacho*

Continuamos con el spot publicitario de Supermercados El Jamón (2021) con motivo del día de Andalucía y que lleva el hashtag #OrgullosamenteAndaluces. En él aparecen personas anónimas pronunciado vocablos y expresiones típicamente andaluces. Además, se subtitula para evitar cualquier confusión y para potenciar el mensaje, que no es otro que alabar el rico léxico del dialecto andaluz, cuyas primeras expresiones se incluyen en la tabla 6:

Tabla 6: Vocabulario y expresiones andaluzas en #OrgullosamenteAndaluces (primera parte)

Vocabulario y Expresiones Andaluzas	
me da coraje	*fullero*
babucha	*reliarse*
apalancao	*illo*
saborío	*quillo*
arfavó	*miarma*
malaje	*picha*
tajá	*remear*
anca	*jardazo*
trochería	*jamacuco*
no ni ná	*arrecio*
malafollá	*chuminá*

Aquí se detiene el vídeo y un hombre pregunta: "¿seguimos o qué?", de modo que continúa esta enumeración, que se recoge en la tabla 7:

Tabla 7: Vocabulario y expresiones andaluzas en #OrgullosamenteAndaluces (segunda parte)

Vocabulario y Expresiones Andaluzas	
boquete	*jartible*
daleao	*carajote*
antié	*amamonao*
embotao	*mijita*
rabúo	*patochá*
compadre	*majazo*
chipichanga	*chuchurrío*
chambao	*majara*
embarcao	*jartá*
sieso	*avíate*
guarrazo	*zagal*
coscarse	

De nuevo, con una sonrisa, el hombre dice: "Espera, espera, que hay más", y sigue con las últimas voces, que se ofrecen en la tabla 8:

Tabla 8: Vocabulario y expresiones andaluzas en #OrgullosamenteAndaluces (tercera parte)

Vocabulario y Expresiones Andaluzas	
escamondao	fitetú
ensopao	encalomao
ojú	berenjená
bochorno	jama
arrejuntarse	miravé
bulla	apañao

Además del léxico, se distinguen otros fenómenos en su pronunciación, que se detallan en la tabla 9:

Tabla 9: Rasgos dialectales andaluces y ejemplos en #OrgullosamenteAndaluces

Rasgos Dialectales	Ejemplos
Aspiración de [x]	[ko'raʰe] *coraje*, [ma'laʰe] *malaje*
Relajación o pérdida de [ð] en posición intervocálica, incluso de la sílaba entera	[apalaŋ'kao] *apalancado*, [embo'tao] *embotado*, [ta'ʰa] *tajada*
Neutralización de [r] y [l] en posición implosiva en [r]	[mi'aɾma] *mi alma*
Pérdida de [r] en posición final absoluta	[miɾa'βe] *mira a ver*
Fricatización de [t͡ʃ], próxima al sonido [ʃ] del inglés	['piša]
Aféresis	['kiʎo] *quillo*, ['iʎo] *illo*, ambas procedentes de [ši'kiʎo] *chiquillo*

El siguiente spot que vamos a analizar es el anuncio modificado digitalmente de Lola Flores, que fue llevado a cabo por CruzcampoTV (2021). En él, se muestra a la cantante fallecida haciendo un alegato sobre el acento, que aprovecha esta empresa para ensalzar el habla andaluza. Aunque contiene menos rasgos que el anuncio anterior (dura la mitad del tiempo y no se habla durante todo el vídeo), se pueden apreciar algunos, que se recogen en la tabla 10:

Tabla 10: Rasgos dialectales andaluces y ejemplos en *Con mucho acento*

Rasgos Dialectales	Ejemplos
Aspiración de [s] en posición interior de palabra y en posición final absoluta[1]	['tu 'sabeʰ] *tú sabes*, [a'θeṇto 'eʰ ke se te:h'kútʃe] *acento es que se te escuche*
Relajación de [r]	[poɾel a'θeṇto] *por el acento*
Pérdida de [r] en posición final absoluta	[a la 'foɾma dea'βlá] *a la forma de hablar*

Incluso en la joven que habla después de Lola Flores, nuevamente se aprecia esa aspiración de [s] en posición interior de palabra, como en [lo ʎa'maʰte poðe'rio] *lo llamaste poderío*.

Otro anuncio interesante es el que realiza el cómico Manu Sánchez imitando el de Lola Flores para hacer una defensa del acento andaluz (16 Escalones Producciones, 2021). En él, como es lógico, el humorista hace un alarde de rasgos andaluces en su alegato, que ya hemos visto en los análisis anteriores y que se ofrecen en la tabla 11:

Tabla 11: Rasgos dialectales andaluces y ejemplos en *Lucha por tu acento*

Rasgos Dialectales	Ejemplos
Aspiración de [s] en posición implosiva y final absoluta	[θeṇtɾa'liʰmo] *centralismo*, [kla'siʰta] *clasista*, ['saβeʰ] *sabes*, [loʰ a'βweloʰ] *los abuelos*
Pérdida de [s] en posición final absoluta	[ra'iθe] *raíces*, [aʰpi'ɾamo] *aspiramos*
Pérdida de [d] en final de palabra	[beɾ'ða] *verdad*
Pérdida de [θ] en final de palabra	[aṇda'lu] *andaluz*
Aspiración de [x]	['ʰeṇte] *gente*, ['deʰe] *deje*, [ma'laʰe] *malaje*
Seseo	[Aṇdalu'sia] *Andalucía*

---

[1] Son las características que más se repiten en este anuncio.

Rasgos Dialectales	Ejemplos
Debilitamiento de [r] en posición final	[aɣumen̪'táʳ] *argumentar*
Fricatización de [t͡ʃ]	['mušo] *mucho*
Neutralización de [r] y [l] en posición implosiva en [r]	[eɾ] *er*
Vocabulario andaluz	[ma'laʰe] *malaje*, ['mala'mẽn̪te] *malamente*

También destaca es el spot anunciador de la decimoquinta edición del Mercado Medieval y Navideño de Gines (Gines Televisión, 2022), que ha tenido una gran aceptación entre los espectadores. Se trata de un anuncio que se graba dentro de este anuncio y en el que tanto los actores como las directoras del spot son personas mayores con un acento típicamente andaluz. Por tanto, en este video se aprecian rasgos de este dialecto, que se reflejan en la tabla 12:

Tabla 12: Rasgos dialectales andaluces y ejemplos en *Anuncio del Mercado Medieval y Navideño de Gines 2022*

Rasgos Dialectales	Ejemplos
Aspiración de [s] en interior de palabra	['eʰto] *esto*, [eʰ'tamoʰ], *estamos*
Aspiración de [s] en posición final	['an̪de 'βaʰ] *anda vas*
Pérdida de [s] en posición final	['no me 'βe] *no me ves*, ['eʰto 'e 'seɾjo] *esto es serio*, [do'θjen̪to] *doscientos*
Aspiración de [θ]	['luʰ] *luz*
Ceceo	['ke θe'am be'βio] *qué se han bebido*, ['paθa] *pasa*, [deθean̪'dito] *deseandito*
Fricatización de [t͡ʃ]	[se:'kuša] *se escucha*
Aspiración de [x]	[o'ʰú] *ojú*
Pérdida de [ð] en posición intervocálica	[beβío] *bebío*
Pérdida de [l] en posición final	[i'ɣwa] *igual*
Apócope	['mu] > *muy*
Vocabulario típicamente andaluz	[o'ʰú] *ojú*, [ši'kiʎo] *chiquillo*

Sin embargo, en los anuncios de *Écija en el corazón* (Écija Comarca Televisión, 2022) y el de la Semana Santa de Alcaudete (MBAAUDiOFiLMS, 2022) se sigue la tendencia de los anuncios institucionales, dado que no se aprecia ningún rasgo del dialecto andaluz y la pronunciación de los locutores es en un perfecto castellano estándar.

El último spot que vamos a estudiar es el realizado nuevamente por Supermercados El Jamón (2023) para, nuevamente, ensalzar a Andalucía. Se distinguen rasgos que ya hemos mencionado en los anteriores análisis y que se recogen en la tabla 13:

Tabla 13: Rasgos dialectales andaluces y ejemplos en *Bajo tus pies, Andalucía*

Rasgos Dialectales	Ejemplos
Aspiración de [x]	[ˈbaʰo] *bajo*
Aspiración de [s] del artículo y del sustantivo	[tuʰ ˈpjeʰ] *tus pies*[2]
Seseo	[An̪daluˈsia] *Andalucía*, [tɾaðiˈsjon] *tradición*

Llama la atención, a diferencia de los anteriores vídeos, que alterna la aspiración de [s] en posición final absoluta con su mantenimiento ([en sen̪ˈdeɾos laˈβ̞ɾados] *en senderos labrados*), e incluso con su pérdida, como en [de pajˈsaʰes y caˈʎeʰa] *de paisajes y callejas*. En este último ejemplo, la presencia de la aspiración de [x] influye en la pérdida de [s] en posición final.

5. Conclusiones

El estudio que se ha llevado a cabo sobre estos anuncios publicitarios permite extraer una serie de conclusiones.

En primer lugar, los anuncios institucionales optan por emplear el castellano estándar en sus mensajes. Solamente hemos hallado un caso en los

---

[2] Al final del vídeo se aprecia la conservación de [s] final, debido a que termina ahí el anuncio: [tuʰ ˈpjeʰ | An̪daluˈsia] *tus pies, Andalucía*.

vídeos analizados, que es el del Día Internacional de las Mujeres (Instituto
Andaluz de la Mujer, 2021), aunque los rasgos andaluces que muestran las
participantes del vídeo son escasos.

Existen dos vídeos institucionales que no tienen voz de un locutor, pero sí
muestran rasgos andaluces mediante las canciones que ponen en esos anuncios. Uno de ellos es sobre la tauromaquia y el otro sobre los carnavales, en
los que se opta por una bulería, en el primer caso, y de una chirigota, en el
segundo, por lo que se consigue evitar, de este modo, que un locutor tenga
que hablar y que se muestren esos rasgos característicos del dialecto por
medio de estas composiciones.

Con respecto a los anuncios privados, existen dos posibilidades: por
un lado, los spots que podemos denominar "turísticos", como el de Écija
(Écija Comarca Televisión, 2022) y el de la Semana Santa de Alcaudete
(MBAAUDiOFiLMS, 2022), emplean, como en los anuncios institucionales,
un castellano estándar que no permite apreciar ningún rasgo andaluz; por
otro, en cambio, los demás vídeos están plagados de rasgos andaluces, que se
repiten en la mayoría de los anuncios: aspiración de [s] en posición implosiva
y final, aspiración de [x], fricatización de [t͡ʃ], seseo, ceceo, etc.

Aunque se han hallado numerosas características, las más frecuentes tienen
que ver, en general, con la relajación articulatoria, dado que las que cuentan
con mayor número de apariciones son la aspiración de [s] en posición final
(presente en siete anuncios), la aspiración de [s] implosiva, la pérdida de [s]
final (que aparecen seis anuncios) o la aspiración de [x] (localizada en cinco
anuncios). A pesar de que estos rasgos son generales en el dialecto andaluz,
es llamativo que otros rasgos con menos prestigio como la fricatización de
[t͡ʃ] o la neutralización de [r] y [l] a favor de [r], tengan una presencia destacada en este pequeño corpus, ya que se encuentran en cuatro y dos vídeos,
respectivamente. Por tanto, existe una mezcla de características fonéticas
generales con otras de menor consideración social, que sirve para mostrar
la diversidad de los rasgos fonéticos de las hablas andaluzas tanto desde el
punto de vista territorial como sociocultural. Esta variedad se refleja también
en la presencia del seseo, del ceceo y del mantenimiento de la distinción, es
decir, las distintas posibilidades que existen en este territorio con respecto
a los fonemas /s/ y /Θ/, lo que, en definitiva, dificulta la adscripción a una
determinada zona de esta comunidad autónoma. Tampoco debemos olvidarnos de su léxico, ya que en el anuncio de El Jamón se hace alarde del gran

repertorio de vocablos y expresiones que posee el andaluz y que permiten apreciar su riqueza y su singularidad.

El análisis de este corpus ha revelado las distintas posibilidades lingüísticas que se utilizan en la publicidad andaluza, desde el empleo del castellano estándar hasta el uso de fenómenos con poco prestigio social, que no es más que un reflejo de la heterogeneidad de los rasgos andaluces y, en suma, de su enorme valor.

Bibliografía

Arragel de Guadalfajara, R. M. (1920). *Biblia (Antiguo Testamento)*. Imprenta Artística.

Alonso, D., Zamora Vicente, A. y Canellada de Zamora, M. J. (1950). Vocales andaluzas. Contribución al estudio de la fonología peninsular. *Nueva Revista de Filología Hispánica (NRFH)*, 4(3), 209–230.

Alvar, M. (ed.) (1996). Andaluz. *Manual de dialectología hispánica: el español en España* (233-258). Ariel.

Ariza, M. (1992). Lingüística e historia de Andalucía. *Actas del II Congreso Internacional de Historia de la Lengua Española*. Tomo II (15-33). Pabellón de España.

Bustos Tovar, J. J. (1980). La lengua de los andaluces. En AA.VV., *Los andaluces*, (221-235). Ediciones Istmo.

Cano Aguilar, R. (2004). Cambios en la fonología del español durante los siglos XVI y XVII. En R. Cano Aguilar (coord.), *Historia de la lengua española* (850-852).

De las Heras Borrero, J. (2004). Dialecto y lectura: el caso andaluz. *Puertas a la lectura*, 17, 14-22.

García Quirante, J. L. (2017). *Estigmas del andaluz*. Universitat Pompeu Fabra.

Lapesa, R. (1982). *Historia de la lengua española*. Gredos.

Lazpiur Santos, J. (2020). *Explotación y utilización del habla y figura andaluzas en el sector audiovisual: Publicidad comercial y política*. Universidad de Sevilla.

Leal Abad, E. (2021). El andaluz en la publicidad: niveles de lengua y contenido del mensaje. *Pragmalingüística*, 29, 227-244.

Leal Abad, E. (2022). El andaluz en la publicidad. En A. Narbona Jiménez y E. Méndez García de Paredes (eds. y coords.), *Nuevo retrato lingüístico de Andalucía* (165-189) Universidad Internacional de Sevilla.

León-Castro Gómez, M. (2016). La presencia del andaluz en los medios de comunicación. *Actas del I Congreso Internacional Comunicación y Pensamiento. Comunicracia y desarrollo social (1583-1600)* (pp. 1583-1600). Egregius.

López Mora, P. (2014). *Dialectología española: introducción a las hablas andaluzas* [Archivo PDF]. https://riuma.uma.es/xmlui/bitstream/handle/10630/8581/Dialectolog%C3%ADa%20andaluza.pdf?sequence=17.

Méndez García de Paredes, E. (2009). La proyección social de la identidad lingüística de Andalucía. Medios de comunicación, enseñanza y política lingüística. En A. Narbona Jiménez y J. J. de Bustos Tovar (eds.), *La identidad lingüística de Andalucía* (213-319). Fundación Centro de Estudios Andaluces.

Mondéjar, J. (2001). En los orígenes de la dialectología andaluza. Etapa testimonial. *Dialectología andaluza. Estudios*, 23-44.

Narbona Jiménez, A. (coord.) (2013). *Conciencia y valoración del habla andaluza*. Universidad de Sevilla.

Robles Ávila, S. y M. V. Romero Gualda (2010). *Publicidad y lengua española: un estudio por sectores*. Comunicación Social.

Gutiérrez Ordóñez, S. (1997). *Comentario pragmático de textos publicitarios*. Arco/Libros.

Sarrías Álvarez, A. (2019). *El español de Canarias en la publicidad: análisis del empleo de rasgos del dialecto canario en el discurso publicitario*. Universidad de Valladolid.

Trujillo Unquiles, R. M. (2020). *El desprestigio del andaluz en los medios de comunicación actuales: estudio empírico con cuestionarios y análisis de medios*. Universidad Pontificia de Comillas.

Fuentes del corpus

Andalucía TRADE (6 de marzo de 2023). Convocatoria a los 16º Premios Alas a la Internacionalización de la Empresa Andaluza [Archivo de Vídeo]. Youtube. https://www.youtube.com/watch?v=aTwL0zwEtLY.

CruzcampoTV (21 de enero de 2021). *Con mucho acento* [Archivo de Vídeo]. Youtube. https://www.youtube.com/watch?v=Yewm6TfLZ3Q.

Écija Comarca Televisión (27 de octubre de 2022). *Écija en el corazón* [Archivo de Vídeo]. Youtube. https://www.youtube.com/watch?v=J_Vhozuu2LU.

Fundación del Toro de Lidia (2 de marzo de 2023). *Vídeo Promocional del Circuito de Andalucía* [Archivo de Vídeo]. Youtube. https://www.youtube.com/watch? v=8zKsmD5xYSs.

García Millán (30 de julio de 2020). *El gazpacho de los expertos en gazpacho* [Archivo de Vídeo]. Facebook. https://www.facebook.com/watch/?v=311050040015779.

Gines Televisión (28 de noviembre de 2022). *Anuncio del Mercado Medieval y Navideño de Gines 2022* [Archivo de Vídeo]. Youtube. https://www.youtube.com/watch?v=Cx3UzO8y5CA.

Instituto Andaluz de la Mujer (4 de marzo de 2021). *Lo mejor está por crecer* [Archivo de Vídeo]. Youtube. https://www.youtube.com/watch?v=ltMRfQAS3og.

Instituto Andaluz de la Mujer (3 de marzo de 2023). *Mujeres x bandera* [Archivo de Vídeo]. Youtube. https://www.youtube.com/watch?v=Y_IfizhJ01I.

Junta de Andalucía (2020). *Desmárcate* [Archivo de Vídeo]. https://www.sspa.juntadeandalucia.es/servicioandaluzdesalud/el-sas/servicios-y-centros/adicciones/campana-activa-tus-sentidos/spot-publicitario.

Junta de Andalucía (2022). *28 Febrero 2022 – Día de Andalucía* [Archivo de Vídeo]. https://storagecdn.codev8.net/ondemand/52001e31-c4ed-4d7b-8462-/5c801e5c-7f01-734935d179be4653-b5bc-9909713b66f4_Fast_H1500.mp4.

Manu Sánchez [16 Escalones Producciones] (28 de febrero de 2021). *Lucha por tu acento* [Archivo de Vídeo]. Youtube. https://www.youtube.com/watch?v=_8hA_9hv77Q.

MBAUDiOFiLMS (9 de noviembre de 2022). *Semana Santa de Alcaudete* [Archivo de Vídeo]. Youtube. https://www.youtube.com/watch?v=A1qrP1Rmcjw.

Proximity. [El Publicista] (19 de julio de 2021). *No hay alegría pequeña* [Archivo de Vídeo]. Youtube. https://www.youtube.com/watch?v=ESv299_hpRA.

Supermercados El Jamón (23 de febrero de 2021). *#OrgullosamenteAndaluces* [Archivo de Vídeo]. Youtube. https://www.youtube.com/watch?v=9LNf5pOU1w8.

Supermercados El Jamón (20 de febrero de 2023). *Bajo tus pies Andalucía* [Archivo de Vídeo]. Youtube. https://www.youtube.com/watch?v=4Ul7Szo_ANM.

Turismo Comarca de Écija (13 de febrero de 2023). *Spot Carnaval Fuentes de Andalucía, 2023* [Archivo de Vídeo]. Youtube. https://www.youtube.com/watch?v=M3tqiVbmNIc.

«De Nájera a Salobreña» y del *ALPI* al *ALEA*[1]

Pilar Peinado Expósito
(ILLA-CSIC)

RESUMEN
Este trabajo se centra en el área lingüística de Nájera a Salobreña y estudia varias palabras recogidas en el *ALPI* y otros atlas regionales. Diferentes estudios han evidenciado la existencia de áreas con influencias aragonesas, leonesas, portuguesas y otras, que conforman un "complejo dialectal". El *ALPI* recopila datos del siglo XX y es fundamental para entender la distribución de ciertos términos y fenómenos lingüísticos. El trabajo analiza "aguijón", "cría de la cabra", "sandía", "mellizo", "coccior" y "rambla". Muestra que su distribución geográfica confirma la continuidad de un área oriental en el dominio castellano. Se comparan los datos del *ALPI* con atlas regionales posteriores. Esta área de influencia lingüística perdura en el tiempo, aunque con variaciones en su extensión. En conclusión, se refuerza la existencia de un patrón de distribución en el oriente peninsular que refleja la continuidad de ciertos rasgos lingüísticos históricos.

Palabras clave: *ALPI*, dialectología histórica, atlas regionales, complejo dialectal, área oriental, castellano.

1. Introducción

En 1989 Diego Catalán delimita en su trabajo un área lingüística que va «De Nájera a Salobreña», tal como indica su título, a partir del análisis de siete palabras en el *Atlas Lingüístico y Etnográfico de Andalucía* (*ALEA*) de las cuales solo "aguijón" se pudo contrastar con el *Atlas Lingüístico de la Península Ibérica* (*ALPI*). Este estudio dividía Andalucía en dos mitades, una occidental con influencias leonesas y portuguesas, y otra oriental, con influencias aragonesas. Sin embargo, su continuidad lingüística por el resto de la Península solo pudo comprobarse en uno de los casos, ya que era la única pregunta que recogía el tomo publicado del *ALPI*.

---

[1] El presente trabajo se ha realizado en el marco del proyecto PGC2018-095077-B-C41 "El *Atlas Lingüístico de la Península Ibérica*: edición digital y análisis de datos", financiado por MCIN/AEI/ 10.13039/501100011033, FSE "El FSE invierte en tu futuro".

Antes de Catalán, otros como Navarro Tomás (1975), Gregorio Salvador (1953; 1960) o Antonio García Carrillo (1987) ya habían llamado la atención sobre la presencia de elementos de origen aragonés en las hablas de la mitad sur oriental, pero tampoco contaban con datos suficientes que nos permitieran describir con exactitud sus límites. La publicación de los otros atlas regionales, el *Atlas Lingüístico y Etnográfico de Aragón, Navarra y Rioja* (ALEANR), y el *Atlas Lingüístico (y etnográfico) de Castilla-La Mancha* (ALeCMan) permitió ir completando el panorama lingüístico peninsular y poder comprobar la continuidad de ciertos fenómenos.

Los datos del *ALPI* suponen una fuente de riqueza lingüística incalculable, ya que reflejan el habla de principios del siglo XX en una red de puntos homogénea donde se pasó el mismo cuestionario a informantes tradicionales. Por ello, mis objetivos en el presente trabajo son: a) explicar algunos aspectos teóricos sobre el estudio de orientalismos a lo largo del tiempo y describir brevemente cada uno de los atlas lingüísticos que he utilizado en el apartado 2; b) delimitar la extensión de otras palabras que tengan la misma distribución que "aguijón" en el *ALPI* y hacer un análisis léxico de ellas en el apartado 3; c) contrastar la extensión de las palabras examinadas en el apartado 3 en los atlas regionales para comprobar si existen cambios significativos en el apartado, 4, y d) exponer unas primeras conclusiones sobre esta área lingüística a partir de los datos extraídos en el apartado 5.

2. Aspectos teóricos sobre el estudio de orientalismos

2.1. El estudio de orientalismos en el "complejo dialectal castellano"

El fundamento primordial del estudio de orientalismos es la constatación de las distintas áreas peninsulares. Menéndez Pidal explica en su obra *Orígenes del español* (1926: 513) que «el castellano, al dilatarse por el Sur, desaloja de allí a los empobrecidos y moribundos dialectos mozárabes, rompió el lazo de unión que antes existía entre los dos extremo oriental y occidental e hizo cesar la primitiva continuidad geográfica de ciertos rasgos comunes del Oriente y del Occidente que hoy aparecen extrañamente aislados entre sí». Esta es la conocida como hipótesis de la cuña castellana, la cual también explica que los dialectos asturleonés y navarroaragonés quedaron arrinconados.

Este patrón de difusión que Menéndez Pidal propone no es el único ni tampoco es homogéneo en todos los fenómenos lingüísticos. Como ya adelantaba en la introducción, existen otras áreas lingüísticas que dividen la península en dos mitades, una occidental y otra oriental, de ahí que García de Diego (1950: 517) hablara del castellano como "complejo dialectal". Según este «el castellano solo tiene conciencia defensiva frente a los grandes dialectos conservados, como el gallego o el catalán. Sobre los dialectos inconsistentes barridos por él, y en parte, solapadamente subsistentes, el castellano obra sin cautela, aceptando todo lo que encuentra».

En este estudio mi interés se centra en las investigaciones que prueban la existencia de un área de continuidad lingüística en el oriente peninsular, en particular, de la que va desde Nájera a Salobreña. No obstante, no es el único patrón que he encontrado dentro del *ALPI* en el este peninsular: en una primera clasificación conviene distinguir entre orientalismos de extensión amplia, que se reparten por la mitad oriental peninsular, entre los que se encuentra el aquí analizado, y orientalismos de extensión limitada, que abarcan áreas más reducidas como Aragón, Valencia o Murcia y zonas limítrofes de Castilla o Andalucía. Todos ellos serán abordados en profundidad en trabajos posteriores. Partiendo de esta clasificación, un orientalismo es una forma que se extiende por zonas del este del dominio castellano, es decir, la franja que va desde Navarra y La Rioja en el norte hasta Andalucía oriental y Murcia en el sur.

2.2. Los atlas lingüísticos, grandes bases de consulta

Los atlas lingüísticos son colecciones cartográficas de material lingüístico (Coseriu, 1977: 112) y en este estudio me serviré de los datos de *Atlas Lingüístico de la Península Ibérica* (*ALPI*), y de los atlas regionales españoles que abarcan una parte del oriente peninsular, esto es, el *Atlas Lingüístico de Aragón, Navarra y Rioja* (*ALEANR*), el *Atlas Lingüístico (y etnográfico) de Castilla-La Mancha* (*ALeCMan*) y el *Atlas Lingüístico y Etnográfico de Andalucía* (*ALEA*), en torno al cual se concibe este monográfico.

El *ALPI* es un atlas de gran dominio, en la línea del *Atlas ítalo-suizo* de Jaberg y Jud, que estudia la España peninsular, con las Baleares y el

Rosellón catalán, y Portugal. Sus encuestas comenzaron en 1931 bajo la dirección de Tomás Navarro Tomás, pero no terminaron hasta los años 50, ya que se vieron interrumpidas por la guerra civil. Durante ella, Navarro Tomás custodió los cuadernos y los llevó consigo en su exilio, pero con el triunfo definitivo del bando franquista se dio cuenta de que no iba a regresar a España y buscó un acuerdo para devolver los cuestionarios allí (Sanchis Guarner et al., 1961: 114).

Una vez que se terminaron las encuestas, se publicó el primer tomo en 1962 constituido por 75 mapas que correspondían a preguntas del cuaderno de fonética, ordenadas por orden alfabético (Navarro Tomás, 1975: 16). El objetivo era continuar con la publicación del resto de tomos y, de hecho, los colaboradores siguieron trabajando, sin embargo, nunca se publicó el segundo volumen.

En la década de los 90 David Heap recopiló, escaneó y subió todos los cuestionarios a una página web a fin de ponerlos a disposición de la comunidad científica. Si bien su consulta no resultaba sencilla, puesto que los materiales se subieron en bruto, en un formato en el que resultaba complicado su consulta.

En 2007 en el marco de la celebración del centenario de la JAE–CSIC, el CSIC decidió subvencionar un proyecto coordinado por Pilar García Mouton e integrado por Inés Fernández-Ordoñez, David Heap, María Pilar Perea, João Saramago y Xulio Sousa, cuyo objetivo era la edición y publicación digital. Desde entonces, el mismo equipo ha seguido trabajando con ayudas de la Fundación BBVA y del Ministerio de Educación y Ciencia español y en mayo de 2016, se publicaron en la página web los primeros resultados en línea de las respuestas a diez preguntas del cuestionario y, cinco años más tarde, los materiales correspondientes a 103 conceptos escogidos de léxico, morfología y sintaxis. Por tanto, la mayor parte de los datos del *ALPI* siguen inéditos.

En cuanto a los atlas regionales, el primer atlas regional en España se publicó entre 1961-1973 y fue el *Atlas Lingüístico y Etnográfico de Andalucía (ALEA)* (1961-1973), dirigido por Manuel Alvar en colaboración con Antonio Llorente Maldonado y Gregorio Salvador. El proyecto surge en torno a los años 50, cuando los únicos estudios científicos sobre el andaluz eran los que habían realizado los encuestadores del *ALPI*.

En el *ALEA* ya se atienden a aspectos sociales: por una parte, la red de encuesta incluyó tanto núcleos aislados y pequeños, como zonas urbanas (la capital y otras ciudades de cada provincia) con el fin de conocer el poder de difusión lingüística que tenían los grandes núcleos; por otra parte, se entrevistó a un único informante en cada localidad siguiendo los criterios tradicionales, pero en las ciudades también se realizó la encuesta a mujeres y a personas cultas[2]. No resulta sorprendente, pues desde décadas atrás se venía incidiendo en la relevancia que las cuestiones sociales tenían para la concepción del dialecto y para la variación lingüística.

El germen del *Atlas Lingüístico y Etnográfico de Aragón, Navarra y La Rioja* (*ALEANR*) (1979-1983) surgió durante el Congreso Internacional de Pireneístas (1954), donde se encomendó a Alvar la elaboración de un atlas lingüístico de Aragón. Nueve años más tarde comenzó las primeras encuestas, de modo paralelo a la presentación del proyecto de un atlas para Navarra y La Rioja, por lo que se decidió efectuar los reajustes necesarios para que se realizaran las encuestas de un atlas conjunto de las tres regiones, el *ALEANR*. Los encargados de realizarlas fueron Antonio Llorente, Tomás Buesa y el propio Manuel Alvar, quienes además de encuestar puntos de Aragón, Navarra y La Rioja, también lo hicieron en puntos de zonas limítrofes con un cuestionario en la línea de los anteriores y un informante tradicional (Enguita Utrilla y Lagüéns Gracia, 2011: 272-273).

Por último, el *Atlas Lingüístico y Etnográfico de Castilla-La Mancha* (*ALeCMan*) (2003) dirigido por Pilar García Mouton y Francisco Moreno Fernández, puso de manifiesto la importancia de dar cabida a la variación diastrática en las investigaciones geolingüísticas. Para la elección de puntos, tuvieron en cuenta la densidad de población matizada con el área de dominación socioeconómica y cultural de la región. Asimismo, por primera vez en un atlas se entrevistó de forma sistemática a un hombre y a una mujer, entre

---

[2] El contraste entre el habla de hombres y mujeres dio lugar a una larga producción de trabajos comparativos. Cabe destacar en esta línea a Salvador (1987).

55-65 años, nacidos en la localidad y conocedores de las actividades propias de allí. Las encuestas eran grabadas y una vez contestaban al cuestionario, se mantenía una conversación con el informante para enriquecer el apartado de sintaxis y se formulaban unas preguntas sobre actitudes lingüísticas. Asimismo, junto a la encuesta tradicional, se llevó a cabo un estudio sociolingüístico en las cinco capitales de provincia en el que se trabajó con tres variables sociales: sexo, edad y nivel de estudios (García Mouton y Moreno Fernández, 1993: 141-142).

3. El área de *guizque* y otras palabras con semejante distribución en el *ALPI*

Como ya he mencionado, la única pregunta en la que Diego Catalán (1989) pudo contrastar los datos del *ALPI* y el *ALEA* fue "aguijón", cuyas respuestas en el este peninsular daban lugar a un orientalismo, *guizque*. En este apartado, realizaré el análisis léxico de *guizque*, y tras haber revisado todas las preguntas de fonética y léxico del *ALPI*, procederé de forma semejante con cinco preguntas más que tienen como respuesta orientalismos con una extensión semejante a *guizque*: estas son "cría de la cabra" (cuaderno II, 536), "sandía" (cuaderno II, 499), "mellizo" (cuaderno II, 650), "coccior" (cuaderno II, 698a) y "rambla (ramblizo)" (cuaderno II, 416).

Aguijón (cuaderno I, 178)
Las respuestas del *ALPI* a la pregunta "aguijón" en el dominio castellano son: *aguijón* en la parte occidental; *rejo* en Extremadura y el oeste castellanomanchego, *respe* en Cantabria y *guizque* en el oriente peninsular, de cuya etimología y extensión me encargaré a continuación.

El origen de *guizque*, así como de sus variantes fonéticas, *bizque* y *dizque*, ha sido muy controvertido: por un lado, Corominas, entre otros, considera que proviene de un radical GIZK- de creación expresiva, con el sentido primitivo de 'aguijonear' (*DCECH s.v.* Guizque); por otro, Gutiérrez (2021) lo deriva de VESPAM, VESPULAM 'avispa'. No me detendré en argumentar a favor de una u otra, aunque sí apuntaré que, en ambas propuestas, la motivación de esta forma es descriptiva, referida a su aspecto físico. Recordemos su distribución en el oriente peninsular:

"DE NÁJERA A SALOBREÑA" Y DEL *ALPI* AL *ALEA*

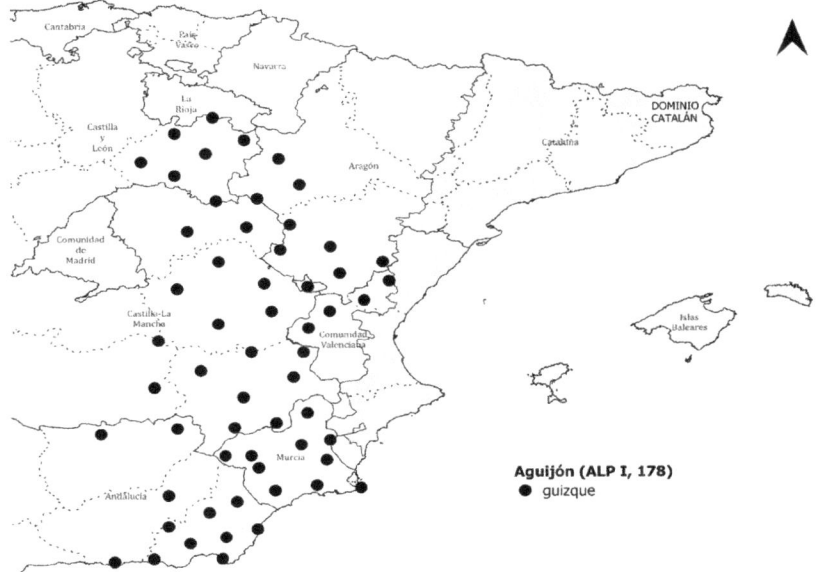

Mapa 1. Guizque – "aguijón"[3].

Como muestra el mapa 1, *guizque* se extiende desde Soria y el oeste de Zaragoza hasta Andalucía oriental, en particular, Jaén, Granada y Almería, y Murcia pasando por Guadalajara, Cuenca, Albacete, el este de Ciudad Real y las zonas de habla castellana de la Comunidad Valenciana. Los datos del *ALPI* concretan la descripción que se había dado de forma previa en las obras y diccionarios tradicionales de cada región: Irribaren lo incluía como propio de Navarra (VN *s.v.* guizque); Andolz, de Aragón; Zamora Vicente (1942) y Quilis (1960), de Albacete; García Soriano (VM), de Murcia, y Alcalá Venceslada, de Andalucía.

---

[3] He prescindido de representar en el mapa las variantes fonéticas a fin de facilitar la visualización e interpretación del mapa.

Cría de la Cabra (Cuaderno II, 536)
Entre las denominaciones más habituales de "cría de la cabra" en el dominio castellano encontramos *cabrito*, que es la respuesta general y homogénea; *chivo*, que se extiende principalmente por el occidente peninsular, aunque alcanza algún punto al oeste de Granada y Cuenca, y *choto*, orientalismo que describiré a continuación.

Sobre la etimología de *choto*, Corominas propone que es de carácter onomatopéyico, por imitación del ruido que hace el animal al mamar (*DCECH* s.v. CHOTO), sin embargo, García de Diego sostiene que procede del latín *sūctāre 'chupar', que a su vez derivaría de *suctus*, *sugere chotar* 'mamar' (*DEEH* s.v. CHOTO). Tal como he procedido con *guizque*, no me detendré en argumentar a favor o en contra de una propuesta, pero sí haré una observación al respecto, ya que ambas etimologías están motivadas por un aspecto descriptivo de la cría de la cabra al alimentarse.

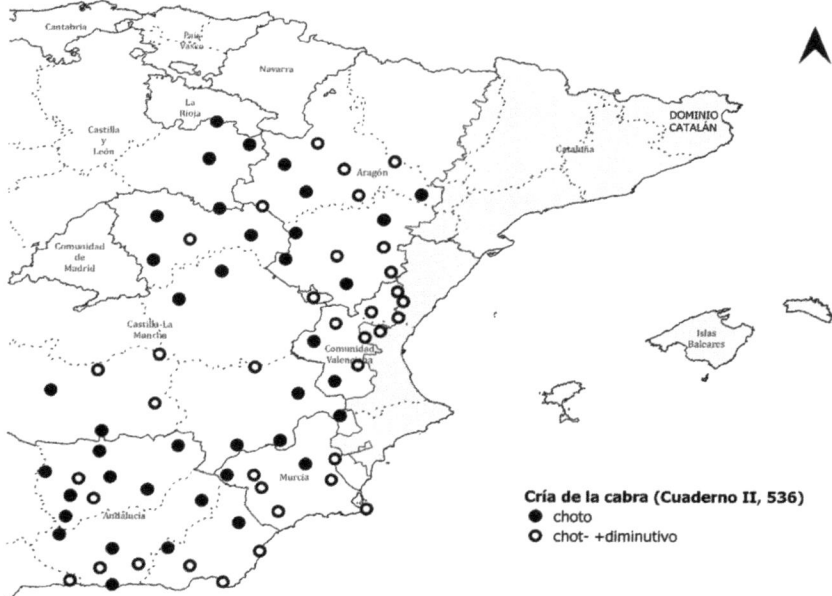

Mapa 2. Choto – "cría de la cabra".

El mapa 2 evidencia que *choto* se reparte por Soria, Zaragoza, Guadalajara, Teruel, Cuenca, Ciudad Real, Albacete, zonas del interior de la Comunidad Valenciana, Jaén, Granada, Almería y Murcia, de ahí, que lo consideremos un orientalismo del mismo tipo que *guizque*. La descripción del *ALPI* enriquece los datos recogidos en los diccionarios tradicionales, ya que solo se incluye en el *Vocabulario Navarro* de Irribaren y en el *Diccionario aragonés* de Andolz en el sentido de cabrito castrado[4].

Sandía (Cuaderno II, 499, "pepita de la sandía")
Existen dos formas de nombrar a la "sandía" en el dominio castellano: *sandía*, que es la respuesta general, y *melón de agua*, que se reparte por el este peninsular y, por tanto, examinaré algunos de sus aspectos léxicos. Cabe mencionar que en el *ALPI* no existe una pregunta que sea "sandía", sino que en "pepita de la sandía" algunos informantes daban junto a la pepita el nombre del fruto, lo que me ha permitido obtener resultados sobre ella.

La etimología de *melón de agua* nos remite a MELO-, ŎNIS 'melón' (*DCECH s.v.* MELÓN) y Corominas sostiene que se llama así en algunas partes de América, Almería y que el diccionario de Autoridades lo atribuye a Murcia. Aunque en ningún diccionario se explican las causas por las que se denomina así a la sandía, es evidente que está motivada por su semejanza con el melón y porque además contiene una mayor cantidad de agua que este.

Tal como se observa en el mapa 3, *melón de agua* se distribuye por un punto de Huesca, Zaragoza, Cuenca, Albacete, Ciudad Real, las zonas de habla castellana de la Comunidad Valenciana, Granada, Almería y Murcia, de ahí que se considere un orientalismo de este tipo. La realidad del *ALPI*, de nuevo, enriquece y matiza la información que nos proporcionaban los diccionarios tradicionales, ya que se recoge como propio de Navarra, en particular de la Ribera, en la obra de Irribaren, donde no se recoge ningún punto en el mapa. Asimismo, también se incluye en las obras aragonesas de Borao y Andolz, y en el diccionario murciano de García Soriano.

---

[4] Sobre las diversas referencias a las que se aplica *choto* en el territorio peninsular, Corominas afirma que en Aragón se extiende a todo macho cabrío, joven o viejo, probablemente como sustituto de *cabrón*, aunque dice que no siempre se aplica a la especie cabría pues en parte de Burgos designa al 'corderillo' y en el Oeste de Soria, Cespedosa y Cáceres al 'ternero mamón'.

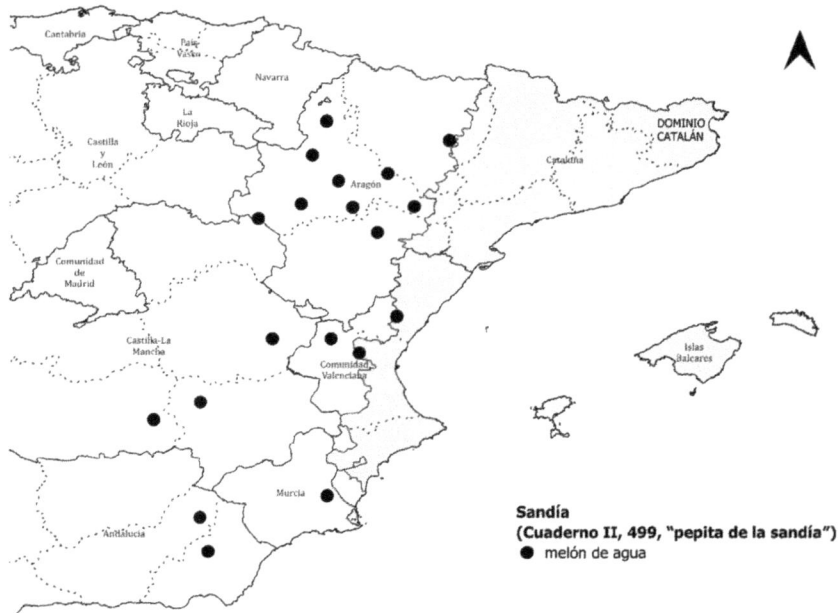

Mapa 3. Melón de agua – "sandía".

Mellizo (Cuaderno II, 650)
Los nombres para designar al "mellizo" en el dominio castellano son los siguientes: *mellizo* en todo el territorio; *gemelos*, en algunos lugares por confusión de términos[5]; *mielgo*, en Oviedo, León, Zamora, Salamanca y Burgos; *medios*, en Valladolid, Logroño y zonas del centro peninsular, y *melguizo*, en el oriente, por lo que realizaré su análisis léxico.

Melguizo proviene del cruce de *mielgo* y *mellizo*, ambas procedentes a su vez del latín GEMĚLLĬCUS 'mellizo' (*DCECH s.v.* MELLIZO), y Corominas considera que es aragonesismo.

---

[5] Tanto gemelos como mellizos nacen en el mismo parto, pero mientras los primeros se han originado por la fecundación del mismo óvulo, los segundos lo ha hecho por distinto óvulo.

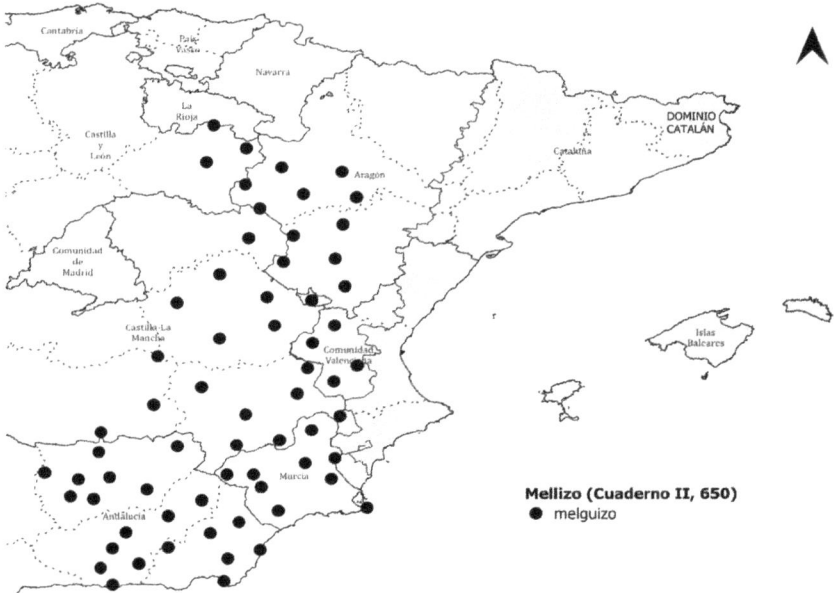

Mapa 4. Melguizo – "Mellizo".

El mapa 4 muestra que *melguizo* se extiende por Soria, Zaragoza, Guadalajara, Teruel, Cuenca, Albacete, zonas de habla castellana de la Comunidad Valenciana, Ciudad Real, Jaén, Granada, Almería y Murcia, por lo que, sin duda, es un orientalismo. Los datos del *ALPI* confirman la información que se nos proporciona en los diccionarios regionales, ya que se recoge en los aragoneses de Borao y Andolz, en el murciano de García Soriano y el andaluz de Alcalá Venceslada. Asimismo, se registra en las obras de Zamora Vicente (1943) y Quilis (1960) sobre Albacete.

Coccior[6] (Cuaderno II, 698a)
El "coccior" recibe diversos nombres en el dominio castellano entre los que se encuentran *cesta*, en la parte occidental, a veces en masculino, *cesto*,

---

[6] Sobre la ortografía de *coccior* existen algunas vacilaciones. Ni en el *ALPI* ni en los atlas regionales existe un acuerdo sobre si se escribe con una o dos *c*. En esta contribución respetaré la escritura que se da para la pregunta en el *ALPI* y unificaré todas las variantes con doble *c*.

o en sintagmas acompañados de un modificador que alude a la *colada; canasta*, en Andalucía; *colador* en el suroeste de Castilla y León, y en el centro de Castilla-La Mancha; *cuenco*, en La Rioja y en Aragón; *terrizo* en Navarra, La Rioja, Soria y Zaragoza; *tinaja*, en puntos dispersos de todo el territorio y *coccior*, en el oriente peninsular, de cuya etimología y extensión me encargaré en las siguientes líneas. Antes de ello, cabe añadir que existen también algunos puntos sin respuesta, especialmente en las dos Castillas, pues quizás este objeto era desconocido en estos casos, ya que un *coccior* es un objeto específico que se utilizaba para hacer la colada. Así lo describen en el *Atlas Etnográfico de Vasconia*, donde la *cuba* o *cesto* del que hablan es el *coccior*:

> se colocaba una cuba o un cesto hecho de varas de avellano sobre una piedra de forma circular u ovalada que en uno de los lados terminaba en una boquera para la salida del agua. Se ponía la ropa en una cuba artesanal que disponía de un orificio en la parte inferior y se cubría con un trapo de lino que actuaba de colador. Encima se echaba ceniza tamizada antes por un cedazo [...] y sobre ella se iba derramando poco a poco agua cada vez más caliente. Una vez llena la cuba, se abría el tapón que permitía que el agua saliera por el surco de la piedra pujadera. El agua se recogía en un balde para volver a echar de nuevo en la cuba hasta que lograba blanquear la ropa. Ésta se dejaba un tiempo en reposo antes de aclararla y ponerla a secar.

En cuanto a su etimología, Corominas cree que *coccior* en Aragón y Murcia es catalanismo ya que deriva del catalán *cossi* 'tina de la colada' (*DCECH s.v.* Cuezo), que a su vez probablemente procede de una base prerromana indoeuropea *koukeiós 'cubo, depósito' (*DECLC s.v.* cossi). En el *ALPI* se recogen variantes fonéticas que no se cartografiarán en el mapa, pero que conviene mencionar: 1) en algunos casos la consonante final cambia a -*l* o -*n* (*cocciol*; *cocción*), 2) -*r*- epentética entre las dos sílabas (*corccior, corcciol*) y 3) caída de -*r* final y por tanto, cambio de acentuación de la palabra que pasa de ser aguda a llana (*cocio*).

Como muestra el mapa 5, *coccior* se extiende por Soria, Zaragoza, Teruel, Cuenca, Albacete, zonas del interior de la Comunidad Valenciana, Granada, Almería y Murcia, de ahí que se trate de un orientalismo. La información que nos proporciona el *ALPI* aporta nuevos datos a las obras dialectales, ya que no se recoge en ningún diccionario aragonés, en cambio sí se incluye en el vocabulario murciano de García Soriano, en el andaluz de Alcalá Venceslada, y en las obras sobre La Mancha (Serna, 1974), Guadalajara (Vergara y Martín, 1946), Cuenca (Calero López, 1981) y Albacete (Quilis, 1960).

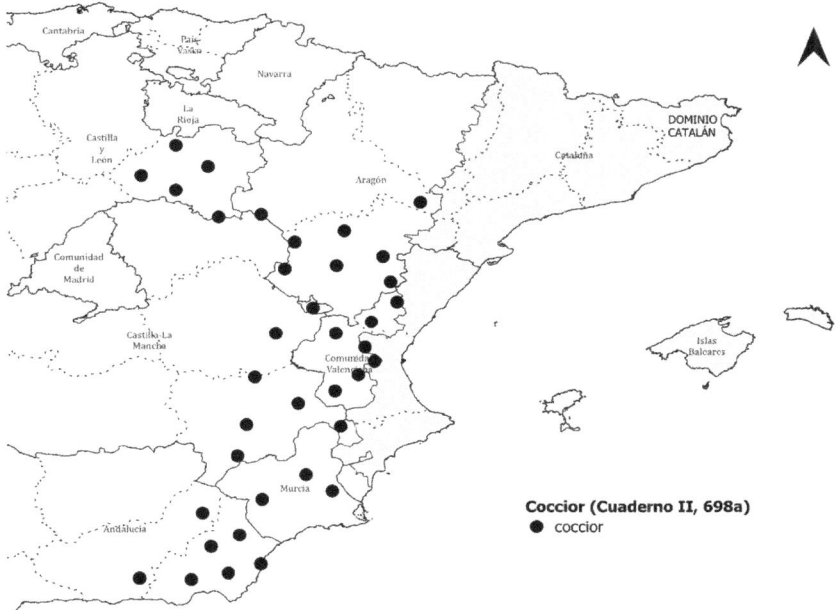

Mapa 5. Coccior – "Coccior".

Rambla (ramblizo) (Cuaderno II, 416)
Las respuestas generales de la pregunta "rambla (ramblizo)" dan lugar a *arroyo*, que se distribuye por puntos aislados de Asturias, Vitoria, Madrid y Andalucía occidental; *cañada*, que se recoge en Madrid, Badajoz, Ciudad Real y Andalucía occidental; *barranco*, que se localiza en tres puntos repartidos respectivamente en Vitoria, Madrid y Granada y *rambla*, que es la más frecuente, y se extiende por el oriente peninsular, por lo que la estudiaré más adelante. No obstante, también existen muchas localidades sin respuesta, probablemente porque, aunque es un fenómeno que puede suceder en cualquier lugar, el clima mediterráneo favorece su aparición por lluvias torrenciales en ríos de poco caudal que pasan secos la mayor parte del año.

Rambla proviene del árabe RÁMLA 'arenal', como su variante fonética, *rambra*, con neutralización de *l/r*, y sus variantes morfológicas, con los sufijos *-izo*, *-azo* o *-ada*. Una rambla es el «lecho natural de las aguas pluviales cuando caen copiosamente» (*DLE s.v.* RAMBLA) y Dozy y Engelmann (*GMEPDA s.v.*

Rambla) sostienen que se trata de un *'lieux sabbloneux'*, es decir un lugar arenoso, por lo que la motivación debe ser descriptiva a causa del resultado que deja la formación de estas ramblas.

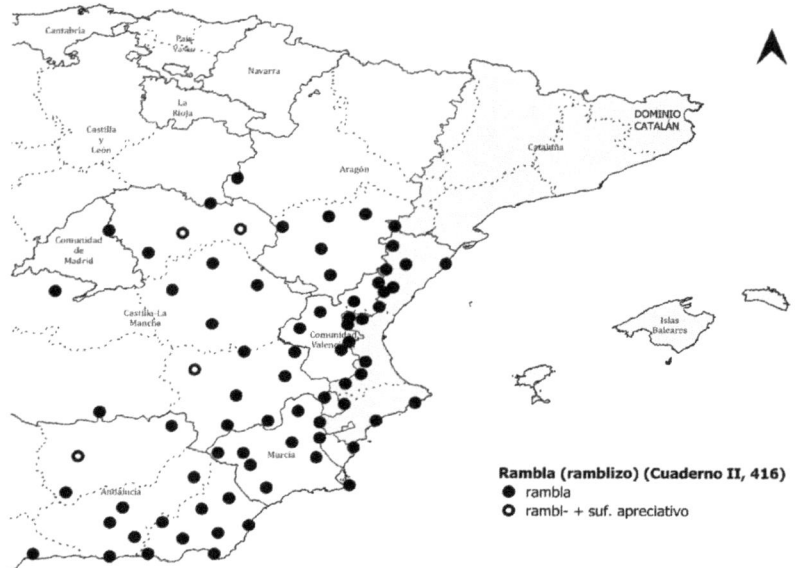

Mapa 6. Rambla – "Rambla (ramblizo)".

Como se observa en el mapa 6, *rambla* se distribuye por el centro y sur del este peninsular: Soria, Zaragoza, Teruel, Madrid, Guadalajara, Cuenca, Albacete, Andalucía occidental, Murcia, las zonas de habla castellana de la Comunidad Valenciana, y alcanza dos puntos en las provincias occidentales de Castilla-La Mancha. Asimismo, también se extiende por otros dominios contiguos como el catalán, donde como vemos se recoge en puntos de la Comunidad Valenciana. Sus variantes morfológicas presentan una extensión reducida: *ramblizo* se documenta en tres puntos de las provincias orientales de Castilla-La Mancha, mientras que *ramblazo* se encuentra en un punto de Jaén. Por tanto, *rambla* es un arabismo que se extiende desde el sur de Aragón a Andalucía oriental y formaría parte de los orientalismos de extensión amplia.

La realidad que recoge el *ALPI* se corresponde de forma parcial con la información que ofrecen los diccionarios y las obras tradicionales, pues por una parte, en el caso de Alcalá Vencesalada para Andalucía (*VA s.v.* Rambla), localiza el término como propio de la provincia de Huelva a la que no llega, y por otro, José Pardo Assó y Rafael Andolz (*NDEA* y *DA* s.v. Ramblo) incluyen *ramblo* con el significado de 'rambla' en Aragón, variante que no aparece en el *ALPI*.

4. La situación de esta área lingüística en los atlas regionales: *ALEANR*, *ALEA* y *AleCMan*

Los datos de los atlas regionales nos permiten contrastar, ratificar o ampliar la información por la que ya se preguntó en el *ALPI*. Las diferencias culturales que existían entre el campo y la ciudad en los años 30, cuando se llevaron a cabo las entrevistas del *ALPI*, eran abismales; así seguían en los años 50, cuando se realizaron las del *ALEA*, o diez años después con las del *ALEANR*. En cambio, sí que se observa un cambio del paradigma social en las encuestas del *ALeCMan*, desarrolladas en los años 90, por lo que hay conceptos que ya no existen y, por tanto, no se incluyen en el cuestionario. A continuación, comprobaré si las áreas de las preguntas anteriores se mantienen en los atlas regionales, especialmente, en el *ALEA*.

Aguijón (*ALEANR* VI, 763; *AleCMan*, 125; *ALEA* II, 626)
Como se observa, el mapa de *guizque* corrobora el área del *ALPI*, ya que se extiende por Logroño, Soria, Zaragoza, Teruel, las provincias orientales de Castilla-La Mancha, el sureste de Ciudad Real, el interior de la Comunidad Valenciana, Jaén, Granada y Almería. Además, el *ALEA* aporta la pregunta que se realizó a los informantes, en este caso «¿con qué pica la abeja?». Por tanto, confirma si el informante tenía una idea clara del referente exacto por el que se estaba preguntando o no.

Cría de la cabra (*ALEANR* V, 618; *ALeCMan* 581; *ALEA*, 529)
El mapa 8 coincide parcialmente con el del *ALPI* porque, aunque se siga distribuyendo por los mismos lugares, esto es, el sureste de Navarra, La Rioja, Soria, Zaragoza, Teruel, Guadalajara, Cuenca, Albacete, Ciudad Real, las zonas de habla castellana de la Comunidad Valenciana, Jaén, Granada, Almería y dos puntos de Cádiz, la densidad de puntos es diferente: mientras que en Andalucía es general en las provincias orientales, en el resto de las

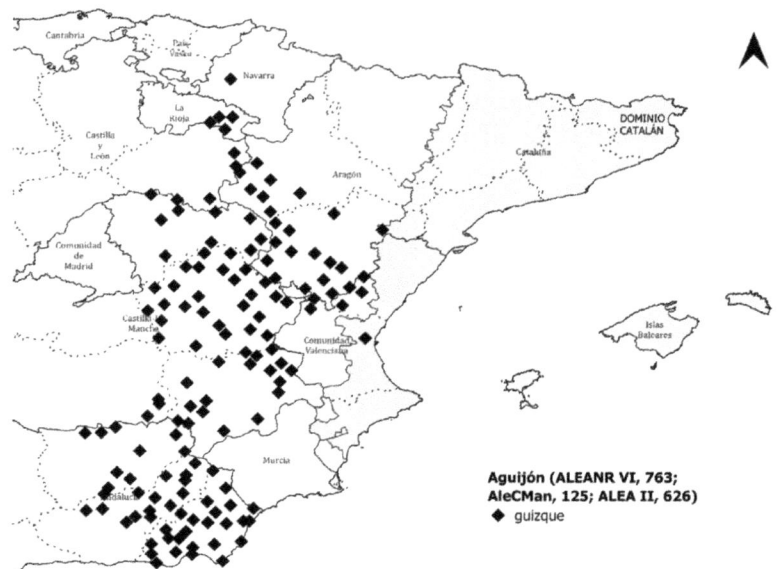

Mapa 7. *Guizque* "aguijón" en los atlas regionales.

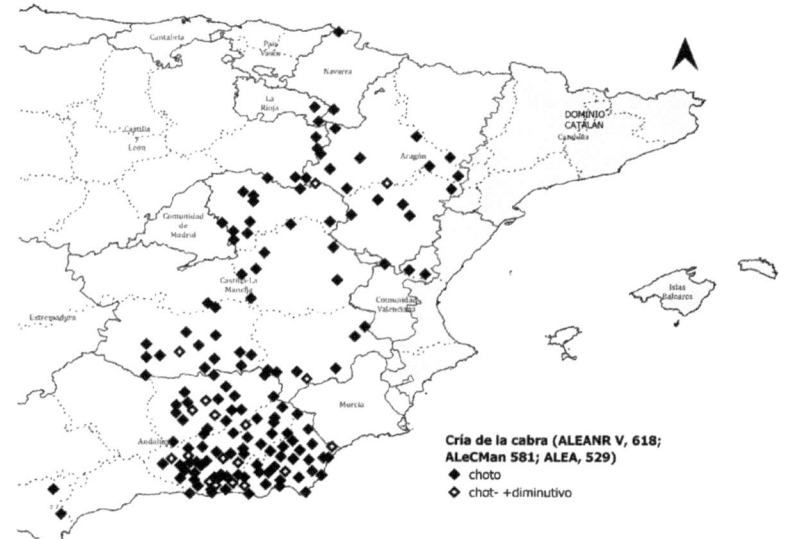

Mapa 8. *Choto* "cría de la cabra" en los atlas regionales.

Comunidades los puntos están más disgregados. La pregunta que se hace en el *ALEA* es «cría de la cabra mientras mama», por lo que no cabe duda de sobre su referente.

Sandía (ALEANR III, 327; *ALeCMan* 197; *ALEA* II, 334)

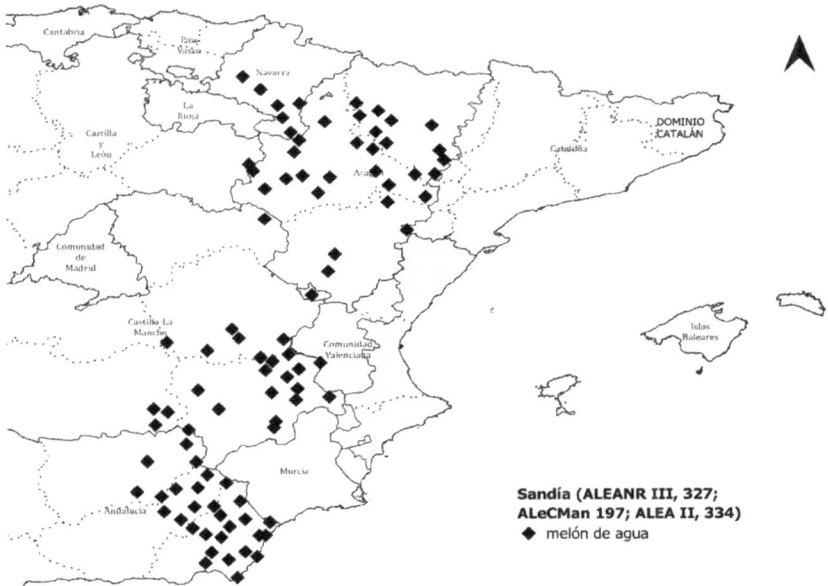

Mapa 9. *Melón de agua* "sandía" en los atlas regionales.

Tal como puede verse en el mapa 9, *melón de agua* se localiza en Navarra, Aragón, Guadalajara, Cuenca, Albacete, el sureste de Ciudad Real, Jaén y Granada, y Almería, por lo que el patrón de distribución oriental no coincide exactamente con el que va de Nájera a Salobreña, sino con otro, que estudiaré en otros trabajos, que se extiende desde Huesca y Navarra hasta el sureste peninsular. Pese a este cambio, no puedo sostener que se trate de una evolución en el tipo de patrón lingüístico, ya que las respuestas de "sandía" en el *ALPI* no las obtuve de una pregunta que preguntase por el fruto, sino por su pepita, por lo que quizás ya en el *ALPI* tenía este tipo de área, pero no es posible visualizarlo.

Mellizos (mellizos, *ALeCMan*, 476; gemelos (*ALEANR* VIII, 1079; *ALEA* V, 1337)
La diferencia entre los gemelos y mellizos es que los primeros nacen por la fecundación del mismo óvulo y los segundos, de distinto, sin embargo, son realidades que tienden a generalizarse y entenderse del mismo modo. De hecho, en el *ALEA* la pregunta que se hacía era «¿cómo se llaman las dos criaturas que nacen en el mismo parto?», por lo que la respuesta podía ser tanto *mellizos* como *gemelos*, pues ambos nacen en el mismo parto. Pese a estas diferencias, los atlas regionales nos permiten ver el área que tiene *melguizo* en el oriente peninsular:

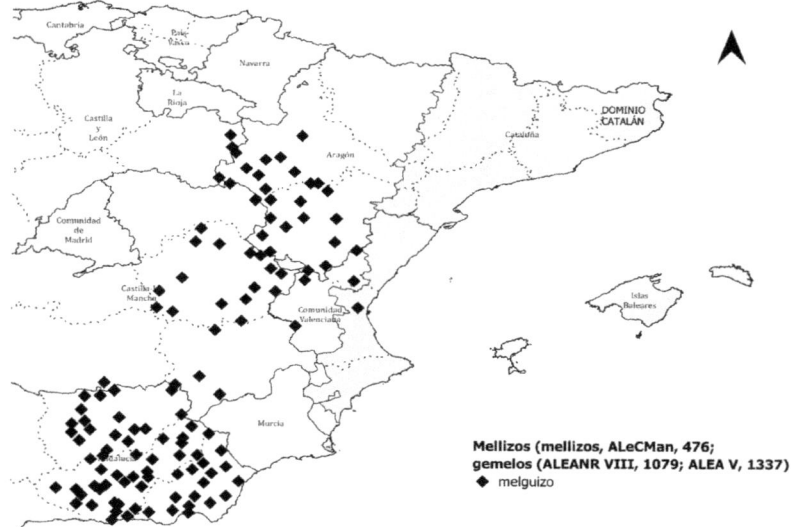

Mapa 10. *Melguizo* "mellizo" en los atlas regionales.

En el mapa 10 se observa cómo *melguizo* se reparte por Soria, Zaragoza, Teruel, Guadalajara, Cuenca, zonas del interior de la Comunidad Valenciana, el sureste de Ciudad Real, Albacete, Jaén, Granada y Almería. Por tanto, el cartografiado coincide con el del *ALPI*, que daba la misma distribución años antes.

Coccior (cocio o recipiente para colar, *ALEANR* VII, 895; recipiente para hacer la colada *ALEA* III, 794)
El *coccior* es una de las preguntas por las que ya no se pregunta en *ALeCMan* ya que alude a una vida que ya no existe. Para los años 90 las técnicas de lavado

son diferentes y ya no utiliza la ceniza, por lo que es un objeto obsoleto. No obstante, en las encuestas del *ALEANR* y el *ALEA* sí que se incluye, porque aún no se ha producido ese cambio social que he mencionado.

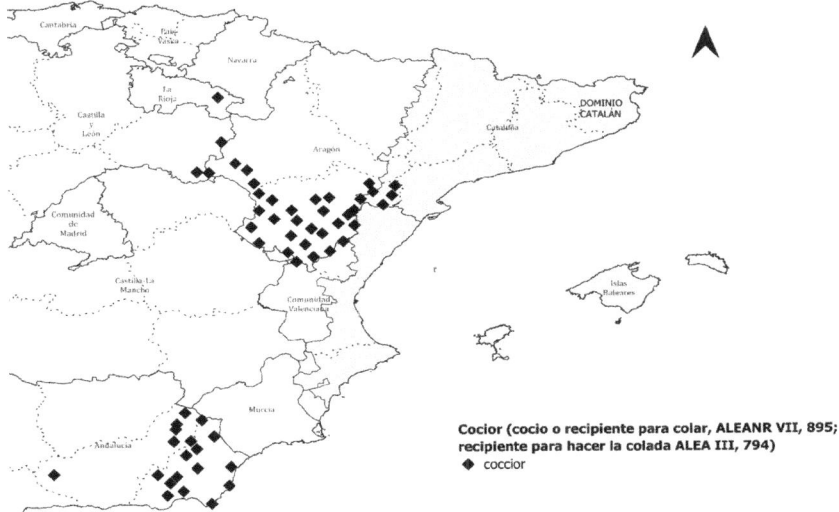

Mapa 11. *Coccior* "coccior" en los atlas regionales.

El mapa 11 expone que *coccior* se localiza en La Rioja, Soria y Teruel, así como en el noreste de Granada y en Almería. La extensión en estas regiones es semejante a la que tenía en el *ALPI*, por lo que cabe suponer que el vacío castellano se habría completado de formas similar en el caso de que en esa misma época hubieran preguntado por tal objeto. En cualquier caso, se podría concluir que el área entre los atlas regionales y el *ALPI* es parcialmente análoga.

Rambla (*ALEANR* X, 1357; *ALEA* IV, 88)
Ya he mencionado anteriormente que una *rambla* es un fenómeno atmosférico propio del clima mediterráneo, por lo que hay lugares en los que no se conoce. Es probable que esta sea la razón por la que no se recogiera en el cuestionario del *ALeCMan*. No obstante, tal como sucedía con *coccior* sí que se incluye en el *ALEANR* y en el *ALEA*, por lo que puede

efectuarse una comparación con el *ALPI*. La pregunta que se hacía en el *ALEA* era la siguiente: «lecho seco de un río o arroyo que sólo lleva agua cuando hay una tormenta o cuando excepcionalmente llueve bastante algún invierno».

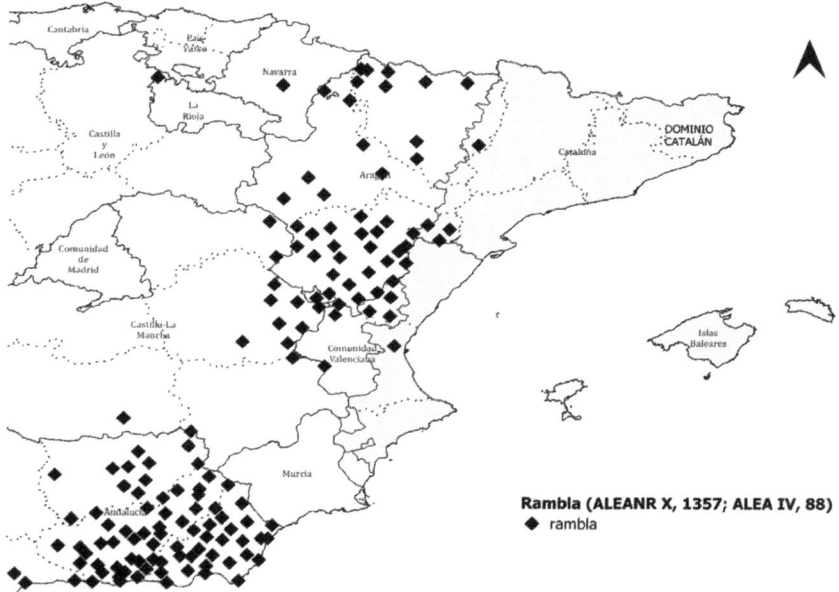

Mapa 12. *Rambla* "rambla" en los atlas regionales.

La realidad que se muestra en el mapa 12 nos aduce a pensar que se ha producido un cambio en el patrón de distribución, ya que *rambla* se encuentra en Navarra, Huesca, Zaragoza y Teruel, cuando antes solo lo hacía en esta última provincia, mientras que en Andalucía aumenta la densidad de puntos en las provincias orientales. En estos casos, no tenemos pruebas suficientes para llegar a una conclusión certera, ya que por una parte, en los puntos del norte aragonés en el *ALPI* no hay respuesta y por otra, no sabemos cómo le formularon la pregunta ni en el *ALEANR* ni en el *ALPI* por lo que quizás esta es la razón fundamental del cambio de patrón, ya que una rambla no tiene siempre un referente claro para el informante.

5. Conclusiones

Tras la revisión y análisis efectuados en el *ALPI*, he podido comprobar que la continuidad lingüística que presenta *guizque* se mantiene en formas de otros campos semánticos como *choto* para la "cría de la cabra", *melón de agua* para la "sandía", *melguizo* para "mellizo", *coccior* para "coccior" y *rambla* para "rambla". Por tanto, el área 'De Nájera a Salobreña' se consolida como un tipo de patrón de distribución en el oriente peninsular.

A propósito de *guizque*, se observa cómo su extensión permanece intacta del *ALPI* al resto de atlas regionales. De forma semejante sucede con *choto*, *melguizo* y *coccior* y, donde el *ALEA* y el resto de los atlas regionales no solo confirman las áreas que se habían formado en el *ALPI*, sino que complementan la información que en él se recoge. En el caso de *coccior* se hace imposible su cartografiado completo ya que cuando se realizan las encuestas del *ALeCMan* pertenece a una cultura ya entonces caduca.

Atendiendo al caso de *melón de agua* y de *rambla* cabría aducir un cambio en el patrón de distribución oriental del *ALPI* a los atlas regionales. No obstante, este asunto debería revisarse con detenimiento analizando el resto de las palabras que tienen esta misma área en el *ALPI* para comprobar si es un proceso habitual o si es propio de estos dos únicos términos por sus características propias e independientes.

Bibliografía

Alcalá Venceslada, A. (1933). *Vocabulario andaluz*. Andújar: imp. "La Puritana."

Alvar, M. en colaboración con Antonio Llorente y Gregorio Salvador (1961-1973). *Atlas Lingüístico y Etnográfico de Andalucía*. Granada: Universidad de Granada-CSIC.

Alvar, M., con la colaboración de Carlos Alvar, Tomás Buesa y Elena Alvar (1978-1983). *Atlas Lingüístico y Etnográfico de Aragón, Navarra y Rioja*. Madrid-Zaragoza: CSIC

Andolz, R. (1977). *Diccionario aragonés: aragonés-castellano, castellano-aragonés*. Zaragoza: Librería general.

Borao, J. (1859). *Diccionario de voces aragonesas, precedido de una Introducción filológico-histórica*. Zaragoza: Imprenta y Librería de D. Calisto Ariño.

Calero López de Ayala, J. L. (1981). *El habla de Cuenca y su serranía.* Cuenca: Excma Diputación Provincial.

Catalán, D. (1989). De Nájera a Salobreña, en *El español: orígenes de su diversidad.* Madrid: Paraninfo, 296-328.

Coromines, J. (1905-1997). *Diccionari etimològic i complementari de la llengua catalana.* Barcelona: Curial Edicions Catalanes [DECLC].

Coromines, J. y J. A. Pascual (1980-1991). *Diccionario crítico etimológico castellano e hispánico.* Madrid: Gredos [DCECH].

Coseriu, E. (1977). La geografía lingüística, en *El hombre y su lenguaje: estudios de teoría y metodología lingüística.* Madrid: Gredos, 103-158.

Dozy, R. y W.H. Engelmann (1861). *Glossaire des mots espagnols et portugais dérivés de l'arabe.* Leyde: Brill.

Enguita Utrilla, J. Mª y V. Lagüéns Gracia (2011). Los estudios de geografía lingüística sobre Aragón, *Archivo de Filología Aragonesa*, 67, 265-307.

García Carrillo, A. (1987). Léxico aragonés en andaluz oriental: mapas 288-429 del *ALEA, Archivo de Filología aragonesa*, 89-106.

García de Diego, V. (1950). El castellano como complejo dialectal y sus dialectos internos, *Revista de Filología Española*, 34, 107-24.

García de Diego, V. (1954). *Diccionario etimológico español e hispánico.* Madrid: S.A.E.T.A.

García Mouton, P. y F. Moreno Fernández (1993). Sociolingüística en el *Atlas Lingüístico (y etnográfico) de Castilla-La Mancha*, en Richard Hitchcock y Ralph Penny (eds.): *Actas del I Congreso Anglo-Hispano.* Madrid: Castalia.

García Mouton, P. y F. Moreno Fernández (dirs.) (2003). *Atlas Lingüístico (y etnográfico) de Castilla - La Mancha.* Universidad de Alcalá: <http://www2.uah.es/alecman>.

García Mouton, P. (coord.). Inés Fernández-Ordóñez, David Heap, Maria Pilar Perea, João Saramago, Xulio Sousa, (2016). *ALPI*-CSIC [www.alpi.csic.es], edición digital de Navarro Tomás, Tomás (dir.), *Atlas Lingüístico de la Península Ibérica.* Madrid: CSIC.

García Soriano, J. (1932). *Vocabulario del dialecto murciano.* Madrid: Stma. Trinidad.

Gutiérrez, C. (2022). Notas etimológicas sobre guizque y sus variantes en iberorromance, *Revista de Lexicografía*, 27 (1), 47- 64.

Iribaren, J. M. (1952). *Vocabulario Navarro: seguido de una colección de refranes, adagios, dichos y frases proverbiales*. Pamplona: Diputación Foral de Navarra, Institución "Príncipe de Viana".

Kamiruaga, A. (coord.) (2019) et al.: *Atlas etnográfico de Vasconia*, publicado en https://atlasetnografico.labayru.eus/index.php/Main_Page (15/09/2023).

Menéndez Pidal, R. (1926). *Orígenes del español: estado linguistico de la Peninsula iberica hasta el siglo XI*. Madrid: Junta para Ampliación de Estudios.

Navarro Tomás, T. (1975). *Capítulos de geografía lingüística de la Península Ibérica*. Bogotá: Publicaciones del Instituto Caro y Cuervo.

Pardo Asso, J. (1938). *Nuevo diccionario etimológico aragonés (voces, frases y modismos usados en el habla de Aragón)*. Zaragoza: Imprenta del Hogar Pignatelli.

Quilis, A. (1960). El habla de Albacete, *Revista de Dialectología y Tradiciones populares*, 16: 4, 413-442.

Salvador, G. (1953). Aragonesismos en el andaluz oriental, *Archivo de filología aragonesa*, V, 143-165.

Salvador, G. (1960). Catalanismos en el habla de Cúllar-Baza, en *Miscelánea filológica dedicada a Mons. A. Griera*. Barcelona: Consejo Superior de Investigaciones Científicas, 333-342.

Sanchís Guarner, M., L. Rodríguez-Castellano, A. Otero y L. Cintra (1961). El Atlas Lingüístico de la Península Ibérica (*ALPI*) Trabajos, problemas y métodos, *Boletím de Filologia. Actas do IX Congresso Internacional de Linguística Românica*, 20, 113-120.

Serna, J. (1974). *Cómo habla la Mancha: diccionario manchego*. Albacete: Suc. de A. González.

Vergara y Martín, G. M. (1946). Algunas palabras de uso corriente en la provincia de Guadalajara que no se hallan en los diccionarios, *Revista de Dialectología y Tradiciones Populares*, 2(1), 134-147.

Zamora Vicente, A. (1943). Notas para el estudio del habla albaceteña, *Revista de Filología española*, 233-255.

Una aportación para reflejar la variedad de las hablas andaluzas dentro del sistema fonológico del español

Estrella Ramírez Quesada
Universidad de Córdoba

RESUMEN
El objetivo de este capítulo es tratar de ofrecer un esclarecimiento del tratamiento fonético y fonológico de dos cuestiones ampliamente debatidas en el estudio de las variedades andaluzas: por un lado, la representación de la abertura vocálica en las hablas de Andalucía oriental –presente desde los estudios de Navarro Tomás (1939) hasta nuestros días (Herrero de Haro, 2019; Martínez Gil, 2024)– y, por otro, la realización de los fonemas de articulación fricativa, en relación con los fenómenos de seseo, ceceo y *heheo*, estudiada desde la dialectología y la descripción fonética, pero en menor medida desde la interfaz fonética-fonología. En concreto, se busca mostrar una visión integradora de estos fenómenos en la que las representaciones fonética y fonológica permitan una relación entre los distintos dialectos sin privilegiar una visión, ya superada en el ámbito teórico, en la que a partir de un español estándar se deriven otras modalidades. De esta manera, mostraremos la transcripción de los fenómenos tratados como parte del sistema o diasistema del español, con el fin de descubrir que es posible armonizar la descripción fonológica con el ámbito de la variación.

Palabras clave: hablas andaluzas, fonología, fonética, vocales, seseo, ceceo, *heheo*.

1. Introducción

Si tomamos, como en sus orígenes hizo la Escuela de Praga, la dicotomía saussureana *lengua/habla* como base para el establecimiento de la distinción entre fonología y fonética, debemos considerar que la variación en el plano fónico que se da en las hablas andaluzas se mantiene únicamente en el ámbito de la fonética, de tal manera que no tiene repercusiones fonológicas, puesto que no se considera que las hablas andaluzas –u otros dialectos– conformen una *lengua* diferenciada del resto de las variedades hispánicas. Así, dentro de esa concepción del español como sistema o diasistema en el que se integran diferentes variedades, podemos mostrar una descripción de los hechos fónicos que se dan en determinadas hablas andaluzas planteando un marco fonológico que dé amparo a tales especificidades. Para ello, abordaremos dos de las cuestiones más tratadas en el estudio del plano fónico de las hablas andaluzas: el vocalismo de las hablas andaluzas orientales (§ 2) y, en el consonantismo, los fenómenos de seseo, ceceo y *heheo* (§ 3).

2. La abertura vocálica en las hablas andaluzas orientales

En las hablas andaluzas, "los sonidos implosivos son de ejecución esencialmente distendida" (Frago Gracia, 1993: 469). El hecho que más ha llamado la atención es la situación del fonema /s/[1] en posición implosiva, fenómeno que se ha puesto en relación con la posible fonologización de la abertura vocálica. El debilitamiento en el caso del fonema /s/ implosivo tiene varias implicaciones, entre las que se destacan tres: la realización aspirada —[h], [ɦ], [ʰ]—, la asimilación a la consonante siguiente o, de manera generalizada principalmente en las hablas de Andalucía oriental, la pérdida total. Es esta pérdida total la que tiene como repercusión la mayor abertura de la vocal precedente, que lleva a la realización [ˈloβɔ] para *lobos*. Quilis (1999: 279-281) ha explicado desde el punto de vista fonético cómo la vocal varía su timbre y experimenta un alargamiento.

2.1. Interpretaciones desde la interfaz fonética-fonología

Este fenómeno de abertura vocálica ha dado lugar a que varios autores hayan considerado que la diferencia presente en, por ejemplo, *foco / focos* ([ˈfoko]-[ˈfokɔ]), sea de índole fonológica, con el resultado de que estas hablas andaluzas orientales cuentan con más fonemas vocálicos que el resto de las variedades del español. Otros investigadores, en cambio, estiman la abertura como un rasgo redundante, y se considera que es otro rasgo de tipo prosódico o el propio contexto lo que permite distinguir pares como *viene / vienes* ([ˈbi̯ene]-[ˈbi̯enɛ]). El apoyo de la primera hipótesis, es decir, la presencia de más fonemas vocálicos en las hablas andaluzas orientales, nació con la publicación de Navarro Tomás (1939), en la que afirmó que el andaluz oriental, frente al castellano, ha otorgado a las variantes abiertas un valor semántico, es decir, fonológico, aunque autores posteriores, como Alvar (1973 [1969]: 42), han indicado que no llegó a afirmarlo con rotundidad. Rodríguez-Castellano y Palacio (1948) secundaron el desdoblamiento fonológico, especialmente

---

[1] Como se verá en el § 3, preferimos emplear el símbolo /s̪/, haciendo hincapié en su carácter dental, para el fonema sibilante de las hablas andaluzas seseantes o ceceantes, ya que esta unidad ampara ambos tipos de realizaciones. En este caso, hemos mantenido /s/ por ser el empleado en la bibliografía y al que se refieren los autores a los que remitimos, además de por existir hablas andaluzas que no presentan la unidad fonológica del seseo-ceceo, sino las dos propias de las zonas distinguidoras: /θ/ y /s/.

en el caso de las vocales medias; Alonso, Zamora y Canellada (1950), por su parte, constataron que existen ocho vocales desde el punto de vista fonológico, número que Alvar (1955) amplió a diez. Gregorio Salvador (1957) coincidió con este último en el número de unidades (pero las redujo a nueve en 1977, al encontrar que los hablantes no perciben la diferencia entre un fonema /u/ abierto y cerrado). Más recientemente, Hualde y Sanders (1995) han apuntado la idea de que el origen de la abertura no es la pérdida de /s/, sino que la diferencia fonética de las vocales es anterior a la pérdida de /s/, de manera que el contraste vocálico se ha hecho más evidente, y distintivo, con la pérdida del fonema consonántico. En cualquier caso, la presencia de la abertura con valor fonológico ha estado presente hasta que empezara a cuestionarla Alarcos Llorach (1958).

La excesiva complejidad de un sistema de cinco o seis grados de abertura fue uno de los factores que llevó al lingüista salmantino a reexaminar desde el punto de vista fonológico la cuestión. Planteó que tanto la abertura vocálica como la modificación de la consonante siguiente (como en [tu 'mmanɔ] *tus manos*) son dos variantes de un mismo elemento funcional. Este elemento, denominado /h/, puede tener diferentes formas, lo que permite mantener el sistema vocálico en cinco unidades. La idea fue apoyada por Quilis (1968, 1970) y Alarcos la mantuvo al volver sobre la cuestión (1983). Sin necesidad de añadir un elemento adicional, han apostado por mantener la abertura vocálica como rasgo sin repercusiones fonológicas autores como Contreras Jurado (1975), López Morales (1984), quien opina que es un rasgo redundante al existir otras marcas de plural, Martínez Melgar (1986), que no aprecia suficiente sistematicidad en el grado de abertura de las distintas vocales, y Villena Ponsoda (1987), quien solo indica la posibilidad en determinados contextos muy concretos en los que la pertinencia funcional no se marca de otro modo, sin que pueda considerarse un hecho generalizado. Hacia el terreno prosódico, ya apuntado por Contreras Jurado, han dirigido sus opiniones Cerdà (1984; 1992) y Martínez Celdrán (1989), quienes estiman que puede existir un rasgo prosódico de abertura.

La inexistencia de más de cinco fonemas vocálicos ha sido apoyada recientemente por Lahoz-Bengoechea (2006), quien indica que los estudios de tipología de los sistemas vocálicos muestran que los sistemas de nueve o diez vocales se organizan de una manera diferente al modo en que lo harían las vocales del andaluz. También el volumen de fonética y fonología de la

Nueva gramática de la lengua española académica (2011) observa que la abertura vocálica se da en menor medida en posición interior de palabra que en posición final y, en consecuencia, apunta que "la limitación de posición y contexto dificulta las posibilidades de considerar un inventario más amplio de segmentos vocálicos en español" (2011: 98). En nuestro caso, hemos llevado a cabo una prueba de percepción acústica (Ramírez Quesada, 2022 y 2023) en la que hemos comprobado que, ante la ausencia de contexto, los participantes en el estudio, hablantes de la variante andaluza oriental, no distinguían en bastantes casos la abertura, de tal forma que no identificaban ciertos plurales de palabras aisladas. Así, la prueba acústica muestra que, en ausencia de información gramatical (o léxica), comienza a haber vacilaciones en la identificación de las palabras, lo que cuestiona el valor fonológico que pudiera tener la abertura.

2.2. La explicación de la latencia

Como señalábamos en la introducción y hemos corroborado en la prueba acústica mencionada, consideramos que es posible dar cuenta de la abertura vocálica sin tener que explicar el fenómeno desde la fonología, lo cual permite integrar las variedades andaluzas orientales en el conjunto de variedades del español, ya que no cuenta con más fonemas vocálicos que otras variedades. Para ello, recurrimos a la noción de latencia[2], es decir, la existencia de un fonema subyacente que, cuando cambian las circunstancias lingüísticas, reaparece. Alarcos Llorach lo explica del siguiente modo:

> En los sincretismos, además de las magnitudes explícitas, puede entrar la *magnitud cero*. Hay, en efecto, magnitudes latentes; se puede afirmar que hay una /d/ latente en español *uste(d)* y una /x/ latente en *relo(j)*, pues ambas reaparecen cuando las condiciones varían: *ustedes, relojes*. Esta latencia es, por tanto, una cobertura por cero (Alarcos Llorach, 1951: § 27).

Para mostrar la pertinencia de la aplicación de la noción de latencia en el caso de las hablas de Andalucía oriental, traemos las siguientes palabras de Martínez-Gil:

---

[2] Inicialmente postulada por Louis Hjelmslev (1941), ha sido aplicada a la fonología del español, aunque no en el fenómeno que nos ocupa, por Alarcos Llorach (1950; 1951).

Así, a pesar de que la /s/ final de sílaba (incluyendo la de final de palabra) es a menudo aspirada o elidida, todavía es necesario postularla en el nivel subyacente, ya que la /s/ se realiza fonéticamente cuando se asigna al ataque silábico debido a la concatenación de un sufijo flexivo que comienza por vocal a una palabra acabada en /s/ (Martínez Gil, 2024: § 5A.4.5).

Como ejemplo, muestra, entre otras formas, las siguientes: *mes* [ˈmẹ(h)], pero *mes-es* [ˈme.sẹ(h)] y *mes-ito* [me.ˈsi.t̪o]; *cordobés* [koɾ.ðo.ˈβẹ(h)], pero *cordobes-es* [koɾ.ðo.ˈβe.sẹ(h)] y *cordobes-a* [koɾ.ðo.ˈβe.sa]; o *tos* [ˈt̪o(h)], frente a *tos-es* [ˈt̪o.sẹ(h)] o *tos-er* [t̪o.ˈse ɾ]. A estos ejemplos podemos añadir otros que se dan en consonantes implosivas también elididas en la pronunciación, como en *pintor/pintora* o *árbol/árboles*. Así pues, la consonante está presente en la forma fonológica de la palabra, en consonancia con la unidad de la *lengua*, pero se manifiesta en determinadas hablas andaluzas como un cero fonético, mientras que la vocal se materializa en su forma abierta, como proponemos en la Tabla 1[3]:

Tabla 1: Transcripciones fonológica y fonética de las consonantes implosivas

Palabra	Transcripción fonológica	Transcripción fonética
cordobés	/koɾdoˈbes/	[koɾðoˈβɛ]
pintor	/pinˈtoɾ/	[pin̪ ˈt̪ɔ]

De un modo general, podemos afirmar que las vocales abiertas son variantes contextuales que se dan cuando sigue un fonema consonántico realizado como cero fonético, pues, como indica Perea Siller (2013: 108), numerosos fonetistas han señalado la posibilidad de que un fonema tenga una realización cero. El hecho fonético de la abertura vocálica se refuerza para *recordar* la presencia de la consonante, puesto que la abertura vocálica es una tendencia de las sílabas trabadas por consonante ya apuntada por Navarro Tomás (1918). Esto explica que en los casos de pérdida de consonante —no solo /s/— haya una abertura, y encaja con que en Andalucía occidental no se produzca dicho

---

[3] No hemos representado archifonemas, al no existir consenso en su número y caracterización ni ser el propósito de este trabajo.

reforzamiento de la abertura, puesto que, cuando hay realización [h], la vocal precedente es más propensa a mantener su timbre.

Pese a la pertinencia del concepto, que permite integrar la variación diatópica de índole fonética al amparo de una única representación fonológica, existen algunos casos en que es más difícil explicar la latencia de fonemas (*vid*. Ramírez Quesada, 2022). Por ejemplo, en *ojos*, solo mediante el recurso al resilabeo (*ojos azules*) es posible constar una realización [s] para el fonema latente /s/, hecho no generalizado, aunque, por analogía, parece posible deducir que el hablante asigne los plurales al fonema /s/ antes que a cualquier otro fonema. Asimismo, la ortografía y el contacto con otras variedades del español permiten la asignación de las realizaciones cero a la consonante correspondiente. También cabría hablar en este punto de superposición de variedades, puesto que, en determinadas situaciones comunicativas, la realización fonética cero puede ser sustituida por la forma *plena* o prototípica de la consonante. Insistimos en que ello muestra la operatividad del concepto para explicar la realidad que nos ocupa y que, en cualquier caso, las alternancias mostradas este apartado dan cuenta de razones morfológicas para hablar de latencia y dar cuenta de la ausencia de repercusión fonológica de la abertura vocálica.

3. El seseo, el ceceo y el *heheo*

En el ámbito del consonantismo, los fenómenos del seseo, el ceceo y el *heheo* conforman uno de los aspectos que más ha llamado la atención de dialectólogos e investigadores de la variación. Al igual que en el caso del vocalismo tratado en el apartado anterior, es nuestro propósito mostrar la integración de las hablas andaluzas con el resto de las variedades hispánicas, de tal manera que trataremos la situación de los fonemas de realización fricativa como una clase de fonemas abierta en la que tengan cabida las distintas realizaciones.

3.1. El reajuste de sibilantes

Como hemos señalado en Ramírez Quesada (2019), el origen del fenómeno que nos ocupa se sitúa en el reajuste de sibilantes de culminación aurisecular. En virtud de dicho proceso, las tres parejas de sibilantes medievales dieron lugar a los tres fonemas /θ, s, x/ en castellano septentrional, mientras que la norma andaluza o meridional[4] desembocó en una solución diferenciada.

El proceso relativo a los fonemas que nos ocupan puede resumirse según lo expuesto en las tablas 2 y 3 (*vid*. Jiménez Fernández, 1999; RAE, 2011)[5]:

Tabla 2: Reajuste de fonemas africados predorsodentales y fricativos apicoalveolares en el subsistema distinguidor

Romance medieval			Cambios del subsistema distinguidor
Africados predorsodentales	sordo	/t͡s/ → /s̪/	/s̪/ → /θ/
	sonoro	/d͡z/ → /z̪/	
Fricativos apicoalveolares	sordo	/s̺/	/s̺/ → /s̺/
	sonoro	/z̺/	

Tabla 3: Reajuste de fonemas africados predorsodentales y fricativos apicoalveolares en el subsistema del seseo-ceceo

Romance medieval			Cambios del subsistema del seseo-ceceo	
Africados predorsodentales	sordo	/t͡s/ → /s̪/	/s̪/	/s̺/
	sonoro	/d͡z/ → /z̪/	/z̪/	
Fricativos apicoalveolares	sordo	/s̺/		
	sonoro	/z̺/		

---

[4] Existen numerosas formas de denominar los dos conjuntos dialectales a que dan lugar el subsistema de cuatro fricativas (/f, θ, s, x/) y el de tres (/f, s̺, x/). Sobre la dificultad de encontrar una expresión exacta, ya que en el español de América no solo se dan rasgos de cuño andaluz, *vid*. García Platero (2011: 87-88).

[5] Debido a su mayor presencia en la bibliografía en la que nos basamos en este apartado, empleamos en la explicación los términos *sonoro* y *sordo*, aunque se considera que la pertinencia reside en los rasgos *flojo* y *tenso*.

Estas dos parejas de fonemas sibilantes sufrieron un proceso de pérdida de pertinencia de la sonoridad y, además, los fonemas africados predorsales experimentaron una desafricación, por lo que sus realizaciones pasaron a ser fricativas[6]. Ante la cercanía de los fonemas resultantes (fricativo predorsodental /s̪/ y fricativo apicoalveolar /s̺/, también transcrito /s/), el primero de ellos adelantó su lugar de articulación y dio lugar al fonema de realización interdental /θ/.

En cambio, en determinadas zonas andaluzas no se produjo el refuerzo interdental del fonema /s̪/. Las realizaciones sordas predorsodentales y apicoalveolares se emplearon indistintamente, lo que dio lugar a un fonema /s̪/, opuesto al sonoro /z̪/, este último resultado de las realizaciones sonoras predorsodentales y apicoalveolares. De este modo, la pérdida de la pertinencia de la sonoridad dio lugar a un solo fonema /s̪/. Es este fonema el que, dependiendo de su realización, permite hablar en la actualidad de seseo o de ceceo: si la realización es coronal o predorsal, nos encontramos ante un hablante seseante; si la realización es predorso-interdental, percibimos ceceo. Tanto el seseo como el ceceo actuales son dos variantes del antiguo çeçeo, que era la igualación de /t͡s/ y /s/ en /s̪/ (Lapesa, 1981: 374-5).

Varios investigadores, como comenta Frago (1989: 287), han sostenido que el fenómeno pasó a Canarias y a América antes de que se consolidara el timbre seseante o ceceante, y que el hecho de que en estas zonas las realizaciones seseantes triunfaran estuvo determinado por la influencia de los colonizadores no andaluces. No obstante, según su opinión (Frago, 1992), también es posible que muchos hablantes andaluces llevaran sus realizaciones seseantes a América, y que en el continente convivieran hablantes con distintas soluciones, también distinguidoras.

En el estudio del seseo y del ceceo debemos tener en cuenta el factor sociolingüístico. Desde poco después del origen del fenómeno, en algunas

---

[6] No es nuestro objetivo aquí debatir la cronología de los distintos fenómenos ni qué proceso se dio antes en algunas hablas andaluzas, si la fricatización o la pérdida de la sonoridad. Para ello, remitimos a las principales fuentes, como Amado Alonso (1955-1969), Lapesa (1981), Frago (1989; 1992; 1993), Ariza Viguera (1989), Penny (1993; 2004), Alvar (2004) y Narbona, Cano y Morillo (2003); al respecto es útil también el resumen de López Gavín (2005: § 3.2; 2015: § 4.2.2.3.2; 2022: §4.2.2.3). Tampoco nos ocupamos de la distribución geográfica y social de este fenómeno, ampliamente tratada en las fuentes señaladas.

zonas se produjo un cambio entre la realización de timbre seseante frente a la de timbre ceceante para la misma unidad fonológica. Así, el seseo pasó de ser una opción en igualdad a una opción de prestigio (López Gavín, 2005: 250; 2015: 324; 2022: 229).

3.2. La caracterización de los fonemas de realización fricativa de las hablas andaluzas

En cualquier caso, como se ha remarcado desde la dialectología, tanto el seseo como el ceceo son dos realizaciones fonéticas para una misma unidad fonológica. Jiménez Fernández (1999: 22-23) señala que, en el caso del seseo y el ceceo, como resultado de una desfonologización, encontramos un "monofonema" con varias posibilidades articulatorias. La realización articulatoria es la que determina si estamos ante seseo o ceceo. Alvar también muestra la "indiferenciación fonológica de lo que se llama seseo (realización con timbre seseante) y ceceo (realización ciceante) por cuanto no son sino variantes de un fenómeno" (2004: 108-109). En la misma línea se pronuncian Narbona, Cano y Morillo:

> la unidad resultante puede presentarse bajo una enorme variedad de formas posibles [...]; al no confluir con ninguna otra unidad del sistema, el área del aparato fonador en que la unidad puede articularse aumenta considerablemente (en términos más exactos podríamos decir que su *zona de dispersión* casi se duplica, ya que prácticamente el mismo espacio en que el castellano encaja dos unidades, el andaluz lo dedica sólo a una) (2004: 153).

En ocasiones, especialmente desde la fonología general del español, se ha aludido al fenómeno como resultado de una "neutralización" o una "sustitución" de /s/ por /θ/ (Quilis y Fernández, 1964: §8.5.5.1; RAE, 1973: 37-38; Trujillo, 1983: 200-204), lo cual no es preciso en la medida en que dichos fonemas no llegaron a coexistir en las hablas andaluzas, por lo que no pudieron neutralizarse.

Aunque no se trata en todas las monografías, un fenómeno añadido es el *heheo*, en el que las realizaciones del fonema /s̱/ se igualan a las del fonema /x/ e, incluso, /f/, por lo que cabe hablar de una única unidad aspirada /h/ que abarca todas las realizaciones fricativas. Narbona, Cano y Morillo (2003: 205-206) no consideran que *heheo* sea el nombre más adecuado, al no presentar la sistematicidad –en el sentido de regularidad– del seseo o el ceceo, y, aunque pueda estar en crecimiento en algunas zonas, su expansión está condicionada por la valoración social negativa[7]. Desde un punto de vista histórico, el *heheo* está relacionado con la pronunciación aspirada de /x/ y de /s/ implosivo. Pudo deberse, de acuerdo con los autores citados, a una articulación palatalizada de este último fonema, de manera que se igualaron sus realizaciones con las de la antigua sibilante prepalatal (antecedente de /x/); a ello pudo sumarse la aspiración, por fonética sintáctica, de ciertas consonantes sibilantes en posición implosiva, que pudo haberse extendido a otras posiciones. Otras aspiraciones de fricativas en posición explosiva son debidas a los restos de la aspiración procedente de F- inicial latina (Narbona, Cano y Morilo, 2003: 206-211).

La atención a la variación ha ido calando paulatinamente en las obras dedicadas a la fonología del español, pero no ha sido objeto de interés en las principales obras de referencia (como Alarcos, 1950 o Martínez Celdrán, 1989), que han tendido a prescindir de los fenómenos de variación a la hora de tratar una disciplina como la fonología, en la que el estudio del sistema impone la mirada hacia la invariación. El seseo y el ceceo han tenido cabida en obras como las de Alcina y Blecua (1975) o Quilis (1993), en las que la descripción fonética ostenta un lugar destacado. No obstante, desde el punto de vista fonológico, Gómez Asencio (1994), Veiga (2001) o López Gavín (2005; 2015; 2022) han ido acomodando la descripción fonológica a la presencia de estos fenómenos de variación en obras destinadas a la sistematización de los rasgos fonológicos del español (Ramírez Quesada, 2019), aunque, en lo que respecta al *heheo*, ha sido únicamente Gómez Asencio (1994) quien, brevemente, ha mencionado su presencia en una descripción de fonología general del español.

Nos detendremos en la caracterización del seseo llevada a cabo por la Real Academia en la *NGLEff* (2011), por su importancia en el ámbito hispanohablante. El fonema coronal /s̠/ del subsistema denominado seseante es [+anterior], ya que el obstáculo se sitúa en la zona dental, y [+distribuido], puesto que interviene en su articulación una superficie amplia del dorso de la lengua. Por su parte, en el fonema /s/ del subsistema distinguidor, el obstáculo se sitúa en la misma zona, pero su articulación es diferente, de

---

[7] En nuestro caso, para salvar esa falta de regularidad, trataremos de *"heheo* parcial" (ocasional) o *"heheo* total" (una hipotética realización aspirada en todos los casos), de manera que tengan cabida todas sus manifestaciones (*vid. infra* tabla 6).

manera que encontramos un fonema dorsal en este caso, caracterizado por los rasgos [+anterior] y [–distribuido][8]. Así, en la obra se señala que "los rasgos [+distribuido] y [–distribuido] configuran la diferencia entre los dos subsistemas de fricativas del español" (2011: 173). Los rasgos pueden comprobarse en las tablas 4 y 5:

Tabla 4: Rasgos de los fonemas fricativos del subsistema seseante según la *NGLEff* (2011)

	/f/	/s/	/x/
Consonante	+	+	+
Sonante	-	-	-
Continuo	+	+	+
Estridente	+	+	-
Sonoro	-	-	-
Redondeado	-		
Anterior		+	
Distribuido		+	
Alto			+
Retraído			+

Tabla 5: Rasgos de los fonemas fricativos del subsistema distinguidor según la *NGLEff* (2011)

	/f/	/θ/	/s/	/x/
Consonante	+	+	+	+
Sonante	-	-	-	-
Continuo	+	+	+	+

(*Continuado*)

---

[8] En la obra académica, ambos fonemas se representan mediante el símbolo /s/, como puede apreciarse en las tablas 3 y 4.

Tabla 5: (Continuado)

	/f/	/θ/	/s/	/x/
Estridente	+	-	+	-
Sonoro	-	-	-	-
Redondeado	-			
Anterior			+	+
Distribuido			+	-
Alto				+
Retraído				+

La obra académica toma como referencia el subsistema seseante y emplea el mismo símbolo, /s/, para la unidad del subsistema distinguidor y la del seseante, aunque no tienen los mismos rasgos. En este caso, la especificación del signo + para el rasgo "estridente" hace que no quepan en dicha unidad las realizaciones mates, esto es, las ceceantes. El ceceo no forma parte, en principio, de la descripción que se plantea con la división de estos subsistemas, sino que es presentado (2011: 190-191) entre los procesos de variación que pueden darse en los fonemas fricativos, como un fenómeno propio de zonas en las que encontramos un único fonema coronal.

La mayor extensión y el prestigio del seseo confieren a este un lugar preeminente en la norma, y es en los procesos de variación de los fonemas fricativos el lugar en el que se consignan las posibilidades articulatorias del fenómeno, sin que se pueda dejar de advertir su paralelismo: "Así, desde el punto de vista de la descripción sincrónica, el seseo y el ceceo pueden entenderse como denominaciones para referirse a la preferencia por un punto de constricción determinado en los subsistemas que presentan una única distinción fonológica" (2011: 192). Por lo tanto, en la obra se reconoce la igualdad del fenómeno, a pesar de que reciben diferente tratamiento. En la asignación de rasgos de la unidad fonológica del sistema de menos fonemas se pierde la posibilidad de abarcar al mismo nivel las realizaciones mates, pues se postulan como "prototípicas" las del seseo.

Con todo, en la obra se incluye un cuadro que recoge las posibilidades articulatorias de los subsistemas que presentan una consonante fricativa menos que en el subsistema distinguidor. Las realizaciones de este fonema coronal de localización variable son presentadas así como un *continuum*; el diferente tratamiento en partes anteriores de la obra responde a cuestiones de difusión geográfica y prestigio. De hecho, se llega a señalar que "el ceceo se considera vulgar, y los hablantes andaluces que no distinguen sesean" (2011: 191)[9]. La afirmación da cabida a valoraciones no lingüísticas del fenómeno, aunque la presentación de la fonología del español desde un punto de vista integral y abarcador en la obra académica supone la consolidación de la tendencia a la apertura a la información dialectal.

Teniendo en cuenta la información diacrónica, que nos permite entender el fenómeno y evitar así tener en cuenta solo el punto de vista sincrónico –el que ha llevado a caracterizaciones poco precisas de neutralización y confusión–, podemos considerar que la subclase de los fonemas de realización fricativa presenta una amplia variación en el mundo hispánico que no se ha tenido en cuenta del todo, aun en obras destinadas a tal fin. La existencia de numerosos fenómenos de variación a lo largo de la historia del español, como la aspiración de F- latina, la relajación de las realizaciones del fonema /x/, etc., nos lleva a plantear esta subclase como la más abierta del español. Así, puede caracterizarse por las siguientes unidades (Tabla 6), en las que las consonantes coronales tienen como rasgo diferenciador entre sí el rasgo de estridencia, presente en /s/ y no en /θ/, e irrelevante en la unidad /s̠/ (la del seseo-ceceo), que admite tanto realizaciones de uno como de otro tipo:

---

[9] También se indica la consideración de "vulgar" en Hidalgo y Quilis (2012: 189), quienes, tras una caracterización fonológicamente precisa del seseo, comentan que "el denominado *ceceo* es el fenómeno de realización interdental [θ] de los fonemas /s/ y /θ/ de manera que se articula de igual modo *caza* ['kaθa] que *casa* ['kasa]". De nuevo, el mismo fenómeno es tratado de forma diferente: mientras que el seseo se describe adecuadamente, el ceceo es visto como una misma articulación de dos fonemas, ninguno de los cuales está presente en realidad en tal subsistema. En otros casos, como el de Torrejón, llega a señalarse que el ceceo es un "defecto de pronunciación" (2000: 131).

Tabla 6: Propuesta de representación de los fonemas de realización fricativa del español (elaboración propia)

Labial	Coronal		Dorsal	
	/θ/	/s/	/x/	(Distinción)
/f/	/s̪/		/h/	(Seseo/ceceo)
		/h/		(*Heheo* parcial)
	/h/			(*Heheo* total)

Como puede apreciarse en la tabla, los fonemas se distinguen por su zona de articulación, aunque esta carece de relevancia en determinadas hablas andaluzas, cuya distribución de fonemas, históricamente, ha desatendido este aspecto. Así pues, puede afirmarse que la subclase de fonemas de realización fricativa del español tiene como *máximo* cuatro unidades, reducibles a una en determinadas variedades, con fluctuaciones en función no solo de la distribución geográfica, sino también con arreglo a factores diastráticos o diafásicos, lo que hace que en un mismo hablante convivan distintas realizaciones. No se trata, por lo tanto, de tratar únicamente los dos subconjuntos (distinguidor y seseante) mayoritarios en cuanto a número de hablantes, sino de ofrecer una caracterización lingüística que permita, como se pregona desde el ámbito teórico, reconocer la variedad panhispánica en toda su extensión, sin que ello afecte a la consabida unidad del idioma.

4. Conclusiones

Aun con las objeciones que pudieran plantearse, hemos mostrado que el recurso a la latencia y el establecimiento de subclases de unidades fonológicas abiertas posibilitan la explicación de los fenómenos de variación sin necesidad de postular una descripción fonológica diferenciada para las hablas andaluzas. Así pues, la primera conclusión alcanzada es que es posible dar cuenta de la variación, en este caso andaluza, dentro del paraguas del sistema fonológico del español.

Para ello, hemos explicado dos fenómenos. Por un lado, la existencia de un fonema latente con realización cero en posición implosiva permite explicar la abertura de la vocal precedente sin necesidad de postular fonemas vocálicos abiertos añadidos. La diferencia entre *lobo/lobos* se puede explicar con una representación fonológica /ˈlobos/ y una representación fonética [ˈloβɔ], puesto que las vocales abiertas son alófonos de los fonemas vocálicos correspondientes y la aspiración o elisión de la consonante implosiva forma parte de las posibles realizaciones fonéticas de esta. Se mantiene, de este modo, la misma transcripción fonológica, al tratarse del mismo idioma, que en el caso de las demás variedades del español. Alternancias como *cordobés/cordobesa* o condiciones de resilabeo justifican la "recuperación", a partir del alófono cero, de la consonante correspondiente cuando las circunstancias morfológicas o contextuales varían, como explica la teoría de la latencia.

Por otro lado, el establecimiento de una subclase fricativa con distintas unidades permite dar cuenta de la variación de las hablas que presentan seseo, ceceo o *heheo*. Dejando atrás explicaciones que no han tenido en cuenta las circunstancias diacrónicas de las sibilantes del español, podemos presentar un cuadro de fonemas fricativos en el que, cuando no está presente el par /θ-s/, encontramos una unidad /s̱/, que da cobijo a realizaciones seseantes y ceceantes –puesto que son dos caras de un mismo fenómeno–, o /h/, en este último caso, también con posibilidad de ser el único fonema fricativo en hablantes de *heheo* total. Así, es posible transcribir todas las combinaciones de las hablas andaluzas teniendo en cuenta sus unidades fricativas sin importar la mayor o menor extensión de dichas hablas, puesto que reflejar la variedad lingüística no debe ser un hecho dependiente de la consideración sociolingüística de una determinada habla.

Así pues, en segundo lugar, alcanzamos la conclusión de que las representaciones fonológicas propuestas permiten dar cuenta de la variación fonética con arreglo a los postulados fonológicos y evitar algunas de las imprecisiones detectadas en la bibliografía, como la de considerar como fenómenos de neutralización o de confusión el seseo y el ceceo, pues implican a fonemas (/s/ y /θ/) que no participan en el fenómeno y que, de hecho, nunca han coexistido en determinadas hablas, que cuentan con una unidad /s̱/. De este modo, se describe con mayor precisión la variedad lingüística andaluza en toda su extensión y se aleja de juicios que no son del todo exactos; asimismo, con la latencia se ofrece una solución para un largo debate.

Así, pretendemos mostrar que, además de reforzar la unidad del idioma sin dejar de reconocer su variedad, las representaciones presentadas permiten profundizar en la variedad en todas sus dimensiones, puesto que las caracterizaciones que se han ido incorporando a las descripciones fonológicas del español, llegado el caso, tenían en cuenta prácticamente en exclusiva el subsistema seseante. En este caso, hemos mostrado la necesidad de atender, al margen de valoraciones externas, a realizaciones como el ceceo y el *heheo*, no solo por ser realidades lingüísticas a menudo desoídas en los manuales más generalistas, sino por ser además importantes herramientas que permiten un mejor entendimiento de la realidad lingüística. No se pueden, en definitiva, entender los rasgos fónicos del seseo sin atender a las manifestaciones ceceantes, al tener un mismo origen fonológico. La subclase de fricativas del español, la que experimenta más variación tanto diacrónica como sincrónicamente, puede representarse, como hemos mostrado, de un modo más dinámico para reflejar combinaciones propias del *continuum* (por ejemplo, presencia de /s̪/ y /h/ simultáneamente, de /s/ y /h/, o de /s/ y /x/) que superan el reduccionismo al que a veces se han visto sometidas fuera de los manuales especializados en dialectología. De hecho, el cuadro presentado recoge la posibilidad de que en una misma variedad se den varios procesos simultáneamente, como las alternancias de seseo y ceceo por motivos sociolingüísticos en un mismo hablante.

En tercer lugar, las explicaciones ofrecidas permiten un mantenimiento desde un punto de vista general de la dicotomía *lengua/habla* en su vertiente fónica (*fonología/fonética*). Como señalábamos al inicio, si estamos de acuerdo en considerar que las hablas andaluzas no son lenguas diferentes del español, sino que forman parte de su variedad y de su norma pluricéntrica, y que un hablante andaluz posee el mismo idioma que uno mexicano, resulta lógico suponer que los hechos fónicos de las hablas andaluzas deban explicarse desde la variación fonética dentro de un paradigma fonológico que abarque los hechos del sistema del español y que permita dar cuenta de todas sus hablas y fenómenos de variación. Manteniendo el mismo sistema fonológico contribuimos a simplificar la descripción del español, a mostrar su unidad, pero, a la vez, a presentar clases (como la de los fonemas fricativos) en los que la variedad es amplia y puede representarse la variación del idioma en toda su extensión.

En última instancia, con esta propuesta queremos dejar constancia del valor de la variación para conocer la invariación, de tal forma que una disciplina como la fonología se verá enriquecida con la atención a los fenómenos que mejor explican el funcionamiento del código que subyace, en este caso, a los cientos de millones de hispanohablantes.

Bibliografía

Alarcos Llorach, E. (1950). *Fonología española*. Madrid: Gredos.

Alarcos Llorach, E. (1951). *Gramática estructural: según la Escuela de Copenhague y con especial atención a la lengua española*. Madrid: Gredos.

Alarcos Llorach, E. (1958). Fonología y fonética (A propósito de las vocales andaluzas). *Archivum* 8, 193-205.

Alarcos Llorach, E. (1983). Más sobre vocales andaluzas. En *Philologica hispaniensia in honorem Manuel Alvar 1*. Madrid: Gredos, 49-55.

Alcina, Juan y Blecua, J. M. (1975). *Gramática española*. Barcelona: Ariel.

Alonso, A. (1955-1969). *De la pronunciación medieval a la moderna en español*. Ultimado y dispuesto para la imprenta por Rafael Lapesa. 2 vols. Madrid: Gredos.

Alonso, D., A. Zamora y M. J. Canellada (1950). Vocales andaluzas. Contribución al estudio de la fonología peninsular. *Nueva Revista de Filología Hispánica* 3, 209-230.

Alvar, M. (1955). Las encuestas del 'Atlas lingüístico de Andalucía'. *Revista de Dialectología y Tradiciones Populares* 11/3, 231-274.

Alvar, M. (1969). *Estructuralismo, geografía lingüística y dialectología actual*. Madrid: Gredos, 1973.

Alvar, M. (2004). *Estudios sobre las hablas meridionales*. Granada: Universidad de Granada.

Ariza Viguera, M. (1989). *Manual de fonología histórica del español*. Madrid: Síntesis.

Cerdà Massó, R. (1984). ¿Fonemas o prosodias, en el andaluz oriental?. En Luis Alberto de Cuenca, Elvira Gangutia Elícegui, Alberto Bernabé Pajares & Javier López Facal (coords.), *Athlon. Satura grammatica in honorem Francisci R. Adrados 1*. Madrid: Gredos, 111-124.

Cerdà Massó, R. (1992). Nuevas precisiones sobre el vocalismo del andaluz oriental. *Lingüística Española Actual* 14/1, 165-82.

Contreras Jurado, A. (1975). Vocales abiertas del plural en andaluz oriental, fonemas o prosodemas. *Yelmo* 26, 23-25.

Frago Gracia, J. A. (1989). El seseo entre Andalucía y América. *Revista de Filología Española* 69 3/4, 277-310.

Frago Gracia, J. A. (1992). El seseo: orígenes y difusión americana. En César Hernández Alonso (coord.): *Historia y presente del español de América*. Valladolid: Junta de Castilla y León, 113-42.

Frago Gracia, J. A. (1993). *Historia de las hablas andaluzas*. Madrid: Arco/Libros.

García Platero, J. M. (2011). El concepto de norma y el español meridional. El seseo y el ceceo. *Itinerarios* 13, 85-95.

Gómez Asencio, J. J. (1994). Los fonemas consonánticos no líquidos orales del español. En Juana Gil Fernández (ed.): *Panorama de la fonología española actual*. Madrid: Arco Libros, 159-83.

Herrero de Haro, A. (2019). Catorce vocales del andaluz oriental. Producción y percepción de /i/, /e/, /a/, /o/ y /u/ en posición final y ante /-s/, /-r/ y /-θ/ subyacentes en Almería. *Nueva Revista de Filología Hispánica* 67/2, 411-46.

Hidalgo Navarro, A. y M. Quilis Merín, (2012). *La voz del lenguaje: Fonética y fonología del español*. Valencia: Tirant Humanidades.

Hjelmslev, L. (1943). *Omkring Sprogteriens grundlaeggelse*. Copenhague: s. l. Trad. esp.: *Prolegómenos a una teoría del lenguaje* (trad. de José Luís Díaz de Liaño). Madrid: Gredos, 1971.

Hualde, J. I. & B. P. Sanders (1995). A new hypothesis on the origin of the eastern Andalusian vowel system. En Jocelyn Ahlers, Leela Bilmes, Joshua S. Guenter, Barbara A. Kaiser &y Ju Namkung (eds.), *Proceedings of the Twenty-First Annual Meeting of the Berkeley Linguistics Society. General Session and Parasession on Historical Issues in Sociolinguistics / Social Issues in Historical Linguistics*. Berkeley: Berkeley Linguistics Society, 426-437.

Jiménez Fernández, R. (1999). *El andaluz*. Madrid: Arco/Libros.

Lahoz-Bengoechea, J. M. (2006). La abertura vocálica en andaluz oriental. Un estudio desde los universales lingüísticos. En Javier Rodríguez Molina y Daniel Moisés Sáez Rivera (coords.): *Diacronía, lengua española y lingüística. Actas del IV Congreso Nacional de la Asociación de Jóvenes Investigadores de Historiografía e Historia de la Lengua Española (Madrid, 1, 2 y 3 de abril de 2004)*. Madrid: Síntesis, 159-170.

Lapesa, R. (1981). *Historia de la lengua española*. Madrid: Gredos.

López Gavín, E. (2005). El çeçeo: una nueva aportación a su estudio. En Narciso M. Contreras Izquierdo (coord.) *et al.*: *Estudios de historia de la lengua e historiografía lingüística (III Congreso Nacional de la AJIHLE, Jaén, marzo de 2003)*. Madrid: Compañía Española de Reprografía y Servicios, 243-253.

López Gavín, E. (2015). *Una revisión del sistema fonológico español: de Alarcos Llorach a la NGLE*. Lugo: Universidade de Santiago de Compostela. Tesis doctoral disponible en: <https://minerva.usc.es/xmlui/handle/10347/13776>.

López Gavín, E. (2022). *El enfoque funcionalista del sistema fonológico español*. Lugo: Axac.

López Morales, H. (1984). Desdoblamiento fonológico de las vocales en el andaluz oriental. Reexamen de la cuestión. *Revista Española de Lingüística* 14/1, 85-97.

Martínez Celdrán, E. (1989). *Fonología general y española. Fonología funcional*. Barcelona: Teide.

Martínez Melgar, A. (1986). El vocalismo del andaluz oriental. *Estudios de Fonética Experimental* 6, 13-64.

Martínez-Gil, F. (2024). Vocales: fonología. Articulación, tipología y variación alofónica. En Juana Gil & Joaquim Llisterri (eds.), *Fonética y fonología descriptivas de la lengua española*. Washington D. C.: Georgetown University Press, 193-225.

Narbona, A., R. Cano, y R. Morillo (2003). *El español hablado en Andalucía*. Sevilla: Fundación José Manuel Lara.

Navarro Tomás, T. (1918). *Manual de pronunciación española*. Madrid: Junta para la Ampliación de Estudios, Centro de Estudios Históricos.

Navarro Tomas, T. (1939). Dédoublement de phonèmes dans le dialecte andalou. *Travaux du Cercle Linguistique de Prague* 8, 184-6. Trad. esp. Desdoblamiento de fonemas vocálicos. *Revista de Filología Hispánica* 1, 165-167, 1939.

Penny, R. (1993). *Gramática histórica del español*. Barcelona: Ariel.

Penny, R. (2004). *Variación y cambio en español*. Madrid: Gredos.

Perea Siller, F. J. (2013). La neutralización en la Fonología española (1950-1965) de Emilio Alarcos Llorach. *Romance Philology* 67/1, 95-111.

Quilis, A. (1968). Morfología del número en el sintagma nominal español. *TraLiLi* 6/1, 131-140.

Quilis, A. (1970). Sobre la morfonología. Morfonología de los prefijos en español. *Revista de la Universidad de Madrid* 74, 222-248.

Quilis, A. (1999 [1993]). *Tratado de fonética y fonología españolas*. Madrid: Gredos.

Quilis, A., y J. A., Fernández (1964). *Curso de fonética y fonología españolas para estudiantes angloamericanos*. Madrid: Consejo Superior de Investigaciones Científicas.

Ramírez Quesada, E. (2019). El seseo y el ceceo: un ejemplo de la aportación de la variedad a la caracterización fonológica. *Moenia* 25, 499-520.

Ramírez Quesada, E. (2022). Latencia y fonología. El caso de las variedades andaluzas. En Arias Cabal, Álvaro (ed.). *Sistematicidad y variación en la fonología del español*. Lugo: Axac, 193-211.

Ramírez Quesada, E. (2023). La intersección de los planos fonético y fonológico en las vocales de las hablas andaluzas orientales. *Philologia Hispalensis* 37, 141-160.

Real Academia Española (1973). *Esbozo de una nueva gramática de la lengua española*. Madrid: Espasa.

Real Academia Española y Asociación De Academias De La Lengua Española (2011). *Nueva gramática de la lengua española. Fonética y fonología*. Madrid: Espasa.

Rodríguez-Castellano, L. y A. Palacio (1948). El habla de Cabra, *Revista de Dialectología y Tradiciones Populares* 4/3, 387-418.

Salvador, G. (1957). El habla de Cúllar-Baza. Contribución al estudio de la frontera del andaluz. *Revista de Filología Española* 41/1, 161-252.

Salvador, G. (1977). Unidades fonológicas vocálicas en andaluz oriental. *Revista Española de Lingüística* 7/1, 1-23.

Trujillo, R. (1983). Algunas observaciones sobre la posición del fonema /c/ en el sistema consonántico español. En M. Victoria Conde Saiz, José Luis García Arias y Josefina Martínez Álvarez (coords.): *Estudios ofrecidos a Emilio Alarcos Llorach*, vol. 5, Oviedo: Universidad de Oviedo, 197-214.

Veiga, A. (2001). Las unidades fonemáticas de realización fricativa en español. En *El componente fónico de la lengua. Estudios fonológicos*. Lugo: Axac, 2009, 325-360. [Orig. *Moenia* 7, 293-330].

Villena Ponsoda, J. A. (1987). *Forma, sustancia y redundancia contextual. El caso del vocalismo andaluz*. Málaga: Secretariado de Publicaciones de la Universidad de Málaga.

Reflexión sobre el pasado: desde la descripción vocálica del *ALEA* al vocalismo andaluz actual

Belén Reyes Morente
Universidad de Málaga

RESUMEN
El propósito de este trabajo es analizar el comportamiento fonético de las vocales en el español de Andalucía a partir de las descripciones que se aportan en el *Atlas Lingüístico y Etnográfico de Andalucía* (*ALEA*) y el análisis acústico de datos de habla oral procedente de los corpus PRESEEA de las ciudades de Granada y Málaga. La región andaluza ha sido objeto de extensos estudios lingüísticos, y el *ALEA* emerge como una herramienta crucial para entender la distribución geográfica de las variantes lingüísticas que caracterizan a esta variedad del español. En general, las investigaciones sobre el español de Andalucía han señalado el diferente comportamiento de las vocales como un rasgo clave para identificar dos grandes áreas dialectales, oriental y occidental. Para actualizar el conocimiento sobre el vocalismo andaluz, se seleccionaron dos ciudades representativas: Granada y Málaga. Granada ha sido previamente identificada como un lugar donde las modificaciones en el vocalismo son evidentes en estudios anteriores. En contraste, Málaga carece de estudios acústicos específicos. El análisis de los de datos confirma que en Granada las vocales son significativamente más abiertas y adelantadas, respaldando los hallazgos previos del *ALEA* y estudios adicionales. Sin embargo, los datos obtenidos en Málaga no reflejan una estabilidad equiparable al vocalismo de la zona occidental de Andalucía. Aunque los resultados no permiten conclusiones definitivas, indican la posibilidad de variabilidad en la apertura vocal en Málaga, lo cual cuestiona la homogeneidad atribuida a la zona occidental.

Palabras clave: ALEA, vocalismo, hablas andaluzas, abertura vocálica, PRESEEA.

1. Introducción

Este estudio se centra en describir y analizar el vocalismo en el español de Andalucía. La variedad andaluza ha sido objeto de estudio de numerosos trabajos, pero entre ellos destaca el *Atlas Lingüístico y Etnográfico de Andalucía* (*ALEA*) como referencia clave para analizar cualquier rasgo del andaluz.

El *ALEA* permite conocer la diversidad lingüística de Andalucía a partir del cartografiado de las diferentes variables lingüísticas que se tomaron como referencia (Morillo Velarde 2001). La imagen geolingüística es lo que nos permite delimitar y conocer mejor la variedad (Villena Ponsoda, 2019; Alvar, 1959) ya que se visualizan las diferentes formas en que se manifiestan las diferentes variables por todo el territorio andaluz.

Tradicionalmente, los estudios dialectológicos que se derivaron de los trabajos que dieron como resultado el mapa del *ALEA* (Alarcos Llorach, 1983; Alvar, 1996; Salvador, 1977; Mondéjar, 2001) distinguen dos grandes áreas dialectales en Andalucía: el andaluz oriental y el andaluz occidental. Mondéjar (2001) considera que las diferencias en la articulación de las vocales entre las distintas zonas de Andalucía es un rasgo que permite delimitar las áreas dialectales.

La finalidad de este trabajo es comprobar si los datos del *ALEA* (recogidos sobre los años 50 del siglo XX) sobre el comportamiento vocálico se siguen manteniendo en la actualidad o si, por el contrario, ha cambiado. Para ello, se analizan datos procedentes de dos corpus de entrevistas semidirigidas del Proyecto para el Estudio Sociolingüístico del Español de España y América (PRESEEA) que corresponden a las ciudades de Granada y Málaga respectivamente.

Con estos datos se pretende hacer una actualización del estado del vocalismo guardando siempre un gran respeto al pasado y a la gran tarea investigadora que fue llevada a cabo para construir un proyecto de tal envergadura como el *Atlas Lingüístico y Etnográfico de Andalucía*.

2. Estado de la cuestión

Los estudios sobre dialectología (Alarcos Llorach, 1983; Alvar, 1996; Salvador, 1977; Mondéjar, 2001) dividen la provincia en dos grandes áreas: zona oriental y zona occidental. El comportamiento vocálico está ligado al relajamiento de la articulación de /s/ en posición final. Según Narbona Jiménez, Cano Aguilar y Morillo Velarde (1998), el hecho de que este fonema se convierta en un leve soplo espiratorio obliga a que la vocal sea modificada.

El primero en dar cuenta de la abertura vocálica es Navarro Tomás en 1939. Su trabajo señala que en el andaluz oriental el fonema /s/ se perdía y, en consecuencia, la vocal anterior aparecía abierta. De acuerdo con su estudio, resalta que no todas las vocales sufren ese proceso, sino que solo /e/ y /o/ se abren más y /a/ se palataliza. Posteriormente a esta investigación, la mayoría de los estudios se centran en hacer un análisis acústico del vocalismo en la zona oriental de la provincia (Alonso, Zamora Vicente y Canellada, 1950; Martínez Melgar, 1986; Herrera y Galeote, 2003), pero no existen trabajos centrados en el área occidental.

Dado que el *ALEA* recoge ocurrencias vocálicas de ambas zonas, se va a hacer una revisión de los mapas dedicados a este fenómeno.

2.1. El vocalismo andaluz en el *ALEA* como punto de partida

Los estudios del *ALEA* permitieron conocer a todos los investigadores cómo se desarrollaba el vocalismo dentro de la comunidad andaluza y, gracias a sus mapas, se pueden apreciar las diferencias geolingüísticas entre las dos grandes zonas dialectales de Andalucía: oriental y occidental.

El *ALEA* cuenta con cuatro mapas dedicados a la ubicación y descripción del vocalismo (mapas 1697, 1698, 1696 y 1107). A continuación, se van a describir siguiendo el mismo orden en el que se presentan en el trabajo recopilatorio de Alvar (1959):

Mapa 1696: área de la oposición fonológica de abertura vocálica.
Este mapa presenta la oposición del singular y del plural en los nombres y en la segunda persona y tercera persona del singular en el verbo, como por ejemplo en viste/vistes. Se observan diferentes realizaciones de las vocales que implican abertura, alargamiento y metafonía entre otros y se recoge la producción del segmento consonántico /s/, que normalmente se pierde y, en ocasiones, se aspira.

En este mapa se puede distinguir perfectamente entre la Andalucía oriental, donde las transcripciones revelan una gran incidencia de abertura o palatalización; frente a las zonas de transición, como en algunos puntos de Málaga o Córdoba, donde disminuye la frecuencia de aparición de estos rasgos. Por último, en Andalucía oriental no aparece ningún caso de alargamiento, abertura, palatalización o metafonía.

Si se pone la atención de forma más específica en la provincia de Granada, en Andalucía oriental, se observa que los rasgos de abertura o palatalización aparecen a lo largo de toda la provincia. En el caso de la capital (Gr309), se observa una clara oposición entre el singular y el plural a través de la abertura vocálica y el alargamiento, que afecta también, por metafonía, al resto de vocales de la palabra. Es llamativo que en las zonas marcadas como Gr303 y Gr504 la oposición a través de la abertura vocálica se da también en los casos en los que la /-s/ final se ha realizado como aspirada [h]. Por otro lado, en las zonas más alejadas de la capital se puede observar que el fenómeno más predominante es la oposición con metafonía, por tanto, se da por hecho que la /s/ se pierde y se da lugar a esa abertura total.

Si se observa la zona de transición entre Málaga y Granada como Gr507 o Gr514, los fenómenos más observados son la pérdida de la /s/ y la abertura de la vocal con metafonía. En cambio, en Málaga solo aparecen casos de abertura vocálica en pueblos que son fronterizos con zonas de Granada, como pueden ser Riogordo (Ma401) o Salares (Ma402) que mantienen la abertura y por tanto la oposición fonológica. Por otro lado, en la zona más septentrional de Málaga, Villanueva del Trabuco (Ma202) se observa también la abertura con metafonía, mientras que en la zona más occidental como Atajate (Ma303) o Jubrique (Ma500) aparece abertura y alargamiento de la vocal con metafonía esporádica. Es muy relevante que en Gaucín (Ma502), se observa la igualación entre singular y plural. A pesar de que Alvar habla de la aparición de oposición fonológica entre singular y plural en este punto geográfico, la describe como no categórica y con predominio de la igualación (Tomo VI, Lámina 1575). La descripción del autor lo califica como una oposición entre singular y plural que no es categórica, sino que va vacilando y que es más común que se dé la igualación.

Mapa 1697: Soluciones palatales o palatalizadas de la terminación átona -as
En este mapa se examina el movimiento de la /a/ hacia valores mucho más abiertos, es decir, soluciones palatalizadas en las que esta vocal adquiere valores tan adelantados que en ciertas ocasiones puede parecer que suene como una /e/. Por tanto, en este mapa se observan los diferentes tipos de /a/ a lo largo de ambas provincias.

Las soluciones palatalizadas abiertas son las más frecuentes en la provincia de Granada. En ocasiones, también se observan casos en los que la vocal se alarga, como sucede en la capital (Gr309), en Iznalloz (Gr302), que se encuentra en la zona fronteriza con Málaga, o cerca de la costa como en Alcázar (Gr511).

En la provincia de Málaga, sin embargo, son muy poco frecuentes los casos de abertura, palatalización o alargamiento, aunque sí aparecen en Riogordo (Ma302), Villanueva del Trabuco (Ma202), Ardales (Ma300), Benamocarra (Ma404) o, incluso, en la misma capital (Ma406), donde la vocal palatalizada puede aparecer con o sin alargamiento.

Mapa 1698: Pronunciación de -as
Este mapa recoge las realizaciones fonéticas de la terminación átona /-as/ del plural de las segundas personas del verbo y sustantivos.

Al comparar los casos de las provincias de Málaga y Granada, se observan de nuevo grandes diferencias entre ambas. En Málaga, predomina la /a/ centralizada, es decir, la /a/ estándar del español, si bien en puntos colindantes con la provincia de Granada, como Salares (Ma402), sí se registran realizaciones abiertas que coocurren con la aspiración de /s/ ([h]). También aparecen casos de abertura, palatalización y alargamiento de /a/ en la zona central de la provincia, como en Almogía (Ma403) y otros puntos de alrededor, donde esta realización aparece junto con la elisión completa de /-s/.

En Granada, por el contrario, la variación alofónica de la vocal /a/ es mucho más rica que en la provincia de Málaga. En la capital (Gr309) y puntos cercanos a ella, por ejemplo, es frecuente encontrar la /a/ palatalizada y doblemente abierta. En zonas cercanas a la costa, como Guajar-Faragüít (Gr512), esta realización coocurre con la aspiración de /s/ ([h]) y en los municipios costeros, como Almuñecar (Gr514) y puntos de alrededor, la pronunciación de la /a/ plural aparece de formas muy diversas, desde la realización central estándar, pasando por pronunciaciones alargadas cuando aparece aspiración de /-s/, hasta alófonos doblemente abiertos y palatizados sin rastro del segmento consonántico.

Mapa 1107: Área del fenómeno /ɐ/ > /ə/
En este mapa se aborda el cierre y palatalización que sufre la /a/ hasta encontrar valores similares a los de la /e/. Desde el propio título Alvar ya advierte que se trata de un fenómeno que se da solo de forma esporádica o que incluso se limita a ciertas palabras.

Al observar el mapa completo, se puede comprobar que este rasgo aparece principalmente en la provincia de Granada, mientras que en Málaga solo se registra en tres ocasiones.

En la zona norte de Granada (Diezma Gr304), el cierre de /a/ se da solo en los casos en los que esta vocal va precedida de consonante palatal, al igual que sucede en algunas zonas costeras, como Gr515. En Gr504 es un rasgo exclusivo del género masculino, mientras que las niñas realizan la /a/ estándar.

En Málaga, sin embargo, el cierre de /a/ solo aparece en los puntos Ma406, Ma201 y Ma100. Se puede decir, por tanto, que es un rasgo esporádico que tal vez pueda explicarse por las características sociológicas de los hablantes.

2.2. Estudios sobre el vocalismo andaluz: desde los trabajos derivados el *ALEA* hasta la actualidad

Una de las principales aportaciones de los estudios dialectológicos y geolingüísticos derivados del *ALEA*, ha sido la definición de dos grandes áreas dialectales en Andalucía (Alarcos Llorach, 1983; Alvar, 1996; Salvador, 1977; Mondéjar, 2001). El comportamiento de las vocales en los distintos puntos de la región marca una isoglosa clara entre las zonas occidental y oriental de la región, pero la realidad es que el comportamiento diferente de las vocales en las dos áreas dialectales es una de las cuestiones que aún permanece sin resolver (Herrero de Haro, 2017).

Como se ha mencionado anteriormente, el primer trabajo que aborda el estudio del vocalismo andaluz es de Navarro Tomás en 1939. El autor considera que, en algunas zonas del andaluz, las vocales /a/, /e/ y /o/ se abren como consecuencia del proceso de aspiración y pérdida del fonema /-s/ en posición de coda silábica y denomina este fenómeno como "abertura vocálica". Navarro Tomás detalla también que la vocal /a/ se palataliza mientras que las vocales /e/ y /o/ se abren.

A partir de este momento y durante algunos años, la abertura vocálica fue objeto de estudio de varias investigaciones que se aproximaron a este desde diferentes perspectivas. Algunas de las investigaciones que aparecieron con posterioridad al estudio de Navarro Tomás (1939) se basaron en descripciones acústicas de diferentes lugares de Andalucía oriental. Una de ellas es la de Alonso, Zamora Vicente y Canellada (1950) en la que analizaron el vocalismo de un grupo de hablantes cultos de Granada. Otro estudio acústico-descriptivo de referencia sobre el vocalismo andaluz es el de Martínez Melgar (1986). En él describe la influencia del número gramatical (singular y plural) en las características acústicas de las vocales. Siguiendo la misma línea, Herrera y Galeote (2003) se centran en la descripción fonética del fenómeno ubicándose en esta zona más oriental de la comunidad. Más recientemente, Herrero de Haro (2016, 2017, 2019), ha llevado a cabo diversos trabajos de corte fonético-acústico en los que analiza el comportamiento de las vocales relacionado con el proceso de debilitamiento de diferentes consonantes en coda (no solo /-s/) en hablantes de El Ejido en la provincia de Almería.

También es necesario reseñar el trabajo de Rodríguez Castellano y Palacio (1948) que enfocan su investigación en hacer un amplio estudio de las vocales en Cabra (Córdoba), que analizan junto al léxico de la zona. Otro análisis muy completo es el que llevó a cabo Salvador (1957) sobre el habla de Cúllar-Baza, en la provincia de Granada. El autor recorre todos los niveles lingüísticos, entre ellos realiza una descripción exhaustiva sobre el comportamiento vocálico en esa área. Por último, se debe destacar el trabajo realizado por Villena Ponsoda (1987), donde se discute si el posible desdoblamiento fonológico de las vocales en andaluz oriental se puede considerar una cuestión formal o si, por el contrario, es meramente sustancial.

Como se puede observar de lo dicho en los párrafos anteriores, todos los trabajos que se han realizado sobre el vocalismo andaluz se han centrado en la zona oriental, donde aparecen las variantes abiertas y palatalizadas. Sin embargo, no hay trabajos sobre la zona occidental. No se puede saber, por tanto, que es lo que sucede en esta zona. Tal y como se ha visto en las descripciones de los mapas del *ALEA*, algunos de estos rasgos aparecen, si bien de forma esporádica, en algunos puntos de Andalucía occidental, por lo que cabe preguntarse si el proceso de debilitamiento y pérdida de /-s/ a afectado de alguna manera a las vocales. Hasta ahora, se habla de la existencia de un vocalismo desdoblado en Andalucía oriental, mientras que en la occidental no habrá alteración sistemática de las vocales. Sin embargo, no se han realizado análisis acústicos de las vocales en esa zona, por lo que no se pueden establecer comparativas.

El objetivo del presente trabajo es, por tanto, hacer una descripción detallada del comportamiento de las vocales en dos ciudades: Granada, prototípicamente descrita por todos los estudios geolingüísticos anteriormente mencionados como uno de los principales lugares donde se da la abertura vocálica, y Málaga, ciudad estudiada desde el punto de vista lingüístico (Villena Ponsoda y Ávila, 2012) pero en la que se desconoce si la pérdida de segmentos consonánticos en posición final deja algún tipo de marca en la vocal anterior, como puede ser la abertura vocálica.

3. Metodología

Tal y como se indicó anteriormente, el propósito de este trabajo es comprobar si los datos actuales sobre el comportamiento de las vocales son similares a los que se recogen en el *ALEA* o si se podría considerar que se han producido cambios. Para ello, se van a analizar datos procedentes de dos muestras de habla recogidas en las ciudades de Granada y Málaga.

La elección de Granada se debe a que los estudios de base geolingüística (Alvar, 1996; Mondéjar, 1991) han calificado esta ciudad como uno de los lugares donde los procesos de abertura y palatalización de las vocales son más evidentes. Málaga, por el contrario, el comportamiento de las vocales sigue el patrón descrito para la zona occidental (Alonso, Vicente & de Zamora, 1950), donde según Alvar (1973), la nivelación entre singular y plural es tan evidente que la abertura vocálica no podía aparecer. Sin embargo, hay que tener en cuenta que aún no se han realizado estudios acústicos que nos permitan conocer a fondo las características acústicas de las vocales en esta zona dialectal.

3.1. La muestra y el corpus

Los datos que aquí se analizan, los datos que aquí se analizan proceden del Proyecto para el estudio sociolingüístico del español de España y de América (PRESEEA), específicamente de los corpus correspondientes a las ciudades de Málaga y Granada. La metodología seguida es, por tanto, la propia del proyecto (Moreno Fernández, 1996).

Cada uno de los corpus analizados está formado por una colección de 54 entrevistas realizadas a una muestra de informantes estratificada según las tres variables macrosociales básicas: sexo, edad y nivel de instrucción (Tabla 1). El corpus PRESEEA Málaga (Vida Castro, en preparación) se recogió alrededor del año 2015, mientras que las entrevistas de PRESEEA Granada tienen como fecha principios de los años 2000 (Moya Corral, 2007, 2008, 2009). Sin embargo, para el análisis que aquí se presenta solo se han tenido en cuenta los datos que corresponden a los informantes de dos niveles de instrucción: el nivel de estudios básico (es decir, informantes que, como mucho, han realizado los estudios obligatorios) y el nivel de estudios universitario.

Por tanto, el total de participantes que suman ambos corpus es de 72 entrevistas.

Tabla 1: Muestra-tipo por cuotas del proyecto PRESEEA (Moreno Fernández, 1996)

		Generación 1 (20 – 34 años)		Generación 2 (35 – 55 años)		Generación 3 (mayor de 55 años)	
		Hombre	Mujer	Hombre	Mujer	Hombre	Mujer
Estudios básicos	Málaga	3	3	3	3	3	3
	Granada	3	3	3	3	3	3
Estudios superiores	Málaga	3	3	3	3	3	3
	Granada	3	3	3	3	3	3

3.2. Tratamiento de los datos

Para realizar el análisis fonético se han seleccionado 40 palabras por entrevista (20 en singular y 20 en plural) que siguen un patrón específico: á_a, é_e y ó_o, con sus respectivos plurales. Se busca que la vocal final, que va a ser la analizada, sea átona para que no haya tanta fuerza articulatoria en esta. Así pues, palabras como "semana" o "arroyos" son las seleccionadas para el análisis acústico de este estudio. Por tanto, todas las vocales analizadas en este trabajo son átonas y se encuentran en la última sílaba de la palabra. Se controla también si la palabra está en singular o en plural y, en este último caso, si la /-s/ se elide completamente –que es lo más frecuente en ambas ciudades (Vida Castro, 2004, Tejada Giráldez, 2015)–, se aspira o se mantiene. En la totalidad de datos analizados (648 plurales en total) la tendencia es la pérdida del segmento consonántico (555 ocurrencias), pero hay casos en los que se mantiene (5) o se aspira (88).

Una vez seleccionadas y codificadas las palabras, se analizaron acústicamente a través del programa PRAAT (Boersma & Weenik, 2023). Para ello, primero se segmentaron y anotaron y después se utilizó un script de Elvira-García (2017) para obtener los valores de los tres primeros formantes de las vocales, así como su duración e intensidad.

Los datos acústicos pueden verse afectados por numerosos factores intrínsecos al ser humano: calidad de la voz o dimensión del tracto vocálico, algo que anatómicamente diferencia a las mujeres de los hombres (Disner, 1980). En los datos se pueden ver reflejados estas diferencias individuales, para evitar esto se utiliza el proceso de normalización de parámetros acústicos. Se trata de un procedimiento matemático por el que se filtran los resultados dejando solo la información lingüística relevante (Adank, Smits & van Hout, 2004) lo cual permite poder establecer comparativas entre hablantes sin que estos se vean determinados por su sexo, edad o por las particularidades propias de cada sujeto (Disner, 1980). En este proyecto se ha utilizado la fórmula matemática de Tranmüller (1990) que utiliza la escala Bark, una escala diferente a los Hertzios con la que trabajan los scripts y el programa Praat. La normalización se ha llevado a cabo a través de PhonR (McCloy, 2016), un paquete específico del programa RStudio, que se utiliza para el tratamiento de datos fonéticos.

Tras obtener y normalizar los datos acústicos, se utilizó el programa SPSS para realizar análisis estadísticos de comparación de medias (t-test) y la distancia acústica entre los valores de las vocales en singular y plural a través del análisis univariado.

3.3. Pregunta de investigación

La principal pregunta de investigación de este trabajo es si existen o no diferencias acústicas (amplias y estadísticamente significativas) entre las vocales del singular y del plural en ambas ciudades. La hipótesis de parte de las descripciones encontradas en el *ALEA* (epígrafe 2.1.), por lo que se considera que en la ciudad de Granada, en la zona oriental, las diferencias acústicas entre ambas vocales van a confirmar la existencia del desdoblamiento vocálico (López Morales, 1984; Salvador, 1977), mientras que en la ciudad de Málaga, situada en la zona occidental (Alvar, 1973; Alvar, 1996), no se encontrarán tales diferencias ya que las formas del singular y del plural se neutralizan (Alvar, 1973) y no existe ningún rasgo compensatorio.

4. Resultados

Se presentan a continuación los resultados de los valores de los dos primeros formantes (F1 y F2) de las vocales /a/, /e/ y /o/ en singular y plural.

Se han seleccionado estos valores porque son los que permiten observar mejor el comportamiento de las vocales. El valor o altura de F1 se corresponde directamente con la abertura de la cavidad oral, es decir, cuanto más alto es el valor de F1 más abierta está la cavidad oral a la hora de producir la vocal (Quilis, 1999). Este es un valor que en el caso particular de este estudio puede ser muy ilustrativo e importante porque, en el caso de que esta tenga unos valores más abiertos de lo que se espera, se puede interpretar que esa vocal está más abierta de lo que los valores estándares señalan.

El segundo valor que se presenta en este trabajo es el F2 que relaciona la posición de la lengua y la altura de este formante, es decir, cuanto más anterior es la posición de la lengua más alta es la frecuencia del F2 (Quilis, 1999).

4.1. Las vocales en la ciudad de Málaga

Cada vocal tiene características propias que las hacen distintas, por tanto, incluirlas a todas en una misma categoría o gráfico es muy genérico. Los resultados desgranados vocal por vocal permite observar con mayor atención y detenimiento estos cambios del singular y plural y ver si realmente se ven afectados por esta variable.

Tabla 2: Influencia del proceso de debilitamiento de /-s/ en los valores de la vocal anterior en Málaga. Medias y significación estadística

	A			E			O		
	Singular	Plural	P de un factor	Singular	Plural	P de un factor	Singular	Plural	P de un factor
F1	4.51	4.77	.119	2.93	2.57	**.039**	3.40	3.57	.200
F2	7.78	7.63	.353	8.98	8.34	**.042**	6.22	6.28	.443

Son muy pocas las diferencias entre el singular y el plural en Málaga, tanto en el F1 como en el F2. Como se muestra en la tabla, estadísticamente significativas solo aparecen en la vocal /e/, pero son diferencias pequeñas y contrahipotéticas.

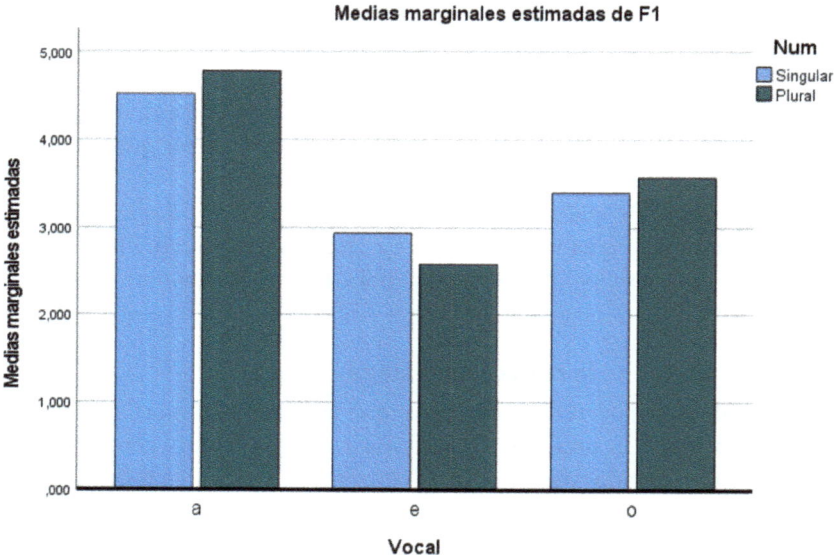

Figura 1: Medidas de F1 por vocal en Málaga.

En la figura 1 se plasman los resultados anteriormente mencionados en la tabla 1. Se observa que el plural aparece más alto que en singular en las vocales /a/ y /o/, pese a la diferencia no es estadísticamente significativa. Por el contrario, en la /e/ es al revés, el singular aparece más elevado que el plural, como se ha afirmado antes, parece que esto arroja valores en contra de la hipótesis.

El segundo formante (F2) está relacionado con la posición más o menos adelantada de la lengua en la producción de la vocal (Martínez Celdrán, 1998).

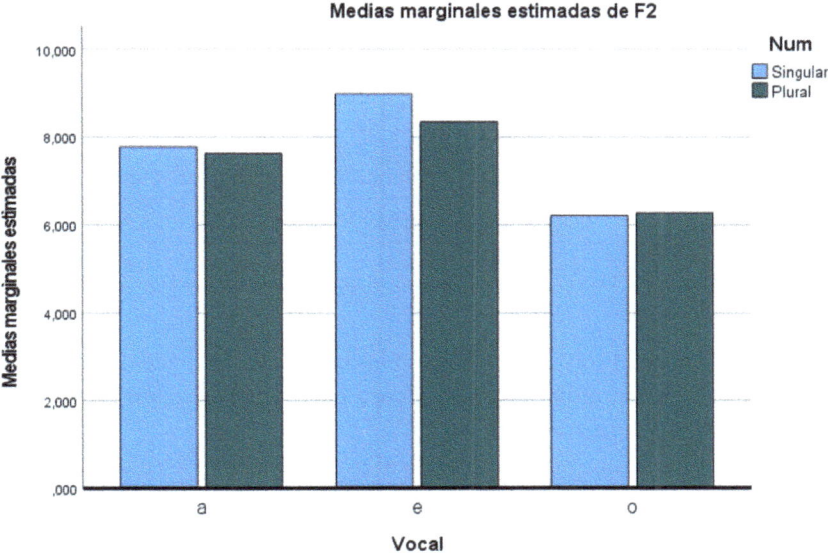

Figura 2: Medidas de F2 por vocal en Málaga.

En la figura 2 se pueden observar que las diferencias entre singular y plural en todas las vocales son prácticamente invisibles, y por este motivo, no aparecen diferencias estadísticamente significativas.

4.1.1. Las vocales en la ciudad de Granada

Son notorias las diferencias con respecto a la ciudad de Granada. En estos resultados sí se confirmaría la hipótesis inicial de que en plural la vocal se abre más como rasgo compensatorio para diferenciarlo. En Granada sí que podría decir que es cierto, además también se cumpliría con la hipótesis de que en la zona oriental de la provincia existe ese desdoblamiento o abertura de la vocal para compensar la pérdida del segmento consonántico que en este caso es la /s/.

Tabla 3: Influencia del proceso de debilitamiento de /-s/ en los valores de la vocal anterior en Granada. Medias y significación estadística

	A			E			O		
	Singular	Plural	P de un factor	Singular	Plural	P de un factor	Singular	Plural	P de un factor
F1	5.06	5.37	.064	3.48	3.95	**.023**	3.84	4.26	**.034**
F2	7.89	8.21	.184	9.33	8.81	0.88	7.00	6.44	.086

En la tabla 3 se puede observar que en todas las vocales analizadas sí que hay una diferencia del singular al plural. Pese a ello, la significación estadística solo reside en las vocales /e/ y /o/ en F1.

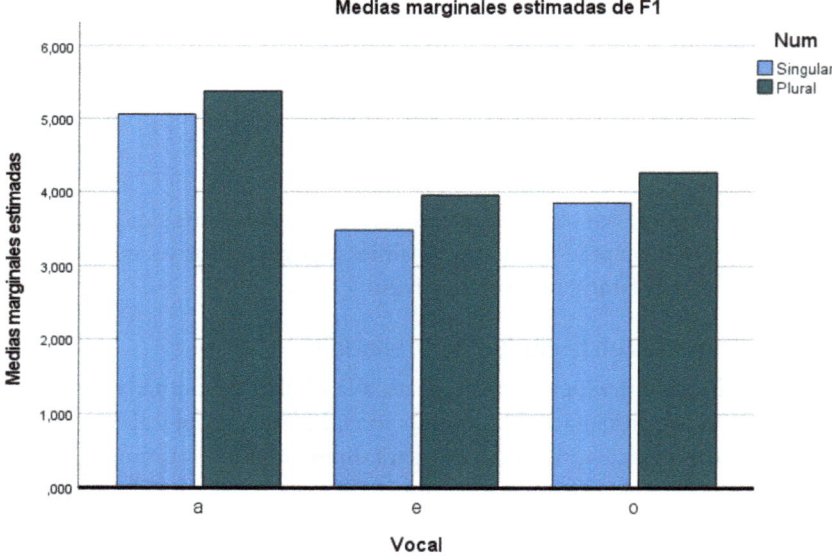

Figura 3: Medidas de F1 por vocal en Granada.

En la figura 3 se puede observar que la tendencia es que los valores de plural aparezcan más elevados frente a los del singular, como apuntan las medias de la tabla 3.

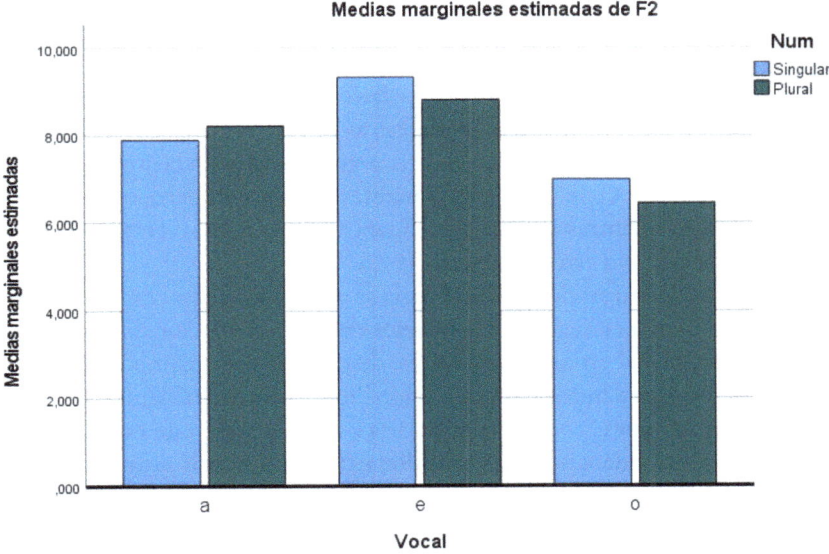

Figura 4: Medidas de F2 por vocal en Granada.

En el caso del F2 de la ciudad de Granada las diferencias entre singular y plural sí que parecen ser más acusadas que en Málaga. Pese a ello, y como se ha mencionado anteriormente, no hay significación estadística en ninguna de estas.

5. Conclusiones

Tras el análisis de los datos presentados en el epígrafe 4, se puede considerar que en la ciudad de Granada sí se observan diferencias acústicas claras entre las vocales del singular y el plural, al menos para el valor de F1 en las vocales e y o, mientras que en la ciudad de Málaga, las diferencias son prácticamente inexistentes. Esto confirmaría la hipótesis de partida y, por tanto, se podría afirmar que el análisis acústico de datos de habla reciente indica que se mantienen, a priori, los patrones generales que se observan en los mapas del *ALEA*. Se aprecian, sin embargo, algunas diferencias que requerirán de un análisis más detallado, como la ausencia de palatalización de la /a/ en los datos de PRESEEA Granada, mientras que en el *ALEA* este rasgo aparece representado en muchos puntos de los mapas comentados o las diferencias encontradas entre el singular y plural de la vocal /e/ en Málaga.

Hay que tener presente que en este trabajo se comparan datos de distinta naturaleza, ya que, por un lado, las muestras de PRESEEA se centran en los núcleos urbanos, mientras que el *ALEA* recoge datos de toda la provincia, por otro lado, PRESEEA cuenta con informantes de diferente sexo, edad y nivel de instrucción, mientras que los participantes del *ALEA* son en su mayoría, hombres mayores sin estudios (Alvar, 1995).

En futuras aproximaciones a este tema se debe considerar cómo influyen las características sociológicas de los sujetos en la pronunciación de las vocales en singular y plural en ambas ciudades, de esta forma se comprobará, por ejemplo, si se sigue dando la palatalización de /a/ entre los hablantes mayores de Granada o si, por el contrario, se podría considerar que este rasgo ha desaparecido. Se considera necesario estudiar otros parámetros acústicos como la intensidad o la duración, para comprobar si estos rasgos actúan o no en la diferenciación de singular y plural en la ciudad de Málaga.

Bibliografía

Adank, P., Smits, R., & Van Hout, R. (2004). A comparison of vowel normalization procedures for language variation research. *The Journal of the Acoustical Society of America*, 116(5), 3099-3107.

Alarcos Llorach, E. (1958). Fonología y fonética (a propósito de las vocales andaluzas). *Archivum: Revista de la Facultad de Filosofía y Letras*, (8), 193-205.

Alonso, D., A., Zamora Vicente & M. J., Canellada de Zamora (1950). Vocales andaluzas. Contribugión al estudio de la fonología peninsular. *Nueva Revista de Filología Hispánica*, 4(3), 209-230.

Alvar López, M. (1955). Las encuestas del "Atlas lingüístico de Andalucía". *Revista de Dialectología y Tradiciones Populares*, 11(3), 231.

Alvar López, M. (1959). El Atlas lingüístico-etnográfico de Andalucía. *Arbor*, 43(157), 1.

Alvar López, M. (1973). *Notas de asedio al habla de Málaga*. Málaga: Ayuntamiento de Málaga

Alvar López, M. (1976). *Manual de dialectología hispánica. El español de España*. Editorial Ariel.

Bengoechea, J. M. L. (2006). La abertura vocálica en andaluz oriental: un estudio desde los universales lingüísticos. In *Diacronía, lengua española y lingüística: actas del IV Congreso Nacional de la Asociación de Jóvenes Investigadores de Historiografía e Historia de la Lengua Española (Madrid, 1, 2 y 3 de abril de 2004)* (pp. 159-170). Síntesis.

Boersma, P. & Weenink, D. (2023). Praat: doing phonetics by computer [Computer program]. Version 6.3.20, retrieved 24 October 2023 from http://www.praat.org/

Disner, S. F. (1980). *Evaluation of vowel normalization procedures. The Journal of the Acoustical Society of America,* 67(1), 253–261. doi:10.1121/1.383734

Elvira-García, W. (2017). Vowels [Praat script].

Herrera Zendejas, E., & Galeote, M. (2003). Estudio instrumental del vocalismo en la Andalucía oriental. *Analecta Malacitana,* XXVI, 2, 379-398.

Herrero de Haro, A. (2016). Four mid front vowels in Western Almería. *Zeitschrift für romanische Philologie,* 132(1), 118-148.

Herrero de Haro, A. (2017). Four low central vowels in Eastern Andalusian Spanish:/a/before underlying/-s/,/-r/, and/-θ/in El Ejido. *Dialectologia et Geolinguistica,* 25(1), 23-50.

Herrero de Haro, A. (2019). Catorce vocales del andaluz oriental: producción y percepción de/i/,/e/,/a/,/o/y/u/en posición final y ante/-s/,/-r/y/-θ/subyacentes en Almería. *Nueva revista de filología hispánica,* 67(2), 411-446.

López Morales, H. (1984). Desdoblamiento fonológico de las vocales en el andaluz oriental: reexamen de la cuestión. *Revista española de lingüística*, 14(1), 85-98.

Martínez Celdrán, E. (1998). *Fonética*. Teide.

Martínez Melgar, A. (1986). Estudio experimental sobre un muestreo de vocalismo andaluz. *Estudios de fonética experimental*, 198-248.

McCloy, D.R. (2016). Normalizing and plotting vowels with phonR. Version 1.0-7. https://drammock.github.io/phonR/

Mondéjar, J. (2001). *Dialectología andaluza: estudios: historia, fonética y fonología, lexicología, metodología, onomasiología y comentario filológico* Anejos de *Analecta Malacitana*. Universidad de Málaga.

Moreno Fernández, F. (1996). Metodología del "Proyecto para el Estudio Sociolingüístico del Español de España y de América". *Lingüística*, (8), 257-287.

Morillo-Velarde Pérez, R. (2001). Sociolingüística en el *ALEA*: variable generacional y cambio lingüístico. *ELUA. Estudios de Lingüística, N. 15 (2001); pp. 13-49.*

Moya Corral, J. A. (coord.) (2007). *El Español hablado en Granada. Corpus oral para su estudio sociolingüístico. I Nivel de estudios alto.* Editorial Universidad de Granada.

Moya Corral, J. A. (coord.) (2008). *El Español hablado en Granada II. Corpus oral para su estudio sociolingüístico. Nivel de estudios medio.* Editorial Universidad de Granada.

Moya Corral, J. A. (coord.) (2009). *El Español hablado en Granada III. Corpus oral para su estudio sociolingüístico. Nivel de estudios bajo.* Editorial Universidad de Granada.

Narbona Jiménez, A., Cano Aguilar, R. y Morillo Velarde, R. (1998) *El español hablado en Andalucía.* Ariel Lingüística.

Navarro Tomás, T. (1939). Desdoblamiento de fonemas vocálicos. *Revista de Filología Hispánica*, 1, 165-167.

Quilis, A. (1999). *Tratado de fonología y fonética españolas.* Gredos.

Rodríguez-Castellano, L., & A., Palacio (1948). Contribución al estudio del dialecto andaluz: El habla de Cabra. *Revista de Dialectología y Tradiciones Populares*, 4(4), 570.

Salvador, G. (1957). El habla de Cúllar-Baza. Contribución al estudio de la frontera del andaluz. *Revista de Filología Española*, 41(1/4), 161-252.

Salvador, G. (1977). Unidades fonológicas vocálicas en andaluz oriental. *Nueva Revista de Filología Hispánica*, 7, 1-23.

Tranmuller, H. (1990). Analytical expressions for the tonotopic sensory scale. Journal of the Acoustical Society of America, 88(1), 97–100.

Vida Castro, M. (en preparación). Corpus 2015.

Villena Ponsoda, J. A. (1987). *Forma, sustancia y redundancia contextual: el caso del vocalismo del español andaluz.* Universidad de Málaga.

Villena Ponsoda, J. A. (2008). *La formación del español común en Andalucía. Un caso de escisión prestigiosa.* En: Esther Herrera y Pedro Martín Butragueño (eds.) *Fonología instrumental. Patrones fónicos y variación*. Mexico D. F., El Colegio de Mexico: 211-253.

Villena Ponsoda, J. A. y Ávila Muñoz, A. M. (eds.) (2012). *Estudios sobre el español de Málaga*. Sarriá.

Villena-Ponsoda, J. A. (2019). The dilemma of the reliability of geolinguistic and dialectological data for sociolinguistic research. The case of the Andalusian demerger of /θ/, *Acta Linguistica Lithuanica*, 79, 9-36.

El espíritu de la calle en las palabras noveladas de Quiñones

Salvatore Cristian Troisi
Universidad de Málaga

RESUMEN
La obra de Fernando Quiñones explora el lenguaje y la oralidad andaluza, revelando una conexión profunda con la vida real. Su escritura, influenciada por sus experiencias personales y la historia de Andalucía, refleja la complejidad de la existencia a través de un estilo literario rico y coherente. Quiñones capta la esencia de la vida cotidiana utilizando un lenguaje auténtico y variado, dando voz a sus personajes y reflejando la gracia y vitalidad de su entorno. Su búsqueda constante de comunicación y expresión original, arraigada en lo popular y en lo concreto, define su perfil en parte neobarroco y revela la vitalidad y la esencia de su mundo.

Palabras clave: Fernando Quiñones, novela, expresividad popular, neobarroco, vitalidad literaria.

1. Introducción y método

La obra de Fernando Quiñones, su escritura, nos ofrece la posibilidad de investigar sobre el uso peculiar de la lengua, que tiene una fuerte relación con la oralidad y, por supuesto, con el habla andaluza. La oralidad, que a menudo solo consideramos desde una perspectiva literaria, debe ser reconocida en su plenitud como un detonante cultural, una fuente expresiva y un repositorio ancestral de saberes perdidos. Recorrer los trazos de su escritura nos permite entrar en contacto con un mundo único e insólito, lleno de vitalidad, experiencias y vida real, así como con una lengua dinámica que debe abarcar los múltiples significados y matices del mundo vivido. Los ingredientes de su literatura se reflejan en sus poemas y novelas. En particular, sus novelas son como las arrugas que surcan el rostro con el tiempo y ofrecen los extraordinarios tesoros de la vida, así como sus claves de lectura ocultas para aquellos que saben comprender el sentido. Nuestra contribución, metodológicamente con sentido histórico-crítico, se centrará en las formas paradigmáticas que se originan con Thomas S. Kuhn cuando, en *La estructura de las revoluciones científicas*, manifiesta el vínculo que se compone en el análisis desde dos perspectivas: el discurso literario y los componentes lingüísticos-formales. A ello añadimos el paradigma como *Gestalt* (Heidegger) y las últimas aportaciones de la estética literaria como conciencia creadora histórica que desemboca en el presente (Baena, 2021:199-216).

2. Discusión

Las propias experiencias del novelista, sus vivencias, son indispensables para que el arte se pueda convertir en objeto artístico, en un *artefacto*, como el propio autor gaditano nos cuenta por boca de Juan Cantueso, el protagonista de *La Canción del pirata*: "Porque, para que lo sepas, todo cuanto va en cosa de arte, pintado o escrito, ha de llevarse antes muy adentro" (Quiñones, 1983, p. 329).Y por esto, para transmitir todo ese bagaje, esa mezcla de arte y experiencia, necesita una lengua que sea familiar, confidencial, maternal, que salga de lo más íntimo de su espíritu y que al mismo tiempo sepa dialogar con la gente, su gente, transponiéndose en la escritura.

Es así como el perfil de sus dispositivos literarios gira en torno a un eje principal trazado por sus experiencias personales, su vida y la escritura que se sobreponen con la historia española y andaluza. Por ello, su itinerario literario es rico, variado y además, a lo largo de los años, fue enriqueciendo y desvelando mejor sus propósitos, a la vez que fijaba un estilo propio, junto a una coherencia comprometida y crítica, proveniente del equilibrio logrado entre sus categorías estéticas y los modos vitales. Quiñones nos ofrece, así, claves interpretativas de la vida de manera que nos conduzcan a sentir la experiencia de la literatura de una forma espontánea, más emancipada, más consciente y entretenida, es decir, nos involucra en un orbe existencial, social y proclive al hechizo en su propio sociolecto:

> Su lengua teje una red sintáctica a la vez simple y compleja de palabras y frases, de léxico culto y popular, de andalucismos y cultura vivida. Su repertorio fraseológico variado y constituido por voces, historias, textos. Sus poemas y sobre todo sus cuentos son: "historias y espacios que aúnan la alegría del vivir, el elogio de la belleza del mundo, la pasión andaluza, la dura crítica política, el realismo existencial y la exaltación del instante (Díaz de Castro, 2013: 140).

Y, efectivamente, nos quedamos fascinados por sus escritos, donde la lengua adquiere un papel significativo, ya que consigue llevarnos a percibir los sentimientos con su sabroso y apasionante uso del repertorio lingüístico andaluz y popular. Además, Quiñones modula la lengua de forma placentera y habilidosa; este virtuosismo léxico nos brinda, asimismo, una amena explicación de varios temas de la actualidad coetánea. La escritura implica la creación de mundos posibles, lo que confiere una gran cantidad de poder al autor. Sin embargo, representa también un apuro, ya que es difícil poner en palabras la dialéctica de cercanías que existe entre la realidad y la ficción. Contar anécdotas como metáforas de nuestras propias vidas a menudo implica incorporar historias sobre las experiencias de otras personas, lo que subraya la dificultad de rescatarlas de la propia memoria o de la ajena. Por lo tanto, la capacidad de gobernar el lenguaje sirve como una herramienta fundamental para dominar esos múltiples aspectos de la vida. En particular, la teoría y la crítica hacen hincapié en la calidad atemporal del material literario, puesto que las preguntas sobre la vida humana son inherentemente no originarias y provienen de fuentes ancestrales. Las respuestas siempre están donde reside la esencia, tanto en forma verbal como visual o imaginaria. Estos elementos ricos y enérgicos que nos llegan desde la literatura son capaces de satisfacer incluso el deseo más ardiente de encontrar respuestas, aunque solo sea de forma transitoria y parcial. Todo ello está estrictamente vinculado a la capacidad del narrador de ver sobre lo objetivo, de ir más allá, de sentirlo todo íntimamente como cosa propia y tener la capacidad de recibir la completa información posible que pasa a través de los sentidos y los sentimientos (Hernández, 1999: 46). Como subraya el ya citado Díaz de Castro en *Fernando Quiñones: intimidad e historia*, tomando prestadas estas siguientes palabras de Borges, de su obra *El hacedor*, se complementa lo dicho sobre la escritura de Quiñones:

> Un hombre se propone la tarea de dibujar el mundo. A lo largo de los años puebla un espacio con imágenes de provincias, de reinos, de montañas, de naves, de islas, de peces, de habitaciones, de instrumentos, de astros, de caballos y de personas. Poco antes de morir descubre que ese paciente laberinto de líneas traza la imagen de su cara (Díaz de Castro, 2013: 140).

La característica experimentación formal del escritor gaditano, su actitud antropológicamente aguda que se hace más patente en varias de las novelas, o su atenta mirada hacia lo popular y la oralidad, son factores que le permiten alcanzar unos niveles sutiles de conciencia que, a la vez, le dejan penetrar y tejer las realidades psicológicas, sociológicas y culturales de su tiempo. Todo construye una red, un personal intertexto enraizado en lo popular donde se dan continuadamente las referencias a la oralidad y al habla de la calle en las que reverberan, junto a lo coloquial, voces dialectales gaditanas y, por extensión, andaluzas. Se trata de una suerte de necesidad perentoria que le conduce al registro expresivo de la lengua materna y familiar. Una patria lingüística entendida como el espacio protector que nos permite expresarnos libremente (Bachelard, 1975: 36). Quiñones tiene sus interlocutores privilegiados en ese ámbito de comunicación directo, y lo que busca es desarrollar un diálogo, de estirpe bajtiniana, con sus lectores, de acuerdo a una mutua participación que se traspone en sus obras. Así, pues, lo que hace sobre ello es proponer la identificación hablando de la multitud de personajes que pueblan su ciudad, en el contexto de la identidad andaluza, y al mismo tiempo, en la figuración realista conectar con ellos, con la gente, utilizando el habla que le es próxima. Quiñones, de esta forma, también crea sinestesias, modos literarios sensoriales y, así, con verdadera pasión, cuadros multidimensionales, policromados, llenos de los sonidos de su tierra y de sus intensos sabores:

> Las imágenes se reticulan y se adentran en proximidades y en energías de interacción y de construcción fuera de lo común. Como un auténtico "animal lingüístico". Quiñones es, sin duda alguna, un tejedor: sabe tejer con la suma de la realidad psicológica, sociológica y cultural, los objetos artísticos que constituyen nuestro mundo y acierta plenamente cuando teje esa red sintáctica a base de palabras —ricas en colores, sonidos, sabores y emociones— pacientemente recogidas de los labios populares (Hernández, 1999: 45).

Formas y elementos del patrimonio de la lengua popular y del habla andaluza, con especificidades de su entorno gaditano, se encuentran más que en su obra poética, en sus narraciones. Sus relatos o novelas de relatos demuestran claramente una sobresaliente y reconocida habilidad para contar, reproducir, traducir y reinterpretar lo tangible, ya sea lo visto o lo oído.

Quiñones es un escritor auténtico, en el sentido pleno que posee el calificativo, descubriendo en ello las dotes de una sensibilidad intensa por su capacidad de escuchar, de observar y de estar fascinado por el hechizo de la misma vida y los misterios cotidianos. Escribe sobre la gente, sus mayorías, con especial atención, según tratamos, en el orbe de lo andaluz, en ese mundo gaditano, que es lo que forma parte de su esfera existencial. En la lectura, impresiona el efecto que produce su trabajada labor dirigida hacia el campo lingüístico, y en ello, su talento creador en la selección del *corpus* más frecuentado de términos, junto con la relación que ese gran abanico de palabras compone de forma tan vivaz:

> Sus novelas y sus "cuentos literarios" muestran con claridad, además de su capacidad fabuladora, su extraordinaria habilidad y su singular talento para interpretar y traducir, para depurar y ennoblecer —para poetizar— los vocablos que escucha en un "bache" del Barrio de la Viña o en un "puesto" de la Plaza de Abastos. Nos llama la atención, de manera especial, el tino con el que selecciona y relaciona las palabras por sus significados semánticos, por su riqueza fónica, por su fuerza connotativa y, también, por su agudeza humorística (Hernández, 1999: 45).

Sin duda, su camino estilístico-expresivo debió de ser tortuoso y poco lineal. En el inmediato postfranquismo, recordamos un cierto hiato que se produjo entre su creación literaria y su ser intrínseco y fuertemente gaditano "Porque yo soy como Ustedes. Gaditano" (Quiñones, 1997: 174); que hubo de provocarle si no propiamente una parálisis creativa, sí lo menos una reflexión sobre su estilo y su forma de transmitir.

Durante los años de la Transición, en diferentes partes de España, se vivía un fervoroso sentimiento de pertenencia a la propia Comunidad Autónoma. En este contexto, era fácil que, como en el caso de Quiñones, su andalucismo pudiera malinterpretarse como un fuerte sentido nacionalista por aquellos que no estaban atentos a sus verdaderas intenciones. Esta percepción incómoda lo llevó a tomar precauciones para evitar ser etiquetado como nacionalista; a pesar de que, en un principio, su inclinación hacia lo andaluz y la experimentación estilística dialectal siempre lo acompañaron. Con el paso de los años, fue cuidadoso en no ser etiquetado como nacionalista; no obstante, gradualmente, comenzó a sentirse más cómodo con su inclinación andalucista. Tanto que continuará, después de *Las mil noches de Hortensia Romero*, de forma progresiva, a experimentar con la lengua, utilizando las formas populares, particularidades y variantes andaluzas y, especialmente, del habla gaditana, entremezclándolas con una lengua en parte barroquizante que plasmará en su novela *Coro a dos voces*.

2.1. Idiosincrasia textual

En paralelo, desde sus inicios, Quiñones fue un escritor muy interesado por lo que sucedía en su entorno, de tal manera que su obra en el período de la Transición política española, como hemos mencionado, no fue ajena a las exigencias y circunstancias sociales de aquella época, con proyectos e ideas que se nutrían de un cierto autonomismo, pero manteniendo un equilibrio en su compromiso, que se basaba en un preclaro sentido de los límites en ese aspecto social y en relación a su creación literaria. Acerca de ello, Cordero escribe lo siguiente:

> Su obra en la Transición bebe del espíritu autonomista, que explica el homenaje a la diversidad de las regiones de España en los relatos y textos experimentales de El viejo país *(El viejo país)* (1978), que incluye "Primavera de 1916", un relato que reflexiona sobre lo andaluz en las fechas del inicio del andalucismo y que tiene un relato espejo, "Invierno de 1978" *(Nos han dejado solos. Libro de los andaluces*, 1980) que emula esa reflexión en el marco de las emergentes autonomías. Con todo, Quiñones es cuidadoso en el tratamiento del andalucismo, de ahí que cuando escribe en 1977 *Andalucía en pie*, estrenada en el 79, quiso cambiar el título por *Andalucía siempre* con un fin claro (Cordero, 2014: 7-8).

Y añade, citando a Martínez Galán:

> Este cambio fue anhelado, según el autor, para evitar que amplios sectores de público, condicionados por el momento nacional y andaluz, por la imagen publicitaria de la obra y por el carácter sociopolítico de casi todo el teatro regional del momento, adquirieran de él 'la idea previa del discurso político e incluso panfletario que de ningún modo es' (Cordero, 2014: 7-8).

En las colecciones de relatos de los años setenta se traslucía una fusión entre elementos de la literatura popular y episodios ocasionales de lo extraordinario y lo fantástico. Además, estas obras destacan por incluir figuras marginales, siendo un ejemplo notable "La flor de Nogoyá", de *Historias de la Argentina*; o "Las viñas de Navalcarnero", de *Sexteto de amor ibérico y dos amores argentinos*. Uno de los personajes más presentes a lo largo de sus historias son las prostitutas, como, por ejemplo, en "La honra" del citado *Sexteto de amor ibérico y dos amores argentinos* (Cordero, 2014: 87). Pero será en *Las mil noches de Hortensia Romero* donde ese patrimonio temático y lingüístico popular, con su faz andaluza, se hará patente.

La novela está escrita en primera persona. Una joven estudiante del tercer año de Sociología, Isabel López Luna, graba en un magnetófono la voz de la protagonista del texto, desarrollándose, así, la narración con las historias, anécdotas y aventuras que la Legionaria ha vivido a lo largo de su intensa existencia. El autor utiliza, pues, la intermediación como recurso que, mediante la grabación, extiende la entrevista con Hortensia Romero para que la autobiografía resulte más realista y, al mismo tiempo, más dinámica y animada, con el fin de dar a la novela esa movilidad que sólo la oralidad posee. Las grabaciones se realizan en tres días diferentes y la entrevista será recogida en seis cintas.

Algunas historias tienen un fuerte contenido expresivo y otras tratan temas sexuales que para el lector podrían revelarse como escabrosas, pero el tono que utiliza el autor mediante la voz de Hortensia atenúa ese efecto, ya que incluso en la historia más escabrosa, Hortensia mantiene una mirada clara y limpia, libre de malicia y cualquier bajeza expresiva. En la novela el autor emplea dos variantes: una diastrática, entre los niveles diferentes de personajes, y la otra diafásica, en función de las situaciones comunicativas, que obviamente se mezclan y se sobreponen.

Las características lingüísticamente relevantes van surgiendo dependiendo de los textos, de los cuentos y narraciones y de sus anécdotas, según la vida de la "Legionaria", su protagonista. Y con relación al uso de los giros dialectales o populares y del estilo autobiográfico, directo y coloquial de las grabaciones, el autor lo alterna con lo más formal de las cartas que Rodrigo Palma, sociólogo y aspirante a profesor, escribe para acompañar las cintas que envía a quien define como maestro, el profesor Gustavo del Barco, para que interceda por él y le ayude a obtener una plaza en la Universidad de Madrid en la que Del Barco enseña.

Trataremos más adelante de qué manera esta alternancia de "voces" narrativas, de variedades diastráticas y diafásicas, será aún más evidente en términos formales, y tipográficos, en otra de sus más reconocidas novelas: *El coro a dos voces*.

Analizando la novela, debemos distinguir varios planos para su lectura: el primero de carácter sociológico, como ya se ha mencionado; el segundo, formal; y el tercero, de carácter histórico y cultural. No nos detenemos en dos de estos relevantes aspectos, ya que lo que importa en esta contribución consiste en destacar la vertiente comunicativa. En cuanto a ello, el mismo

Quiñones nos ofrece una clave de lectura, gracias a la carta que Rodrigo Palma escribe a Gustavo del Barco; de hecho, podemos establecer que incluso en una revisión rápida, puede entenderse que nos encontramos delante de una refinada experimentación sobre un original uso del español en Andalucía, corroborado por una impulsiva oralidad (Troisi, 2020). Un momento de esto último se da cuando Rodrigo Palma dice:

> Quiero detallarle que el texto ha sido pasado, de las cintas magnetofónicas al papel en que se le mando, por la misma chica que hizo las grabaciones. Como verás no se ha preocupado gran cosa por la transcripción fonética; ha escrito 'en andaluz' lo que le sonaba mucho, y en castellano lo que le ha parecido y cuando le ha parecido, todo así por las buenas […]. (Quiñones, 1979: 72).

Así, a través de las palabras de Rodrigo y después del análisis del texto, comprendemos que los fundamentos literarios se basan en la experimentación que subraya como puntos cardinales el habla andaluza y la oralidad. Se trata de uno de los escasos experimentos lingüísticos-literarios que se han hecho en España utilizando lo popular y lo dialectalmente andaluz para llegar a ser finalista del Premio Planeta.

Esa forma del habla que utiliza Quiñones es, como él mismo dijo, atenuada, híbrida, diluida y mixta, que se mezcla con el español estándar.

Para encuadrar sus características, citamos un artículo suyo esclarecedor desde este punto de vista, publicado en el diario madrileño *Informaciones* (7 de diciembre de 1978) bajo el título de "Otro Sambenito andaluz", que fue incluido en la edición de la novela de 1979 publicada por la citada editorial Planeta:

> Estoy concluyendo un libro de relatos: hombres y mujeres del pueblo andaluz, entre los tres y los ochenta años. Cuentan sendas historias en primera persona. El trabajo exigía escoger entre dos formas de redacción. Una, la transcripción fonética (por ejemplo, escribir 'deh que zupe' en lugar de 'desde que supe'). Otra, la forma dialéctica, escribiendo en castellano limpio el habla y las expresiones populares del Sur. Como eran evidentes las complicaciones de la primera fórmula y la desnaturalizada falsedad de la segunda (imposible leer que una prostituta malagueña o un pescadero gaditano, que están hablando a su aire, digan en neto soriano o burgalés 'mireuSteD, poRfavoR'), tiré por un camino de en medio, por el de una escritura convencional y flexible, cuyos resultados, que desconozco, que puede satisfagan unos y choquen a otros (Quiñones, 1979: 279-280).

A continuación, añadía en el mismo artículo que no optó por la mera transcripción fonética de lo que considera formas de lo hablado en Andalucía y no otra entidad lingüística, tanto para facilitar la lectura como para no dejar que la expresión verbal de su tierra expirara en una bonita caricatura de la misma, que habría estado fuera de lugar, especialmente en aquellos momentos históricos de cambio.

Por tanto, una de las facetas que sobresale de nuestro autor es la capacidad de saber insertar puntualmente, y en el lugar apropiado, estos "indicadores" coloquiales y dialectales, acertando a crear un discurso híbrido en el marco lingüístico castellano (Quiñones, 1980: 214-215), para que nos parezca oír realmente a sus personajes populares.

2.2. Funciones expresivas y rasgos populares

Más específicamente, tratamos a continuación el discurso utilizado y su función expresiva en los personajes. Expone Payán Sotomayor que:

> En el plano de la expresión, la obra narrativa de Fernando recoge todos aquellos rasgos que, por otra parte, definen el habla de los andaluces, como pueden ser: el seseo y ceceo, la pérdida de las consonantes finales, la aspiración; o los que pertenecen al habla popular y coloquial, como contracciones que originan nuevas configuraciones fonéticas, onomatopeyas, apócopes, adaptaciones de extranjerismos, etc. (Payán Sotomayor, 1999: 100).

En efecto, la lengua literaria de Quiñones es una miscelánea ingeniosamente creada que, de hecho, mantiene intactas las características esenciales del español hablado en Andalucía, con popularismos frecuentes de su ámbito natal. El autor recrea, así, esas variantes que alternan con el español estándar para caracterizar a los personajes, lo que consigue modulando el lenguaje para dar al texto una polifonía que distingue a los diversos actantes que toman forma y animan en la lectura la mente del receptor. Leyendo el texto, casi pareciera que echamos un vistazo a los rostros, que detectamos sus gestos y que escuchamos las voces de Hortensia, El Friti, El Maera y de los otros personajes que pueblan la novela. Así pues, la escritura de Quiñones en *Las mil noches de Hortensia Romero* y *El coro a dos voces*, de modo patente, está deliberadamente dirigida a la innovación, vinculada a la expansión lingüística, para vislumbrar y recuperar, en especial, el habla popular de Cádiz con sus componentes calós[1]. Como refiere Paz Pasamar, según Murciano (1980), la forma en que Quiñones cuaja rasgos de lo dialectal andaluz, subrayando lo gaditano, en su novela, constituye posiblemente su mayor logro, con sutiles variantes del habla de la capital y de su lenguaje callejero decididamente informal. Es sencillamente único y genuino (Paz Pasamar, 1999: 110).

Ello está presente en la "topografía" gaditana cuando se asienta en el Populo, el célebre barrio antiguo de Cádiz: "Y además cogí buenas casas y buenos tiempos para lo mío y me ha ido bien, yo no me tenía más *edá* que el *Pópulo* y siempre iba muy despacio, 'mujer, no corras'" (Quiñones 1979: 117); o en la calle Encarnación, que es el límite extremo del barrio central de la Viña:"Como que, si te lo digo tal como lo siento, yo no sé cómo no llegué hasta el final con el Toti, a ver quién lo cuenta eso; por mucha maña que tuviera, eso no lo cuenta bien ni el Coco el negro bembón de la calle Encarnación (Quiñones, 1997: 107).

Por citar solo un caso entre ejemplos de habla popular, el uso de la epéntesis lo trae frecuentemente el escritor al habla de su novela junto con modismos:

> Y de cuando en cuando, también me *trompezaba* con unas inocencias y unas cosas que me *se caían los palos del sombrajo*. (Quiñones 1979: 42) Y con uno de esos dos, *me quedé* yo en dos o tres meses así, *como Gasparito*. Empecé a perder de mis carnes y perdí, qué sé yo, diez o quince kilos (Quiñones 1979: 132).

Tanto en *El coro a dos voces* como en *Las mil noches de Hortensia Romero* el lenguaje vivo se redimensiona. Todo surge del impulso de las historias y sus personajes, y de las descripciones que se dibujan gracias a una estrategia formal de gran verosimilitud, donde se integra el habla andaluza. Y para ello, el escritor recurre a una especie de "oralidad primaria," mencionada por Walter J. Ong, es decir, busca los términos que vayan a su función primordial, como si fueran simplemente sonidos puros y libres que se unifican sin referencia con el objeto o lo visual; o locuciones que escrudiñan el mito, haciéndose voz y principio cosmogónico. En las novelas, pues, los personajes, en este sentido,

---

[1] Véase para un análisis pormenorizado: Payán Sotomayor, Pedro (1999): "El habla de Cádiz en la narrativa de Fernando Quiñones", en *Draco* 8-9: 99-107; y Paz Pasamar, Jorge Antonio (1999): "El habla popular andaluza en las mujeres de Quiñones", en *Draco* 8-9 (1999): 109-37.

dejan fluir sus peripecias y detalles vitales, en una cierta forma figurativa de autonomía, como nos señala el mismo Quiñones en el Epílogo de *Nos han dejado solos*:

> Tipos y situaciones iban surgiendo del lenguaje mismo, del lenguaje popular andaluz, y con él iban siendo, se iban definiendo y dibujando. Noté que si un personaje hablaba verdaderamente a su aire, fluían episodios y detalles coherentes; y que si me distraía en algún momento y me expresaba pensando a mi manera, las cosas se negaban a seguir moviéndose, o a seguir moviéndose aceptablemente. Está claro, pues, que del lenguaje mismo surgió todo el contingente narrativo de sucesos adaptados o creados, de recuerdos y datos vivos, que integran este libro, y lo mismo me ocurrió con *Las mil noches de Hortensia Romero* (Quiñones, 1980: 214).

2.3. Oralidad y escritura

Así, pues, en estas dos novelas, Quiñones se sirve de una estrategia narrativa primordial, muy cercana a la fabulación oral y al antiguo arte de contar. Refiriéndose a Nono, protagonista de *Los ojos del tiempo* y, en ocasiones, *alter ego* de Quiñones, Vázquez Recio escribe: "Nono es un contador de cuentos (relatos) similar a sus congéneres Patronio, Sherazade o Simbad". Como mencionamos arriba, en los textos lo dialectal, o la lengua vulgar, pero también lo culto y el español refinado constituyen acentos lingüísticos separados, y a veces opuestos, que se reúnen solo en los capítulos finales en una síntesis osmótica entre oralidad y escritura. Se da así el juego de la temporalidad de la palabra dicha que se consume inmediatamente después de su percepción, en contraposición con la palabra escrita, con sus barreras espaciales y sus ilimitadas posibilidades temporales; aspectos ambos también definitorios de la novelística del escritor gaditano. De la oralidad, con su decurso fluido y su orden irreversible e inmediato que convierte la palabra en el elemento de fruición inmediata, extrae el novelista un nexo completo con su interlocutor-lector, haciéndose con frecuencia patente esta figuración en la narración. Quiñones utiliza casi *homéricamente* las palabras, que vienen a ser como dardos, flechas aladas que saben concretamente a quien dirigirse y cuál es su objetivo (Sbardella, 2014: 18). El hechizo de su expresividad, un mestizaje entre oralidad y escritura, abraza metafóricamente lo real y lo mágico, las vivencias que son tangibles y la fantasía que nos transporta a lugares donde el pensamiento creativo discurre para ser la pura expresión de unas frágiles *criaturas*, las palabras, que nos colonizan de forma benévola y que habitan el mundo. Y así, la diferente tipografía que se da en la edición de la novela tratada, delimita ópticamente la dualidad formal constituida: de un lado, por las muchas voces de la gente común que forman el coro, al que se le contrapone, de otro, la mimesis literaria, constituida por la lengua culta y un barroquismo léxico que tiende a la musicalidad, y que compone la distinta faceta del coro de este poliédrico dualismo. Con autoconciencia creadora lo escribe el autor:

> En tipografías diferentes se mueven aquí dos lenguajes, el de la literatura y el habla de un pueblo, un coro doble, si es que suena, y con mucha gente, muchas voces que por fin son dos. Y hay otras duplicidades, o se procuraron. Veamos. Aunque lo componen dieciséis relatos independientes, el libro tira a novela; lo es si se entiende como novela la presentación de situaciones espaciadas de la vida de un hombre, Joaquín Quintana, con una cronología en orden que roza el siglo pasado y toca el hoy, con ciertos rasgos de una ciudad añeja y de un decir que también representan de algún modo a su vasta región, y con ecos, hilos o correspondencias entre las dieciséis historias, muestras todas de lo vivido, lo imaginado y lo escrito por ese hombre. También por partida doble el libro quiere acoger lo realista y lo fantástico y, dentro de cada uno de esos mundos, lo inventado junto a lo sucedido. Rehuyendo jadeos experimentalistas y fanfarrias de originalidad (que se tiene o no; pretenderla es una falta de educación), el conjunto tal vez propenda a ser una emanación o expresión de los distintos, efímeros, y superpuestos seres que uno es. Que todos somos (Quiñones, 1997: 9).

Se trata de una novela que tiene forma de monólogo dialogado, ya que supera el carácter cerrado y ensimismado del monólogo en el deseo del escritor de compartir estrechamente con sus lectores, buscando que de forma activa participen en las historias que cuenta, que, a su vez, se van redefiniendo a través de la fuerza expresiva que impone en la narración; para ello reformula, también, sus contenidos hasta convertirlos en sucesivas tramas en la novela. Desde esta perspectiva, puede afirmarse que el narrador, ahora el propio Fernando Quiñones, se convierte en una especie de rapsodo, en un trasmisor a la vez que sujeto, conforme a la estirpe ancestral de los recitadores y narradores legitimados por el acervo y la conciencia popular:

> Fernando era además un contador de historias en estado puro. "Si yo les contara", la fórmula narrativa con la que termina Hortensia Romero su monólogo del relato *La legionaria*, así lo demuestra. Y es que Fernando más que un "escribidor" -como diría Vargas Llosa- era un contador oral, sin nada que envidiarle al narrador de

historias de la plaza de Marrakech, ni al narracuentos que inicia sus relatos con fórmulas del tipo "érase una vez" (Ramos, 1999: 9).

Una forma que huye del solipsismo de la palabra escrita y que busca en sus interlocutores/lectores el encuentro comunitario, la interacción entre narrador y público que metamorfosea el texto en algo único y permeable confiriendo al fabulador un halo extraordinario. Y ocurre porque, efectivamente, los textos parecen poseer esa flexibilidad mnemónica que es propia de la oralidad en un todo dinámico que se recrea en cada lectura adquiriendo nuevos y más ricos significados, aquellos que resultan de la continua evocación de significantes en busca de su significado último y auténtico. Es decir, allí donde las vivencias propias trascienden cualquier tipo de barrera socioeconómica, cultural o ideológica, se halla el contenido para encontrar su hermanamiento empático con los personajes y con los lectores, desvelándose que esa búsqueda es una transversalidad expresiva que ha de unir el microcosmos creativo propio con el macrocosmos donde vivimos y somos, y crear, así, un puente ideal con nuestras tradiciones y la memoria colectiva.

3. Conclusión

En los aspectos tratados, en esta novela sobresale el proceder expresivo-formal, y este tiene especial relevancia en los capítulos pares, visible en esta última narración, que son los que revisten un papel fundamental. Estos apartados se llenan de personajes gaditanos anónimos y populares, "personajes vivos y no marionetas o máscaras del autor" (Quiñones, 1997: 312), prostitutas, pescadores, seres marginales y gente simple de la calle que proliferan en cada uno de estos capítulos con su habla, su estilo directo, auténtico, original y, también, grosero - "mi lengua cabrona malhablá, que mete la pata" (Quiñones, 1997: 112). Quiñones reproduce la gracia de este lenguaje y la vitalidad agridulce de esos escenarios. De esta forma, en sus obras a veces resulta difícil establecer un límite preciso entre el autor y los personajes, es decir, ese mismo coro de voces representa a la vez, en la figuración, la polifonía vital del mismo escritor y su pluridisciplinaria capacidad de sentir y comunicar, junto a su peculiar actitud para descubrir y observar el mundo de forma heterogénea, no homologada y desde distintas perspectivas. Pareciera, pues, que todos los personajes forman un mosaico cuya composición final sea el propio novelista. En parte, esto es debido al hecho de que su personalidad, y posiblemente su vocación literaria, le han llevado a vivir entre la gente absorbiendo todas sus multifacéticas fisonomías. Además, importa añadir que el paso a lo literario de la gente conocida por el escritor, remite a personas importantes en su propia vida; por ello este hecho responde tanto a la experiencia personal como a la expresiva, en lo tocante a la proyección social de sus contenidos:

> Quiñones literaturiza a las gentes que conoció; esas gentes, ya personajes, le devuelven su imagen de escritor y dicen por él lo que él en primera persona autobiográfica no ha querido decir directamente: que ese mundo y esas gentes merecen ser literaturizadas, se complacen en serio, y se lo agradecen. Salta a la vista, en suma, lo mucho que hay aquí de autojustificación no ya de un oficio sino de una praxis y una obra concreta (Pérez-Bustamante, 1998: 7).

Entre los aspectos vistos, igualmente en el terreno expresivo y formal, resulta significativo en cuanto al uso del lenguaje culto, la enseña barroca, que, a veces, contiene derivaciones arcaizantes, pero que pertenecen a su estilo y es rasgo empleado a lo largo de toda su obra. El neobarroco de Quiñones, sin embargo, no es solo un estilo, sino una actitud frente a la vida, una manera de ser que se integra en la personalidad colectiva andaluza. Cordero define el signo barroco del escritor:

> Quiñones tiene mucho que ver ciertamente con el lenguaje, cuidando mucho la expresión, lo cual le llevó a ser un corrector insaciable y en constante búsqueda de perfección. Es decir, su barroco no es de exuberante agobio, pero sí de hallar la palabra exacta y, por supuesto, de capturar y plasmar la oralidad (Cordero, 2014: 124).

Reafirmando, por último, el sentido de la cita, es evidente que este perfil neobarroco (Calabrese 1999) de Quiñones no nace de un requiebro o de un anhelo meramente estético, sino de la fuerte exigencia expresiva y lingüística de encontrar la palabra del semejante que actúe especularmente en sus personajes, capturando y reproduciendo su habla y a su través hacer explícitos los componentes sociolingüísticos que mejor dan cuenta de su vitalismo y de su esencia. A través de esta búsqueda, por tanto, se da voz a "la lengua de la calle", a la vida cotidiana, y también literariamente al espíritu y la conciencia colectiva, en el deseo incesante del escritor por comunicar lo intrínseco a la existencia compartida, es decir, aquello que encuentra su expresión más auténtica en el signo de lo popular y lo próximo.

Bibliografía

Bachelard, G. (1975). *La poética del espacio*, traducción de Ernestina de Champourcín, Buenos Aires, Fondo de Cultura Económica de Argentina.

Baena, E. (2021). *Los poetas y el espíritu del tiempo (Aspectos críticos del devenir creativo y de la conciencia literaria*, Binges, Francia, Orbis Tertius.

Calabrese, O. (1999). *La era neobarroca*, Madrid, Cátedra (Signo e imagen 16).

Cordero Sánchez, L. P. (2014). *Viaje literario con José Manuel Caballero Bonald y Fernando Quiñones. Oriente-Andalucía-Occidente: una ruta para reimaginar la Andalucía del Tardofranquismo a la Postransición*. University of California, Berkeley. (Tesis doctoral)

Díaz de Castro, F. J. (2013). Fernando Quiñones: intimidad e historia en *Desde las orillas: Poetas del 50 en los márgenes del Canon*, AAVV, edición de María Payeras Grau, Editorial Renacimiento, Sevilla: 113-140.

Hernández Guerrero, J. A. (1999). Fernando Quiñones: un compromiso vital con su tiempo, con su espacio, *Draco, Revista de literatura española*, Universidad de Cádiz, 8-9: 33-49.

Ong, W. J. (1987). *Oralidad y escritura: tecnologías de la palabra*, Título original *Orality and Literacy, The Technologizing of the Word*, traducción de Angélica Scherp, México, Fondo de Cultura Económica.

Payán Sotomayor, P. (1999). El habla de Cádiz en la narrativa de Fernando Quiñones, en *Draco, Revista de literatura española*, Universidad de Cádiz, 8-9: 99-107.

Paz Pasamar, J. A. (1999). El habla popular andaluza en las mujeres de Quiñones, en *Draco, Revista de Literatura española*, Universidad de Cádiz, 8-9: 109-37.

Pérez-Bustamante Mourier, A. S. (1998). Construcción, género y sentido en El coro a dos voces (1997) de Fernando Quiñones, *Salina, Revista de Lletres*, Tarragona, Universidad de Tarragona, 12: 167-184.

Quiñones, F. (1979). *Las mil noches de Hortensia Romero*, Planeta, Barcelona.

Quiñones, F. (1980). *Nos han dejados solos*, Barcelona, Planeta.

Quiñones, F. (1997). *El coro a dos voces: Una novela de relatos*, Madrid, Anaya & Mario Muchnik.

Ramos Ortega, M. (1999). Prologo, en *Draco, Revista de Literatura española*, 8-9: 9-10.

Sbardella, L. (2014). *Oralità da Omero ai Mass Media*, Roma, Carocci Editori.

Troisi, S. C. (2020). Le mille notti di Hortensia Romero. Analisi e proposta di traduzione, *Estudios interdisciplinares en traducción literaria y literatura comparada*, Granada, Editorial Comares: 57-68.

Vázquez Recio, N. (2006). Para leer *Los ojos del tiempo y Culpable*, dos novelas póstumas de Fernando Quiñones, *España Contemporánea: Revista de Literatura y Cultura*, 19, 1: 33-54.

www.ingramcontent.com/pod-product-compliance
Ingram Content Group UK Ltd.
Pitfield, Milton Keynes, MK11 3LW, UK
UKHW022154230426
12049UKWH00004BA/90